Major Subjects of Cybersociology

网络社会学
的基本议题

黄少华 著

ZHEJIANG UNIVERSITY PRESS
浙江大学出版社

序

　　多伦多大学资讯社会学权威贝瑞·威尔曼(Barry Wellman)在2001年发表的《作为社会网络的计算机网络》一文中,引述"互联网上的一年,好比俗说的一狗年"的说法,指出网络世界一年,相当于人世间七年的变化(按一般的说法,一狗年相当于人世间七年),强调我们无法预估网络世界未来三年的变化,因为网络世界在三年期间发生的改变,相当于现实社会二十一年的变迁。

　　我担任《资讯社会研究》期刊主编九年(2001—2010)期间,见证了网络文化发展的历史,常感觉我们对网络世界刚有较为深刻的认识时,这种认识就已经过时了。我自己就有个相当深刻的体验,足以说明这样的心境。2009年7月,《资讯社会研究》第17期出刊,我们策划了《从网志到微网志》专辑,讨论Facebook、Twitter等社交网络服务(Social Network Service, SNS)特质的网站平台。当时,Facebook、Twitter还被视为"微网志"(Mircro-blog),只是140个字符的缩小版"部落格"(Blog),大家的看法是,其未来发展趋势仍有待观察。在这同时,台湾地区社会学会出版的《社会学与台湾社会》教科书进行第3版修订,有鉴于资讯时代来临,请我撰写《资讯与社会》专章,已在2009年出版。书中开头,针对角色扮演和虚拟化身的情况,我举了如下案例:

　　　雅雯(化名),迫不及待地打开计算机联机上网,系统自动进入Yahoo messenger后,已经见到许多朋友上线,继续聊着放学前的话题。一边进入《仙剑传奇》和男友打招呼,一边查看新的电子邮件,同时看看无名小站自己的人气,也邀请亲朋好友进入自己奇摩相簿观看上星期到花莲的照片。回复妈妈用 Skype 交代晚餐要准备的东西后,在 Google 中找出明天课堂报告所需要的数据,也看看自己旧手机在雅虎拍卖中价格提高到了多少……

2008 年构思和撰写该章时,上述情况可说是青少年网络行为的写照。谁知纸书才刚出版,情况就已完全改变。MSN 最近宣布要停用,几乎所有人都在脸书(Facebook)上,隐私问题也与过去预想的不同,年轻人已很少使用电子邮件,搜索引擎也不再是年轻人找寻数据的重心。我自认对网络文化算是相当熟悉,也颇能与时俱进,掌握时代脉动,甚至对社交网站的研究,也算先驱者,但是一出版就过时,这种体验真是太强烈了。因为数据已经需要修订。今天,连我自己讲授"社会学"时,也索性不谈这一章。相较而言,书中其他章节都没有这样的问题,即使五年、十年过去,内容仍然有意义,但在网络文化领域,三年宛若隔世,怎能不戒慎恐惧?

与少华学友的相知、相识、相惜,都是透过互联网,我常戏称我俩是"最熟悉的陌生人"。过去十年来,少华兄持续在互联网研究领域下功夫,也持续有好的研究成果发表,令人印象深刻。研究互联网而不流于泛泛介绍,需要有相当深度的学理素养,以及宽宏广阔的学习触角,更需要持续投入心力,才不致过时。少华兄在本书中展现了这些不易同时达到的优点,无论理论探讨,还是实证研究,本书都能开阔学界对此领域的视野。网络社会学诸多领域仍然有待深入研究,但大多数人面对全新研究议题时往往裹足不前,不知该从何处着手。少华兄将多年心血累积,写成《网络社会学的基本议题》,正好弥补学界目前最欠缺的领域。本人在此,要郑重推荐本书给所有关心资讯社会最新发展,以及网络文化对未来影响的朋友,相信大家通过阅读本书,一定能丰富和加深对相关议题的认识。

牛顿说,学术发展,就像是站在巨人(传统)肩上,虽然是矮子,也能看得很远。少华兄这本书,像个小巨人,提供学界可以看得更高、更远的基础!

翟本瑞

2013 年 1 月 8 日于逢甲大学

目　录

上篇　理论探讨

下篇　实证研究

上篇

SHANGPIAN

理论探讨

网络时代社会学的理论重构[*]

互联网的崛起,是 20 世纪下半叶的一个重要的政治、经济、文化与社会事件。面对因互联网崛起而形成的新社会经验,调整和改变社会学的理论视野与问题意识,已是当务之急。网络社会学不仅仅是社会学的一个分支学科,作为一种知识形态,它极有可能将社会学的研究带入一个全新的领域,从而构成社会学的一个崭新的理论范式。网络社会学研究首先需要面对的基本事实,是网络社会的开放性与多元性。网络社会学是一门没有中心权威和中心话语的社会学。

一、现代性、互联网与社会学

社会学作为一门独立学科的产生,与西方现代性社会转型有着本质上的勾连,是一种与现代性社会转型密切相关,对现代性进行智性反思的现代知识形态。正如特纳(J. H. Turner)所说:"社会学作为一门独立的、自觉的学科得以创立,是用以解释与'现代性'联系在一起的社会转型,特别是欧洲工业资本主义的崛起和封建土地体制的衰退以及最终遍及世界各地的这一进程。"① 因此,由现代性社会转型而奠基的现代西方社会的基本结构,在很大程度上形塑了经典社会学的研究领域、研究主题、问题意识及理论解释框架。"现代社会学的形成——独特研究领域

---

* 最初发表于《宁夏大学学报》(哲学社会科学版)2002 年第 3 期,收入本书时作了修改。
① J. H. 特纳:《社会学理论的结构》,邱泽奇等译,华夏出版社 2000 年版,第 288 页。

的界定、研究主题的形成和适用方法论的发展——是以对社会现象的客观分析、给予秩序、为社会生活管理提供有关社会技术和对社会发展进行理性控制为目的的。"也正因为如此,作为一种现代知识形态的"社会学在现代事物的秩序中以及在'现代性方案'中占有一席之地"。①

对于经典社会学与现代性的这种内在勾连,吉登斯(Anthony Giddens)在《现代性的后果》一书中曾作过深入的分析。他强调:"社会学的概念和发现,与'现代性究竟是什么?'这个问题密切相关。"②在《社会学》一书中,他甚至把社会学界定为"对现代性的研究"。在吉登斯看来,经典社会学理论对现代社会制度的分析和把握,主要是从三个方面展开的:

首先,以马克思、涂尔干与韦伯为代表的经典社会学理论对现代性所作的制度性诊断,都倾向于以单一的变化动力来解释现代性的特征。例如马克思认为,塑造现代世界的动力是资本主义。在马克思那里,现代性所呈现的社会秩序,在其经济体系和其他制度方面都具有资本主义的特征。现代性的永不静止的、流动的特征被解释成投资—利润—投资这样循环的结果。涂尔干则主要从工业主义的影响来探索现代制度的特征,认为工业社会中最关键的因素并不是马克思所强调的资本主义竞争这一边缘的、暂时的特征,而是来自于复杂的劳动分工的强有力的刺激,现代社会的特征不是资本主义,而是工业化的秩序。而韦伯所说的资本主义,不仅包括了马克思所指出的经济机制和雇佣劳动的商品化,更主要的内容是指在技术和人类活动中以科层制的形式出现的"合理化"。

其次,在经典社会学话语中,"社会"这一概念占有举足轻重的核心地位,经典社会学将其研究主题主要集中于"社会"这一概念。社会学家尤其是受涂尔干思想影响的社会学家,都试图把社会概念与现代性联系起来,将与现代性相勾连的"社会"概念视为社会学的内涵,从而把社会学视为一门与现代社会有内在勾连,以现代社会为研究对象的学科。在概念化"社会"的过程中,社会被界定为具有自身内部统一性、有明确边

---

①　B.斯马特:《后现代性与社会学》,《国外社会学》1997年第3期,第12页。

②　A.吉登斯:《现代性的后果》,田禾译,译林出版社2000年版,第14页。

界的体系,而社会学对这一体系展开的理论解释,正是以对社会的这种理解为基础的。例如按照塔尔科特·帕森斯(Talcott Parsons)的观点,社会学最重要的目标是解决"秩序问题",因为秩序问题是解释现代社会系统界限的关键。

最后,吉登斯强调,作为一门现代学科的社会学,在知识形态上与现代性特征也密切相关。经典社会学家将社会学看成是关于现代社会生活的普遍性知识,并且如同自然科学提供了关于自然界的信息一样,社会学提供了关于社会生活的信息,人们可以根据这些信息来预测、控制和干预社会生活。

毫无疑问,以马克思、涂尔干、韦伯等为代表的经典社会学家针对现代性问题所构建的社会学理论范式、分析架构与研究方法,比较恰当地解释和说明了现代社会的理性(工具理性)特征。然而,随着社会本身的变迁,在今天,建构一种切合当今社会生活的社会学研究范式,已经成为社会学进一步发展的一个关键议题。德国社会学界在世纪之交展开的关于"社会学在今日何为(Wozu heute noch Soziologie)"问题的讨论与反思,对经典社会学理论解释当今社会生活及分析社会问题的能力提出了颇多质疑。在《失去根基的学科:我们还需要社会学吗?》一文中,德特林(Darnfried Dettling)指出,今日西方社会由于个人化——即个人从社会条件如阶级与阶层、性别角色等的束缚中解放出来,以及全球化——即全球金融体系的运作、跨国家组织的扩张、全球传播网络的形成等因素对传统社会生存界限的颠覆,已导致社会逐渐丧失了影响个人生活方法与形式的决定力量。德特林强调,在这一意义上可以说,"现在已经不存在任何传统上所定义的社会,只剩下单独的个人,而他们早已不再在传统的社会结构中活动"①。既然社会学已失去其研究的对象——社会,那么,我们真的还需要社会学吗?有许多德国社会学家认为,今天,先进的西欧工业化社会在社会结构及日常生活方式方面所发生的上述重大改变,意味着长期以来作为经典社会学研究中通往对社会结构分析的阶级、阶层与社会流动三项内容,在面对当今社会生活时,其解释力已十分

---

① D. Dettling. Fach ohne Boden:Brauchen wir überhaupt noch Soziologie? Wozu heute noch Soziologie? Opladen:Leske+Budrich,1996:16.

有限,仅仅通过对这三项内容的研究,已无法清楚地描绘当今社会的结构,掌握其文化特征,说明其权力关系。正如贝克(Ulrich Beck)所说,如同19世纪的现代化进程瓦解了农业社会的生活方式,建立了工业社会的生活形态一样,在20世纪,现代化使人类再一次从工业社会的生活形态中挣脱出来,建立起另一种类型的社会结构,其特征是更多的非工作(休闲)时间、更富裕的收入、更高的教育、更频繁的社会流动。对当今社会而言,已经不是阶级冲突,而是上述生活选项逐渐成为社会冲突的第一导火线。

贝克认为,由于生活形式的全球化、多元化与个人化已经成为当今西方社会的基本特征,因此经典社会学的基本理论和概念,面临着强烈的挑战。在他看来,经典社会学的理论概念,内在地包含着三个基本原则:(1)社会学观念植根于民族国家这个"集装箱"中,因此有着明显的地域局限;(2)强调个人由其所处的环境决定,因此家庭、阶级、组织乃至民族概念,便成为我们分析个人社会生活的基本概念;(3)相信社会是不断进化的,因此持有一种明显的进化论偏见。他强调,在今天,这三个基本原则已遇到了前所未有的挑战:第一,"集装箱"的想法因为全球化进程而成了问题;第二,由于个体化进程的日益深入,人们对集体的依赖已变得非常脆弱;第三,由于科技加速进步,世界已进入风险社会;第四,信息技术与世界市场联手,内在地侵蚀了劳动社会的概念。面对当今社会的深刻变迁,经典社会学的一些基本概念如阶级、阶层、收入、教育等,已无力恰当解释实际生活中发生的新社会现象与社会问题,而变成了僵死的概念;其社会分析架构,面对当今社会多变与异质的特征,也丧失了充分掌握与解释的能力。[①] 例如,经典社会学中涂尔干对社会分工及韦伯对科层组织的研究,目的都在于探讨当时社会结构中个人与社会的关系,以及个人的存在状态。在今日社会生活形式逐渐步入全球化、多元化与个人化的趋势下,经典社会学的这些理论分析架构,是否仍有掌握现实社会生活脉络的解释力,已经变成一个需要我们认真面对和重新思考的问题。

在对经典社会学范式构成基本挑战的社会事实中,由于互联网的崛

---

① U.贝克、J.威尔姆斯:《自由与资本主义》,路国林译,浙江人民出版社2001年版。

起而形成的新社会经验,是极为重要的一个方面。互联网的勃兴,在一定意义上可以说是 20 世纪下半叶最具经济技术影响、科学文化意义及社会生活后果的事件。互联网不仅为当今人们提供了交往与传播的新技术、新方式和新媒介,而且为人们提供了一种全新的开放式交往与活动平台,并有可能由此导致人类社会在经济、政治和文化层面上的转型与重构。互联网在目前已经对人类社会生活的诸多方面构成了强烈的冲击,而在可以预见的将来,这种冲击还将继续存在与扩展。具体地说,互联网对社会的冲击集中体现了上述德特林所说的当今社会的个人化与全球化趋向。一方面,互联网对社会结构的巨大影响,表现在个人在社会中的日常生活方式由相对被动变得更为主动。在以前,人们的社会生活历程基本上是由社会及家庭给定的,而在网络世界中,个人有可能从既定的社会条件如阶级、阶层、性别角色等中解放出来,人们在互联网上的所有行为将更多地取决于自己的主动选择。另一方面,互联网作为一个开放性的全球平台,不仅从一个侧面体现了当今社会的全球化趋势,而且为全球化的发展提供了一个新的变数,从而使不同区域的人们有可能摆脱“麦当劳化(McDonaldization)”的全球化进程。所有这些,对于经典社会学研究范式来说,都是一种全新的社会经验。换言之,互联网已经在很大程度上改变了人们在工业时代积累起来的社会经验。

对于互联网的上述革命性意义,自从 20 世纪 70 年代以来,已经被不少西方学者所关注,并开展了学理上的探索。例如贝尔(Daniel Bell)的“后工业社会”、托夫勒(Alvin Toffler)的“第三次浪潮”、奈斯比特(John Naisbitt)的“信息社会”等理论概念,都试图揭示当今社会转型的实质与意义。进入 80 年代之后,西方学者的研究更进一步深入到了对互联网的文化学、社会学、传播学等领域的研究。迪马吉奥(Paul DiMaggio)曾梳理了西方社会学界对网络社会的研究视角,认为主要存在以下几种理论传统[①]:涂尔干-功能主义传统认为互联网增强了社会的有机团结,因此他们着重关注互联网对社区和社会资本(social capital)的影响;马克思主义传统则更关注互联网造成的文化霸权以及相应的精英统治;韦伯主义

---

① P. DiMaggio, et al. Social Implications of The Internet. Annual Review of Sociology, 2001(27):307-336.

传统则从"理性化"视角,强调互联网减少了时空限制,并由此生成了能"区隔"身份地位的新文化;贝尔和卡斯特(M. Castells)则认为世界正在进入"后工业社会"或者说"信息时代",在信息时代,数字信息技术为社会结构以"网络形式"普遍扩张提供了物质基础;哈贝马斯(Jürgen Habermas)等人则强调考察互联网对政治实践的作用;而批判理论强调互联网对艺术和娱乐媒体的影响。上述这些研究工作,构成了目前网络社会学研究的主要理论背景,已为推进社会学对网络社会的研究,作了理论上的准备和铺垫。

二、网络技术与网络社会

在人类历史上,每一次关键技术的突破与普及,都会导致社会结构的转型与重构,而互联网正是这种具有突破性意义的新技术。在某种意义上甚至可以说,互联网对社会结构的革命性影响,将比历史上任何一次技术革命都远为深刻。终我们的一生,互联网都将是崭新的东西。

互联网在社会层面所具有的革命性意义,与其独特的技术特性密切相关。因此,把握互联网的技术特性,对于在社会学层面上理解互联网的社会、文化意义和价值是极为重要的。对于互联网的技术定义,"联合网络委员会"(FNC)在其1995年通过的一项关于"互联网定义"的决议中说:

> 联合委员会认为,下述语言反映了我们对"互联网"这个词的定义。"互联网"指的是全球性的信息系统——(1)通过全球性的唯一的地址逻辑地链接在一起,这个地址是建立在"网络间协议"(IP)或今后其他协议的基础之上的。(2)可以通过"传输控制协议"和"网络间协议"(TCP/IP),或者今后其他接替的协议或与"网络间协议"(IP)兼容的协议来进行通信。(3)可以让公共用户或者私人用户使用高水平的服务。这种服务是建立在上述通信及相关的基础设施之上的。[①]

按照这一定义,互联网的技术特征主要包括以下几个方面:首先,互联网是全球性的,而且这种全球性是有技术保证的。作为分布式网络,

---

① 郭良:《网络创世纪:从阿帕网到互联网》,中国人民大学出版社1998年版,第160页。

互联网在技术层面上不存在中央控制问题。其次,互联网的每一台主机都需要有一个唯一的地址,以确定主机在全球性网络中的联结点。再次,这些主机必须按照共同的规则(协议)联结在一起。

　　互联网的上述技术特征,表明互联网从根本上改变了工业技术的特征,因而是一场新的技术革命,它也会像以往的任何一次重大技术革命如电的发明、电话的普及一样,改变和重塑人类的生活方式,从而引发社会层面的结构变革与转型。从本质上说,互联网作为一场技术革命,同时也必然表现为一场社会革命,"是一场复杂的社会与技术的互动过程。技术革命吸引了人们的大部分注意力,与此同时,我们还在经历一场知识革命。这场革命深刻地改变了知识生产和传播的政治学、社会学和文化学。知识革命引发的范式转移改变着我们的工作、娱乐和从事许多其他活动的方式。要准确地解读信息革命对社会生活的所有影响还为时过早。但无疑它已构成对我们的生活方式的即时的或潜在的威胁。这种威胁可能波及政府的治理方式,我们的价值系统,甚至是我们的家庭体系,我们的所有物,我们的工作"①。互联网的这种社会后果,随着互联网的日益普及,将会不断地增强。可以预见,随着人类对互联网的依赖程度越来越高,互联网将成为 21 世纪人类社会生活的核心。在 21 世纪,人类的生活方式、沟通方式及信息传播模式,都会因互联网的发展和普及而改变,从而导致人类社会的现存结构发生重大改变与重塑。这种改变与重塑最为核心的一点,就是网络虚拟空间的凸显对人类生存方式所造成的冲击与影响。

　　自由和开放是互联网的精髓所在,"互联网的关键概念在于,它不是为某一种需求设计的,而是一种可以接受任何新的需求的总的基础结构"②。同时,网络的管理模式是一种松散的、去中心化(decentralize)的模式,互联网是一个开放的虚拟空间。在互联网这一借助链接而建构的虚拟社区(virtual communities)或虚拟社会(virtual society)中,人们确立各种虚拟身份,建立各种与现实社区中的关系不同但又相互交织的虚拟关系,从而形成一种类似于现实社会中的人际互动空间的自由空间。包

---

① 胡泳:《互联网是一场什么样的革命》,《读书》2000 年第 9 期。

② B. M. Leiner, V. G. Cerf & D. D. Clark. A Brief History of Internet. http://www.isoc.org/internet/history/brief.shtm.

括像 BBS、讨论目录或新闻组（newsgroup）这些允许人们随时访问并给予反馈的虚拟空间，以及像 IRC、QQ、MUD、E-mail 或社交网络、微博这些允许人们像在现实中面对面交流那样进行同步或非同步交流的虚拟空间，甚至像真实社区那样的虚拟社区——人们根据自己的兴趣，选择一个电子空间建立自己的个人主页，结果像在真实社区中那样，有着相同兴趣的人因其相互之间强烈的认同感而住在一起，进行相互交流与互动。不过，在网络空间，每一个网络使用者，通常都以 ID 账号或匿名（化名）出现，个人可以隐匿部分甚至全部在真实世界中的身份。多媒体世界提供了大量各种各样的面具，网民可以从中任意选择一个甚至几个作为自己身份的象征，更可以自己创造新的身份。个人因此丝毫不用担心其在网络空间的行为和生活会对其在真实世界中的行为和生活产生负面影响。与现实生活中的人际互动不同，在网络空间，个体的角色扮演具有很大的自由性。不仅社会身份，甚至那些在现实中无法改变的先赋角色，如家庭出身、性别、外貌等，都可以在网络世界中轻易改变。互联网的这种匿名（化名）特征，使人们在网上有一种摆脱压抑、无拘无束的感觉。网民可以一方面始终处在隐秘的私人空间之中，而另一方面却在网络虚拟空间中塑造出一个有别于其在真实世界中的身份认同，扮演各种角色与身份，在虚拟社区这一公共场域中与他人进行互动，以展示一个在真实世界中无法展示的自我。这时，网民实际上生活在一个与真实世界不同的虚拟世界之中，而这种虚拟社会生活，又会对网民产生真实的社会影响，甚至改变其在现实世界中的物质生活。

一旦互联网的网络化、匿名性、开放性、弹性、去中心逻辑扩散渗透到整个社会，必将导致社会生产、经验、权力和文化过程的实质性改变，从而为新社会结构的形塑提供物质基础。在一定意义上可以说，网络建构了我们社会的新社会形态，是新社会形态中支配与变迁的关键性根源。"信息技术革命与资本主义的重新构建，已经诱发了社会的新形式——网络社会。其特点是：战略决策性经济活动全球化；组织形式的网络化；工作的弹性与不稳定性以及劳动的个人化；普遍的、相互关联的与多样化的媒体系统建构起来的真实虚拟文化（culture of real virtuality）；还有生活的物质基础——空间与时间，因为流动空间与永恒时间的特性而发生变化，成为支配性活动与控制精英的表现。这个新的社会组织形式,以其普遍的全球性扩散至整个世界,一如 20 世纪工业资本主义及其孪生敌人——工业国家主义,摇撼制度,转化文化,创造财富和引发贫穷,刺激贪婪、创新以及希望,同时又加诸苦难与灌输绝望。不管是否美丽,但这确实是一个新世界。"①

正如卡斯特所说,网络技术是一种"戏剧性的技术变迁,是当前最直接感觉到的结构性转化。但是这并非认为技术决定了社会,而是技术、社会、经济、文化与政治之间的相互作用,重新塑造了我们的生活场景"②。今天社会学的一个重要任务,就是审慎地审视网络技术与社会力量共同影响下的新社会结构浮现。他强调,网络技术为社会组织以网络形式渗透扩张至整个社会结构提供了物质基础,"作为一种历史趋势,信息时代的支配性功能与过程日益以网络组织起来。网络建构了我们社会的新社会形态,而网络化逻辑的扩散实质地改变了生产、经验、权力与文化过程中的操作与结果"③。

三、网络社会学的关键议题

今天,因为网络空间的凸显和网络使用的普及,社会学必须面对许多前所未有的新社会经验和新社会事实。这些新社会经验和社会事实,对经典社会学所使用的概念范畴乃至理论解释架构都提出了重大的挑战,社会学家必须尝试建构新的概念和思考方向,取代或融合传统的社会学概念和思考方向,以拓展社会学的思想空间,重建社会学的想象力。正如国际社会学协会(ISA)前主席马蒂尼利(Alberto Martinelli)在 2002年 ISA 第 15 届年会上的主席发言所说,我们在"今天所面临的基本的社会学问题:我们用什么概念工具来描述、解释、说明和预测 21 世纪的社会世界……全球化要求我们从根本上重新规定社会学传统中的主要概念"。面对全球化、网络社会、风险社会、消费社会等"深刻而彻底的社会

① M.卡斯特:《认同的力量》,夏铸九等译,社会科学文献出版社 2003 年版,第 2 页。
② M.卡斯特:《网络社会的崛起》,夏铸九等译,社会科学文献出版社 2003 年版,第 1 页。
③ M.卡斯特:《网络社会的崛起》,夏铸九等译,社会科学文献出版社 2003 年版,第 567 页。

转型",社会学在今天迫切需要建构"新概念、新理论和新叙述"。① 卡斯特也强调,网络社会议题的重要性在于:"我们置身新世界,我们需要新的理解。"②

如上所述,20 世纪下半叶互联网的崛起,是引发人类社会在经济、政治和文化层面上结构转型的重要变量。在网络时代,"人类以往的社会结构提供给人们的安全感和生活的连续性都将不复存在,变化和不确定性是这一时代人类生活的主题"③。相对于经典社会学的解释框架,互联网可以说是一个具有革命性意义的新概念。有不少学者认为,面对网络这一新的社会生活场域,调整和改变社会学的理论视野与问题意识,已是当务之急。利奥塔(Jean-Francois Lyotard)强调:"了解社会,今天比过去任何时候都更需要首先选择向社会发问的方式。"④而网络社会学对社会学可能具有的理论贡献,正在于对网络社会这一新的社会生活场域的追问,有助于建构新的向社会发问的方式。从这一意义来说,网络社会学已不再仅仅是社会学的一个分支学科,作为一种新的知识形态,网络社会学的发问和研究方式,极有可能建构一幅新的社会图景,一种新的社会学理论视野,从而将社会学带入一个新的领域,并由此建构社会学研究的新范式。

正如吉登斯所说:"社会理论的任务之一,就是对人的社会活动和具有能动作用的行动者的性质作出理论概括,这些都有助于经验研究。"⑤"社会理论的探求者们首先应该关注的,是重新构造有关人的存在与行为、社会再生产与社会转型的概念。"⑥在目前,网络社会学研究的重点,

---

① A. 马蒂尼利:《市场、政府、共同体与全球管理》,《社会学研究》2003 年第 3 期。

② M. 卡斯特:《网络社会的崛起》,夏铸九等译,社会科学文献出版社 2003 年版,第 4 页。

③ 陈立辉:《互联网与社会组织模式重塑:一场正在进行的深刻社会变迁》,《社会学研究》1998 年第 6 期。

④ J.-F. 利奥塔:《后现代状态:关于知识的报告》,车槿山译,生活·读书·新知三联书店 1997 年版,第 26 页。

⑤ A. 吉登斯:《社会的构成:结构化理论大纲》,李康、李猛译,生活·读书·新知三联书店 1998 年版,第 36 页。

⑥ A. 吉登斯:《社会的构成:结构化理论大纲》,李康、李猛译,生活·读书·新知三联书店 1998 年版,第 39 页。

也应该放在如何理解和解释网络社会行为及其与网络社会结构的互构上。或者说，面对网络空间所呈现的独特社会特性，建构一个有深厚理论思考和实证研究作支撑的概念分析架构，以解释网络社会的社会行为和社会结构，是目前网络社会学研究所面临的主要挑战，也是网络社会学研究所需要突破的重心所在。这一突破的社会学后果，可能会是一种新社会学研究范式的确立。依照这一思路，我们认为，以下议题是目前网络社会学研究中应着重面对的关键议题。

(一)网络社会行为

互联网的快速扩张，极大地拓展了人们的行为空间。在网络时代，人们的社会行为，尤其是在网络空间中的社会行为，正悄悄发生着一次革命性的变革。主要体现在：由于身体不在场，网民在网络空间中的行为模式和行为逻辑，呈现出诸多不同于现实社会行为的特色。网络场景中社会行为的这种转变，迫切需要社会科学从理论上作出解释。例如，网络空间中的社会行为，呈现出一种跨越传统社会边界，以及个人化、多元化和碎片化的特征，对于社会行为这种转变的社会学意义，以工业社会为研究对象的传统社会学并不能提供分析所需的恰当概念和框架，需要建构基于经验研究的新的理论视角。

(二)网络社会结构

随着互联网使用人口的快速增长和网络事件影响力的迅速提升，以身体不在场为基本特征的社会交往迅速扩展，甚至取代面对面的交往成为最活跃、影响最广阔的社会交往方式；同时，传递经验的地位也迅速提升，甚至成为引导在场经验的主导经验；社会认同力量的明确彰显，导致社会权力结构的重大转型；以趣缘为基础的社会组织模式的兴起，凸显了社会组织的弹性、网络化、去中心和扁平化特色。互联网崛起引发的社会结构的上述转型，需要社会学重新认识在场交往与不在场交往、实地经验与传递经验、实体权力与认同权力、实体组织与虚拟组织之间的相互关系。[①]

---

①　刘少杰：《网络化时代的社会结构变迁》，《学术月刊》2012 年第 10 期。

(三)网络社会的结构性风险与网络社会问题

随着互联网迅速渗入人们的日常社会生活,社会网络的关联也达到了一个前所未有的高度,从而在相当程度上加重了社会结构的脆弱性,网络社会是一个内在地包含着结构性风险的风险社会。互联网的崛起,引发了一系列新的社会问题,例如网络人际信任问题、网络游戏中的暴力问题、网络成瘾问题等。而且网络空间中的社会问题,已经呈现出比现实社会复杂得多的风险特征,其引发的社会后果也比现实社会问题更为严重,这些议题,都迫切需要我们从学理层面作出深入的分析和梳理。

(四)网络生活世界与现实生活世界的交互影响

今天,网络正在成为越来越多青少年越来越重要的社会生活空间,与此相应,以网络空间为基础的虚拟生活经验与真实生活经验的相互渗透、相互交织,也正在逐渐成为这一部分青少年的共同生活经验,从而导致了社会界限的突破及虚实世界的交织。例如青少年在网络世界的虚拟交往,不仅建构了新的虚拟社会关系网络,而且与他们的现实社会关系网络发生着日益明显的交互影响,从而成为青少年情感支持和社会支持的重要基础。网络社会学应该将这种虚实交织的社会生活,作为重要的研究议题。

(五)网络空间中的社会认同

社会认同力量的明确彰显,是网络社会的一个重要特征。卡斯特强调,网络社会的崛起,唤醒了人们的认同意识。在信息化、网络化时代,全球化和社会认同两股力量的交汇,构成了新社会浮现的基本张力,形塑着今日世界的基本面貌和明日世界的基本走向。"我们的世界,我们的生活,正在被全球化和认同的对立趋势所塑造。"[1]有学者发现,网络空间中的社会认同,正日益呈现出感性化[2]、碎片化[3]、极化[4]等新的特征。

---

[1] M. 卡斯特:《认同的力量》,曹荣湘译,社会科学文献出版社 2006 年版,第 2 页。

[2] 刘少杰:《网络化时代的社会结构变迁》,《学术月刊》2012 年第 10 期。

[3] 段永朝:《互联网:碎片化生存》,中信出版社 2009 年版。

[4] C. 桑斯坦:《网络共和国:网络社会中的民主问题》,黄维明译,上海人民出版社 2003 年版。

对信息化、网络化时代社会认同的这些新特征及其社会影响进行深入分析，无疑是网络社会学研究必须面对的一个重要议题。

（六）网络社会学核心概念的概念结构及其测量

互联网的崛起，形塑了一个全新社会空间，在这一新的社会空间中，社会结构、权力关系、社会行为、社会认同、社会组织等都被重新界定。因此，社会学在今天面临的一个最基本的问题是，需要发展出新的概念，来描述、解释、说明和预测 21 世纪的人类社会世界。网络化需要我们重新定义社会学传统中的主要概念和研究主题，甚至需要建构新概念、新理论和新叙述来解释我们置身其中的新世界。对这些社会学的新概念，我们不仅迫切需要从理论上进行界定和梳理，而且迫切需要对其概念结构进行实证测量，建构有足够信度和效度的概念测量工具。

（七）网络社会研究方法

对网络社会的社会学解释，不仅需要建构新的主题和新的概念工具，而且需要发展出新的研究方法，以便更好地理解和解释网络社会的社会结构和社会行为。互联网本身为发展出新的研究方法，提供了充分的机会与可能。"互联网不只是一个研究的对象，而且是一个研究工具。它提供了一个机会接近各种不同的资料。"[①]网络技术不仅使传统的案例分析、文本分析、民族志等研究方法得到了拓展，而且使 Web 数据挖掘、实时线上分析、动态网络社群结构探测、复杂系统研究、数理模型和计算机仿真方法在社会科学中的运用成为可能。正如卡斯特所说，社会学理论、电脑化书写和社会学想象力的结合，将使网络社会的社会学研究空间，得到极大的拓展。[②]

---

① M. 卡斯特：《21 世纪的都市社会学》，载许纪霖主编：《帝国、都市与现代性》，江苏人民出版社 2006 年版，第 256 页。

② M. Castells. Toward a Sociology of the Network Society. Contemporary Sociology, 2000,29(5):693-699.

网络社会学的基本议题*

 20 世纪下半叶,三个独立的进程几乎同时出现:管理的灵活化及资本、生产和贸易的全球化,以个人自由和开放交流为核心内容的价值观的全球性扩张,以微电子技术革命为基础的计算、通信和网络技术的迅速发展。这三个看似独立的进程,共同推动着一种以网络(network)为基础和主要特征的新社会结构的崛起,推动着人类社会快速迈向一个全球化、网络化和信息化的时代。今天,由互联网勃兴所引发的数字化、信息化和全球化革命,不仅以极其迅捷的速度广泛影响着人们的社会生活,全方位地改变着人类社会的面貌,而且也是社会学面临的一次重大挑战与机遇。面对因互联网崛起而形成的新社会经验,调整和改变社会学的理论视野与问题意识,已是今日社会学研究的当务之急。我们认为,网络社会学不仅仅是社会学的一个分支学科,作为一种知识形态,它极有可能将社会学的研究带入一个全新的领域,从而构成社会学的一个崭新的理论范式。作为一种回应互联网技术革命所导致的社会结构转型与社会行为模式重构的新知识形态,网络社会学需要有其不同于传统社会学的问题意识、理论概念与研究范式。在目前,网络社会学研究的重心,应该放在如何理解与解释网络社会的独特社会特性及其社会学意义上。迄今为止,我们对网络社会的社会学思考,基本上没有摆脱破碎片断的局限,尚未形成系统整体的研究。主要表现在,面对网络社会的崛起,社会学尚未形成能被大多数学者认同的基本问题与分析概念,甚

---

* 原载《兰州大学学报》(社会科学版)2005 年第 4 期。

至还没有一个能被大家认同的学科名称、学科定位和研究议题。① 因此，将网络社会学研究的重心，放在针对网络社会的独特社会特性，建构一套有深厚理论思考作支撑的概念及命题系统上，以建构网络社会学研究的基本立足点，是目前网络社会学研究所面临的主要挑战，也是网络社会学研究所需要突破的重心所在。这一突破的社会学后果，可能是一种全新社会学研究范式的确立。

网络社会学作为社会学研究的一种新理论范式，其基本议题至少应该包括以下几个方面：(1)网络社会结构和网络社会行为。其具体的研究内容包括：网络社会是一个什么性质的社会形态？网络社会结构的基本形态是什么？网络社会的时空结构有什么特点？网络空间中的知识与权力呈现出什么样的结构关系？生活在网络空间的网民与生活在现实社会的人们有什么区别？如果说网民将成为越来越多人的新社会身份，这种社会身份与传统的社会身份如阶级、教育、地位等有什么不同？网民的在线身份会如何影响人们的自我认同形态？人们如何在网络空间展开社会行动？网络社会行为有哪些基本类型？如何理解网络行为的行为逻辑？网络空间的社会互动有什么特点？人们又是如何通过网络互动建构起基本的网络社会关系的？虚拟社区是否是真实的社区？其实质和特征是什么？网络社会的组织模式有什么特点？等等。(2)网络空间中的社会问题。具体包括诸如网络空间的信任与风险问题、网络空间的隐私保护问题、网络行为的社会控制与社会引导问题、信息超载问题、网络安全问题、网络成瘾问题、网恋问题、网络色情问题、虚拟性爱问题、网络病毒问题、网络暴力问题、网络黑客问题等。(3)网络生活世界与现实生活世界的交互影响。在 21 世纪，网络将是人类最为重要的社会生活空间，但是，无论网络技术发展到什么程度，网络作为一个人造的虚拟世界，始终只是人类社会生活的一个部分(当然也可以像特克所说

① P. DiMaggio, et al. Social Implications of The Internet. Annual Review of Sociology, 2001(27):307-336;D. 西尔弗：《回顾与前瞻：1990 年至 2000 年间的网络文化研究》，《网络研究：数字化时代媒介研究的重新定向》，彭兰等译，新华出版社 2004 年版；郭茂灿：《国内互联网研究述评》，《中国社会学年鉴(1999—2002)》，社会科学文献出版社 2004 年版；郑中玉、何明升：《"网络社会"的概念辨析》，《社会学研究》2004 年第 2 期；黄少华、翟本瑞：《网络社会学：学科定位与议题》，中国社会科学出版社 2006 年版。

的那样理解,即现实社会只是网络世界的一部分,"只是另一个视窗"①)。因此,网络社会学也应该考察人们在网络空间中的社会生活将会怎样与现实社会生活发生交互影响。例如,随着互联网的迅速扩张,类似网吧这样的上网场所也在迅速增多。网吧作为一个网络世界与现实世界彼此互动的特殊场所,真实生活空间与虚拟生活空间在其中常常彼此渗透并相互指涉。换言之,网吧是一个真实与虚拟同时存在并相互交织的双重空间,在这样的双重空间中,幻想、真实与虚拟相互聚合,使用者也借此展开多元的社会生活,并获得特殊的行为感受。正因为如此,所以网吧往往对青少年有着特别的吸引力。这意味着,研究网吧不仅是我们梳理网络社会生活与现实社会生活交互影响、交互渗透的极佳场域,而且也能据此了解网络为何对青少年有着如此巨大的吸引力。

一、网络社会结构与网络社会行为

与现实社会空间相比,网络空间的独特本性及其社会学意义是什么? 网络社会到底是一个什么性质的社会? 这是网络社会学研究所必须首先面对的基本问题。我们认为,从社会学的理论视角解析网络空间的社会特性之所以尤为重要,是因为网络空间不只是人们进行社会行为的环境和场所,而且是社会行为的内在构成因素,"网际网路不是外在于我们的媒介,而是把我们吸纳进去的空间"②。因此,正如吉登斯(Anthony Giddens)的结构化理论所说,不应把时间和空间仅仅视为社会行为的环境,而应以社会系统在时空伸延方面的构成方式来建构社会思想,"社会系统的时空构成恰恰是社会理论的核心"③。毫无疑问,对网络社会的时空构成方式的理解,同样也是建构网络社会学理论的关键所在。

---

① S.特克:《虚拟化身:网路世代的身份认同》,谭天、吴佳真译,远流出版事业股份有限公司 1998 年版,第 10 页。

② 黄厚铭:《模控空间(cyberspace)的空间特性:地方的移除(displace)或取代(replace)?》,http://inf. cs. nthu. edu. tw/cbmradm/conference2000/conference2000/read & respond. htm。

③ A.吉登斯:《社会的构成:结构化理论大纲》,李康、李猛译,生活·读书·新知三联书店 1998 年版,第 196 页。

本尼迪克特(M. Benedikt)在其编著的 *Cyberspace：First Steps* 一书中认为,网络空间(cyberspace)包含了从二维(2D)到三维(3D)的"图形使用者界面"(Graphic User Interfaces，GUI)、网络(network)、虚拟实在(Virtual Reality，VR)、多媒体(multimedia)、数据库(databases)、超链接(hyperlink)等电脑技术和形式。对于这种网络空间的基本特性,本尼迪克特认为:"全球网络化,由电脑支持、由电脑进入和由电脑产生,是多维度的、人造的或'虚拟'的真实。它是真实的,每一台电脑都是一个窗口;它是虚拟的,所看到的或听到的,既不是物质,也不是物质的表现,相反它们都是由纯粹的数据或信息组成的。"[①]也就是说,网络空间在本质上是一个虚拟与真实交织的双重空间。首先,网络空间的真实性,是人类自己营造的结果。"网际网路的'空间虚拟真实',指的并不是由电脑所创出与真实环境相似的虚拟实境,而是指借由人类内在的心理反应之认同产生的一种真实的感觉。这也就是说,电子网路也许在图像式阅读上并不与真实世界有着正相关(如 BBS),但是在渗入了使用者的知觉参数之后,其对已存有之空间存在感依旧可以油然而生。"[②]同样,网络空间的虚拟性,也不是指虚假不真实,而是一种介于真实与想象之间的混合。在网络空间,传统的物理世界与心灵世界之间的界限变得模糊不清了。网络空间虽然以物质世界为基础,却主要由信息、数字甚至思想、想象等构成,人们在进入网络空间时,其物理身体并不跟着移动,因此可以说网络空间是一个多维度的心灵空间。这种网络心灵空间的凸显,导致人们在虚拟社区的认同,并不来自于共同的地域,而主要来自于某种共同的兴趣或爱好。有着共同的兴趣、爱好和需求的人们,因其相互之间强烈的认同感而在网络空间中走到一起,进行相互交流与互动,从而形成共同的虚拟社区,塑造共同的社区意识,达到一种与在真实社区中一样的存在感。然而,由于网络空间是由数字、数据、图表或各种表现现实世界的信息组成的,不存在有形的物质实体,因此,网络空间作为人类行为的产物,所体现的仍是一种虚拟的真实。而且由于网络空间消除了想象与

---

　　① M. Benedikt. Cyberspace：Some Proposals. In：M. Benedikt（ed.）. Cyberspace：First Steps. Cambridge MA：The MIT Press，1994：123.

　　② 李嘉维:《解构虚拟、探掘空间:网际网路的三种空间阅读策略》,http://inf. cs. nt-hu. edu. tw/cbmradm/conference2000/conference2000/read & respond. html。

真实之间的界限,导致虚拟甚至比真实更真实。"于是真实与符号不再区分,媒体建构出过分真实的社会,一切都是拟像,形成了一个无深度的文化。网际网路的出现,更加强化了拟像活动的动力,让后现代主义具体而微地蔓延在网路空间中。"①

网络空间的另一个重要特性,是流动空间与地方空间的交织。社会学家卡斯特(M. Castells)曾从经济基础出发,借助流动空间(space of flows)的概念,具体描绘了网络空间的崛起与信息化城市的形塑。以全球经济结构作为批判视角,以流动空间为竞争场域,再配合信息化城市的崛起为外显现象,描述与解读网络社会基于信息技术的职业重组与劳动分工,以及因此而凸显的文化冲突现象,是卡斯特网络社会观的基本内容。卡斯特认为,新凸显的网络空间逻辑,可以称之为流动空间,与它相对的是具有历史根源,且人们共同经验的空间组织,即地方空间(space of places)。流动空间的出现,表现出与以地方空间为基础的社会文化之间的脱落(disarticulation)。由这种脱落所塑造的再结构过程所凸显的,是一种全新的社会支配性权力与功能空间,以及社会分化与整合模式。而随着流动空间的概念在经济与社会组织中的重要性逐渐凸显,地方空间的重要性将大大缩减。此时,虽然人们"确实依然生活在地方里。但是,由于我们社会的功能与权力是在流动空间里组织,其逻辑的结构性支配根本地改变了地方的意义与动态"。卡斯特认为,在更深的层次上,这种流动空间所凸显的物质基础的观念转化,表明一种新的空间支配模式正在重新塑造一个后设网络。由此,网络社会中的人们及其行为,与地域之间将会形成一种新的社会距离,"支配性的趋势是要迈向网络化、区隔化的地方里,让这些地方之间的关联逐渐丧失,越来越无法分享文化符码"②。这种新的社会距离与区隔,意味着地方空间逻辑与社会空间逻辑之间的结构性精神分离,以及结构性意义的消失。这意味着,与传统原子化社会中地理位置或者说地点具有决定性意义不同,在网络空间,核心的因素是链接而非节点,节点需要在网络空间的超链接中获得

---

① 翟本瑞:《教育与社会:迎接资讯时代的教育社会学反省》,扬智文化事业股份有限公司 2000 年版,第 312 页。

② M. 卡斯特:《网络社会的崛起》,夏铸九等译,社会科学文献出版社 2003 年版,第524 页。

其存在的意义。"后信息时代将消除地理的限制,就好像'超文本'挣脱了印刷篇幅的限制一样。数字化的生活将越来越不需要仰赖特定的时间和地点,现在甚至连传送'地点'都开始有了实现的可能……在后信息时代中,由于工作和生活可以是在一个或多个地点,于是'地址'的概念也就有了崭新的涵义。"①换言之,网络空间是一个没有时空边界,没有身份、家庭和阶层等地方性社会背景的全球虚拟空间。或者说,网络空间是一个吉登斯所说的时—空伸延与哈维(David Harvey)所说的时—空压缩并存的全球虚拟空间。

　　网络空间真实与虚拟交织、伸延与压缩并存的特征,意味着建基于其上的网络社会,具有不同于工业社会的特性。正如卡斯特所说,互联网作为当代社会的普遍技术范式,正在引导着社会的再结构化,并且已经实际地改变了社会的基本形态。因此可以说,网络社会既是一种新的社会形态,也是一种新的社会模式。一句话,网络构成了我们这个时代新的社会结构、形态与模式。在网络世界中,所有的节点,只要它们有共同的信息编码(包括共同的价值观和共同的成就目标),就能实现联通,构成网络社会。卡斯特认为,今日西方社会就是一个由各种节点通过网络连接而成的网络社会。这种以网络为基础的社会结构是高度动态的、开放的社会系统,而这种网络化逻辑的不断扩散,必然会改变生产、经验、权力与文化过程中的操作和结果,以及人们在网络中的在场和缺席,网络与网络之间的动态关系。网络社会的凸显,意味着人类经验的巨大变化,以及人类社会生产和生活各个领域的巨大变化。在社会学意义上,可以说互联网的勃兴,是引发人类社会结构重大转变(great transformation)的一个起始事件。

　　由互联网营造的网络空间引发的社会结构和社会经验变化,首先体现在随互联网兴起而产生的一个新的社会群体或社会身份——网民身上。今天,"我们正在步入一个激动人心的资讯时代:网路世界正在成为我们的生活方式,而网民也正在成为我们的新身份"②。如果说农业社会的基础是农民,工业社会的基础是市民,那么,网民就是网络社会的基

①　N.尼葛洛庞帝:《数字化生存》,胡泳、范海燕译,海南出版社1996年版,第194—195页。

②　赖晓黎:《网路的礼物文化》,《资讯社会研究》2004年第6期。

础。网民并不是简单的电脑使用者,而是电脑使用者通过链接而形成的一个活跃的、有生命力的社群。其成员在网络社区如 BBS、IRC、Newsgroup 中相互交流,沟通情感,传递信息。与人们在传统社区中的交往不同,网民在网络空间中是以去中心化的方式联结和组织起来的,这彻底改变了传统工业社会从中心向边缘的信息传播模式与人际互动模式。在网络空间,即使处于最边缘、最底层的人,也可以同网络中其他人一样,有同等的表达意见的机会,也都处在一种自由、平等和直接的交流之中。同时,与工业社会的市民不同,网民所代表的不仅仅是某一地区、某一国家的概念,在一定程度上,网民就是世界公民,是一个全球性的社会群体,他们超越了地域、民族和文化的限制,从而使麦克卢汉所说的"地球村(Global Village)"的实现有了坚实的基础。对于社会学来说,网民这一全新社会群体出现的重要意义在于:互联网在连接电脑的同时,也连接了使用电脑的人,而一旦通过电脑网络将使用电脑的人连接起来,电脑网络就变成了社会网络。与传统的社会网络相比,在这种因电脑联网所形成的虚拟社会网络中,人们的行为方式、思维方式甚至社会结构都已发生了显著的变化。这其中,对网民的网络社会行为的社会学研究在理论上尤其重要,因为网络空间的虚拟性和匿名性,使人们的网络社会行为极具弹性,借着网络既隔离又联结的功能,人们能够以前所未有的自由度,在网络空间从事各种各样的社会行为,这必将对人们的社会生活和社会结构造成巨大的冲击。因此可以说,网络社会行为是建构网络社会生活的基础,它蕴含着网络虚拟社会生活的基本关系和基本结构,是进一步分析和研究网络社会互动、网络社群、网络组织、网络文化等的基础。

　　网络空间崛起引发的另一个重要社会学议题,是互联网对人际互动模式的改变。互联网的兴起,对于人际交往来说,是一场科技结合心理的革命。与传统的人际交往媒介多半只是沟通的工具不同,网络空间不仅是一个互动的媒介,而且是一个自我呈现的媒介,它充分结合了人际交往的两大功能:互动性和自我呈现。[①] 今天,人们可以借助互联网,把自己的家建设成为人际交往的天堂,从而使人际互动无论在广度上还是

---

① 　吴筱玫:《解析 MUD 之空间与时间文化》,《新闻学研究》2003 年第 76 期。

深度上都达到一个新的层面。互联网给人们的沟通提供了前所未有的便利,使人们足不出户就能进行生产和消费等日常活动,足不出户就能办公、购物、交往等。茧居族(Cocoons)、SOHO 族(Small Office Home Office)、电子隐士的出现,正是这一变化趋势的生动表现。同时,由于网络人际互动完全依靠互联网展开,因此在真实世界面对面互动时起重要作用的一些关键因素,如表情、语调、身体语言等,在网络人际互动中有可能不起任何作用,或者作用极微,相对于日常的人际互动,网络人际互动显得更少限制、更多自由、更多创意,而且相对而言,网络空间的去中心化特征,也使网络人际互动显得更为平等,更少群体压力。可以说,网络空间的人际交往,是一场重塑自我的游戏。但与此同时,网络人际互动也有可能导致人们对网络的过分依赖,从而使人变得更为退缩,甚至造成网络成瘾、网络孤独症的出现,或者导致网络人际互动中的战火和攻击行为。因此可以说,互联网具有一种内在的结构性风险,它在拉近人们之间的空间距离的同时,也有可能造成人们之间的关系疏离,并有可能因此损害人们在现实世界中的面对面交往,使个人从真实世界中隐退。

互联网的兴起,还重塑了个人与组织之间的关系模式。由于互联网是以一种去中心化的方式组织起来的,因此网民在网络空间中的交往能以一种不同于现实生活中的方式进行,从而建构起一种全新的开放式的组织模式。在这种没有中心的信息传播与人际互动模式中,信息传播与人际互动完全是开放和发散式的,任何人都可以超越现实生活中的等级差别而平等地获得信息,可以超越现实生活中的身份、地位、收入、职业差别而平等地交往。因此,网络这种模式超越了传统的权力压制,超越了因权力分配而导致的信息、地位差距,从而有可能使人们在平等交往的基础上,重塑个人与组织之间的关系,使个人能够平等地享有信息与权力,并由此导致一种新型、高效和有高应变能力的组织结构产生。当然,谁也不能保证这种新的组织方式必然会向积极的一面发展。实际上,这种新的组织方式也为更高效的反社会行为提供了可能,从而使得某些有组织的集体或突发事件的出现更难控制和预防。这意味着,与现实社会相比,在网络空间,个人或群体的行为将变得更加不可预测,这对互联网的安全造成了隐患,增加了网上越轨行为发生的几率。然而,无论如何,互联网的积极意义,在于它在人类历史上第一次将个人从由中心到边缘的组织模式中解放出来,从而使网络中素未谋面的网民,可以仅仅因为兴趣相投而形成朋友、情侣等原来在真实世界中必须依赖面对面持久互动才能建立的关系,而且由于互联网本身的特性,这种网络组织中的人际关系在本质上是平等的。

二、网络空间中的社会问题

互联网在重塑人类社会结构的同时,也必然会引发一系列新的社会问题,这些问题既包括网络空间本身的社会问题,也包括网络对现实社会所造成的冲击。正如特克所说:"进入虚拟世界的新作为,引起有关社会与我们本身的若干基本性问题……科技使我们作为人的形貌改变了,它改变我们的关系,改变我们的自我意识……这种新生活方式引发的问题不仅艰难而且令人痛苦,因为它们触及我们最复杂而且最难解的社会问题的核心:社区、认同、治理、平等与价值等问题。在这里没有简单的好消息,也没有简单的坏消息。"[1]

分析和把握网络空间的社会问题,我们必须首先关注网络空间的一个重要特性,即随着互联网迅速渗入人们的日常社会生活,社会网络的关联也达到了一个前所未有的新高度,从而在相当程度上加重了社会网络的脆弱性。与传统社会不同,网络社会内在地包含着结构性风险,可以说,网络社会在本质上是一个风险社会。

关于风险,按照《风险社会》作者贝克的说法:"风险与数字共张扬。风险总是可能性,仅此而已,然而却又不排除任何事物。"[2]也就是说,风险是指在与未来结果的可能性关系中被评价的危险程度,是一种与可能性和不确定性密切相关的存在。当我们称一个社会为风险社会的时候,就意味着在这一社会中,这种可能性和不确定性已经具有了一种结构性的特征。换言之,风险已不再外在于社会,而是社会结构中的内在构成因素,来源于社会本身的制度化组织过程。网络社会正是这样一个内在

---

[1]　S. 特克:《虚拟化身:网路世代的身份认同》,谭天、吴佳真译,远流出版事业股份有限公司 1998 年版,第 328 页。

[2]　U. 贝克等:《自反性现代化》,赵文书译,商务印书馆 2001 年版,第 13—14 页。

地包含着可能性和不确定性结构的社会形态,其风险性主要根源于以下几个原因:(1)在网络社会,信息和知识取代能源而成为了社会行为的关键要素,成为了重新塑造社会结构的基本力量,而"更多、更完美的知识正在成为新风险的来源"①。这是因为,信息和知识的一个关键性特征,就在于其包含了巨大的可能性和不确定性,它在促进社会关联达到一个前所未有的高度的同时,也在相当程度上加重了社会网络的脆弱性。(2)网络社会的风险性,还根源于网络社会不同于现实社会的独特时空特性。网络社会在时空上具有跨地域和即时性特点,卡斯特从理论上将之概括为"流动空间"和"无时间之时间"。网络打破了传统社会的时空限制,将距离和时间压缩到零,并且通过脱域机制把社会关系从地方性场景中抽离出来,在无限延伸的全球时空中再嵌入。这意味着,网络时空具有一种拼贴画的效应,不同的时间和空间可以在同一个平面存在,人们的行为已越来越不依赖于特定的地点和时间,这在客观上增加了社会结构的风险性。(3)互联网极大地提高和强化了社会系统中各要素之间的相互关联,从而导致社会走向更高程度的相互依赖。而当社会系统的相互联系急剧增加时,如果系统或者其中部分无法适应这种增加产生的后果,社会问题就会迅速放大、膨胀和传播。换言之,由互联网强大的互联性而产生的放大效应,会催生和增强社会系统的脆弱性,使风险传递速度更加快捷,传递范围更加广泛。(4)人们在网络空间的社会行为所具有的匿名和身体不在场特点,也是构成网络社会风险的一个重要原因。在网络空间,人们在现实社会生活中的社会面貌是不在场的,这种行为主体的虚位,对网络社会的影响是深远的。仅对网络人际交往的影响而言,就有可能导致诸如身份识别困难、人际信任危机、因交往对象不确定或多变而导致交往无法深入、多界面生存造成的压力与角色认同困难、交往伦理相对化、现实人际交往淡化等多重社会后果。②

由于网络社会内在地包含着结构性风险,因此,网络空间中的社会问题要比现实社会复杂得多,而且其社会后果也往往更为严重。例如,隐藏在可执行程序或数据文件中的具有自我复制和传播能力的电脑病

---

① U.贝克:《世界风险社会》,吴英姿等译,南京大学出版社 2004 年版,第 181 页。

② 黄少华、陈文江:《重塑自我的游戏:网络空间的人际交往》,台湾复文出版社 2002 年版,第 177—194 页。

毒对网络社会的破坏性,便是一例。电脑病毒从开始传播到导致整个网络被感染,几乎不需要什么时间,它对网络社会的破坏性,显然具有与现实社会极不相同的特点。自从 1988 年 11 月第 1 例电脑病毒——莫里斯蠕虫在有 6000 台电脑联网的 ARPA 网被发现以来,电脑病毒在网络空间的传播速度越来越快,传播范围越来越广,造成的损失也越来越大。例如,2000 年 5 月 4 日,名为"爱虫"的电脑病毒,使网络世界陷入了混乱之中。仅一天时间,就在全世界造成了 10 亿美元的损失。"像'爱虫'这类病毒的影响就证明了随着全球化的到来,世界已经怎样紧密地联系在了一起。"①

又如,随互联网形成而发展起来的网络犯罪行为,与发生在现实社会生活中的犯罪行为相比,亦有其新的特征。由于互联网的高度匿名性,使个人很容易躲在安全的私人空间进行或参与在真实世界中限于各种条件而不易进行的犯罪活动。同时,网络也是一个放大器,个人内心平时被隐藏和压抑的各种犯罪欲念,也因为匿名而更有可能被释放。网络有可能将人类的欲念夸张、歪曲和放大,从而对真实世界构成威胁。对一个潜在的、心存不满的社会边缘分子或都市游击者来说,互联网是实现其欲念的一个极佳空间,因而对其有着极大的诱惑力,而这种诱惑力对公众却构成了潜在的危险。目前比较典型的网络犯罪如网络盗窃、网络诈骗、破坏网络数据、网络洗钱等,都已经对社会公众的生活造成了极大的损害。

网络交流的高匿名性、高互动性、高隐蔽性,同时使色情信息的传播变得极为便利。在网络空间中,色情信息的传播几乎不受任何限制,而且个人通过互联网接触色情信息也极为方便和安全,这无形之中消除了人们在真实世界中接触色情信息时因为受到各种压力(这些压力可能来自权威的意识形态,也可能来自普遍的道德感等)而存在的心理防线,从而促进色情信息的广泛传播与扩散。目前,互联网上的色情信息泛滥程度已是有目共睹,"从小报性热潮和令人可笑的女人照片 CD-ROM 的流行,到由于发行淫秽、非法并完全没有道德的万维网主页而被起诉和关

---

① 　A.吉登斯:《社会学》,赵旭东等译,北京大学出版社 2003 年版,第 81 页。

监的儿童流氓犯,电脑色情包括了广泛的罪恶和罪恶之人"①。早在 1995 年,美国卡耐基梅隆大学的一个专家小组发表的网络色情调查报告《信息高速公路上的色情营销》就已指出,仅仅在 18 个月中,就有大约 92 万件带有不同程度色情内容的影像和文字流通在互联网上,平均每天 1700 件,接收者多达 40 余个国家和地区。英国米德尔塞克斯大学的蒂姆莱贝教授也发现,在互联网上,有大约 47%的非学术性信息与色情有关。网络还使得色情信息的种类比以往更为丰富,除传统媒体中常见的文字、图像以外,还出现了激情对话(hot chat)甚至虚拟性爱(cybersex)等新的色情行为方式。人们可以在互联网上自由地进行色情信息交流,兴趣相投的人们甚至还可以在互联网上设立公共讨论区(BBS),集中制造、散布、交换色情信息。这对传统的社会管理模式是一个重大的挑战。而从社会学的视角来看,网络色情问题的严重性,还不仅仅表现在色情信息的数量和种类繁多上,更在于网民追逐和迷恋这些色情信息的狂热程度。

知识鸿沟的扩大也是我们在网络时代所必须认真面对的一个问题。美国传播学者蒂奇纳(P. Tichenor)、多诺霍(G. Donohue)和奥里恩(C. Olien)在 1970 年发表的《大众传播流动和知识差别的增长》一文中提出了"知识沟假设(knowledge-gap hypothesis)"②,认为随着大众传媒向社会传播的信息日益增多,处于不同社会经济地位的人获得媒介知识的速度是不同的,社会经济地位较高的人将比社会经济地位较低的人以更快的速度获取这类信息。因此,这两类人之间的知识差距将呈扩大而非缩小之势。按照这一假设,互联网的扩展,可能加大而不是缩小不同群体之间的"知识沟"。互联网是当今技术含量最高的信息媒体,它在知识传播上集多种传统媒介的优势于一身,具备可以处理海量信息、快速检索、双向交互、多媒体合一等优点,为人们提供了一种能广泛地接触信息的全新渠道。但是,互联网的知识霸权的确在很大程度上决定了人们之间所可能具有的关系。价格不菲的上网设施和网络使用费,以及必需的电脑和网络知识,好像一座分水岭把社会大众一分为二。这意味着,知

---

① N. 巴雷特:《数字化犯罪》,郝海洋译,辽宁教育出版社 1998 年版,第 65 页。

② P. J. Tichenor, G. A. Donohue & C. N. Olien. Mass Media Flow and Differential Growth in Knowledge. Public Opinion Quarterly,1970,34(2).

识沟假设的一种重要作用方式——文化程度高的人比文化程度低的人接受信息的速度更快,已在某种程度上体现在网络世界中。中国互联网络信息中心(CNNIC)的多次调查都表明,虽然中国的互联网用户每年都在快速增加,但人们对互联网的介入程度与学历、收入呈正相关关系,而且具有较高学历和收入的人,对互联网的态度也更为乐观。网络世界的开放性和多元性特征,也与知识沟假设的另一种重要作用方式——在多元的社区中,由于信源的多样性,因而知识沟有扩大的趋势颇为一致。可以说,网络使用机会和网络使用能力的不平等,正在日益强化数字富人与数字穷人之间的隔阂和断裂,从而造成"数字鸿沟"这一新的知识沟状态。"已经上网的人,浏览万维网并在互联网上进行日常生活和商业活动的人,有着极大的经济和社会优势……没有上网的人就有成为新的仆人阶层的危险。上网和未上网之间的鸿沟很宽并还在加宽。"[1]

显然,互联网崛起所引发的新社会问题,远不止上述这些。它还有可能造成文化冲突、人际关系疏离、信息焦虑、网络孤独、网络成瘾、网络谣言扩散、网络语言暴力等问题,对所有这些问题的分析与调查,都应该是网络社会学研究的重要内容。

三、网络生活世界与现实生活世界的交织

今天,网络正在成为越来越多的人越来越重要的社会生活空间,与此相应,以网络空间为基础的虚拟生活经验与真实生活经验之间的相互渗透、相互交织,也正在逐渐成为这一部分人们的共同生活经验,从而导致了各种社会界限的突破及虚实世界的交织。鲍德里亚认为,我们今天已处在一个拟像时代,电脑、信息处理、媒体以及按照拟像符码而形成的社会组织,已经取代了现代社会中生产的地位,成为社会组织的基本原则。与现代社会是一个工业生产社会不同,后现代的拟像社会是一个由模型、符码和控制论所支配的信息与符号社会。符号本身拥有了自己的生命,并建构出一种由模型、符码及符号组成的新社会秩序。在这种拟

---

① 弗里曼·J.戴维森:《太阳、基因组与互联网》,覃方明译,生活·读书·新知三联书店 2000 年版,第 78 页。

像社会中,模型与符号构造着经验结构,并销蚀了拟像与真实之间的差别。拟像与真实之间的界限已经内爆,而且拟像变得比现实还要真实,它不再指称自身之外的任何现实,虚实世界之间的界限也因此变得含混、模糊甚至消融。以迪斯尼乐园为例。迪斯尼是一个虚拟的想象空间,是一个将过去、现在与未来世界糅合而成的空间环境,与乐园之外的实际生活空间有着明确的界限。然而,在后现代社会,这种虚拟时空与现实时空之间的界限却变得越来越模糊,甚至彼此交织、重合。以迪斯尼乐园所营造的复杂时空为代表的虚拟时空,已逐渐反过来影响现实世界的城市时空。各种城市景观,从古迹与文物保存、文化产业、狂欢节,到城市建筑,如摩天大楼、购物中心、百货公司等,都在现实的城市中被压缩、组合,过去、现在与未来的场景、想象与记忆全都交织在了一起。"虚构、分裂、拼贴和折中主义,全都弥漫着一种短暂和混乱感,它们或许就是支配着今天的建筑和设计实践的主题。"①迪斯尼乐园的虚拟时空正变得越来越真实,而现实城市时空则正变得越来越虚拟,两者之间的界限正在逐渐模糊、交融甚至消失。今天,正如贝克所说,人类已生活和行动在一个人造的、建构而成的、超越了现代社会二元区分的世界中,后现代世界是一个超越二分框架的混合世界。

　　这种虚拟与真实交织的后现代景观,也正是网络社会的鲜明特征。例如网吧作为目前青少年的重要上网场所,已经远不只是一个物理地点,而是一个能快速通向虚拟世界的通道,其意义恰恰在于导致物理地点虚拟化。对于许多网吧沉迷者来说,网吧指向的,是一个颠覆、解放的世界,是一个能让他们逃避现实世界,重新塑造自我的空间场所。真实和虚拟在其中相互渗透、相互指涉、相互交织,想象、真实与虚构相互聚合成为一个虚实交织的世界,个人由此实现了许多想象的功能。与此同时,网吧还导致了原本属于个人的网络使用行为,具有了社会意义的面向,其中最为重要的面向,是为青少年次文化认同与形塑提供了一个重要的渠道,让青少年能在网吧这一虚实交织的环境中交换资源、实现互动,并由此形塑同辈群体间的社会认同。

---

① D. Harvey. The Condition of Postmodernity: An Enquiry into the Origins of Cultural Change. Oxford: Blackwell Publishers Ltd. ,1990:98.

数字化城市的崛起,是网络空间作为虚实交织的后现代混合世界的另一个重要体现。所谓"数字化城市",指的是充分利用数字化及其相关网络技术和手段,对城市基础设施,以及与人们的社会生活相关的各个方面,进行全方位的数字化信息处理和利用,以实现对城市地理、资源、生态、环境、人口、经济、社会等复杂系统的数字网络化管理、服务与决策的信息网络系统。这种数字化城市,将在不远的将来,成为人们真实的生活空间。正如米切尔(William J. Mitchell)所说,在 21 世纪,人类将不仅生活在由钢筋混凝土构造的现实城市中,而且会同时栖身于由信息网络组建的"比特城市"中。一个典型的例子,就是 2000 年在芬兰开启的"虚拟赫尔辛基计划"(Helsinki Arena 2000)。这个计划的最终目的,是将赫尔辛基复制在网络空间中。计划分为两部分:技术的实现和市民的参与。现实世界中的商业、通信及人际交往活动,都将在虚拟城市中重现,人们可以足不出户就完成现实生活中的工作、学习和经济活动。这种数字化城市,是网络时代真实世界与虚拟世界交织形成的"智能场所"。"智能场所收集和传输信息。但更重要的是,它们将会通过范围非常广泛的新途径,参与到我们的日常生活中来,预测我们的日常需要,并作出相应的反应。"①

Cyborg(赛博格、赛博人、电子人、人机混合体)的出现,更是网络生活世界与现实生活世界交织融合的生动体现。正如米切尔所说:"我们正在进入一个新的时代,在这个时代里,得到了电子化延伸的身体居住在物理世界与虚拟世界的交汇点上。"②网络极大地扩展和重塑了人的存在,人类由此开始走向一个多元、去中心、平面、复调、虚拟和真实交织的生存与互动世界。"对于 Cyborg 来说,内部和外部的界限动摇了。人与己的区别可以重构。差异变成暂时的了。"③例如,当我们利用搜索引擎,即时地获得以前可能需要耗费几年甚至几十年光阴才能获得的信息时,

---

① W.J.米切尔:《伊托邦:数字时代的城市生活》,吴启迪等译,上海科技教育出版社 2001 年版,第 55 页。

② W.J.米切尔:《比特之城:空间、场所、信息高速公路》,范海燕、胡泳译,生活·读书·新知三联书店 1999 年版,第 166—167 页。

③ W.J.米切尔:《比特之城:空间、场所、信息高速公路》,范海燕、胡泳译,生活·读书·新知三联书店 1999 年版,第 31 页。

网络空间实际上已经成为人的一部分,或者说,人已经成为网络的一部分,网络与人脑之间的界限变得模糊甚至消失了。史洛卡(Mark Slouka)说:"在我们下一代的一生之中,将人类的神经系统直接连上电脑,让人类的意识下载(download)到随取记忆体(Random Access Memory, RAM)之上,以某种人工的状态保存下来,这些都是可能的。在可预见的未来,自然与科技间的那条界限将被抹杀。"①对于网络所凸显的这种人与电脑、人与网络、自然与科技之间的界限模糊甚至消失的情形,哈拉威(Donna Haraway)称之为 Cyborg,这是一个主客体及主体间边界模糊、虚拟与真实交织,具有后现代破碎、不确定及多重自我的混合主体。哈拉威正是想凭借 Cyborg 概念,来超越现代性的各种身份认同(族群、种族、性别/性倾向、阶级……)彼此矛盾冲突的困境,以建构一个多重、差异、多元的后现代主体概念。② 在网络空间,人类的存在状况被改变了,被消散在后现代的时/空、内/外以及心/物语义场中,这使 Cyborg 成为当今时代分析人类存在状况的一个重要指标。德勒兹(Gilles Deleuze)和瓜塔里(Felix Guattari)曾经这样描述人在当今世界的境遇:"我们正在从扎根于时空的'树居型'(arborial)生物变成'根居型'(rhizomic)游牧民,每日随意漫游地球,因为有了通信卫星,我们连身体都无须移动一下,漫游范围便可超越地球。"这种后现代的"游牧者为我们提供了新的生存与斗争模式。游牧式的自我(nomad-self)摆脱了一切克分子区割,并谨慎地解组了(disorganizes)自身。游牧式的生活是一种创造与变化的实验,具有反传统和反顺从的品格。后现代游牧者试图使自身摆脱一切根、束缚以及认同"③。一旦人们进入由电脑和光纤电缆组成的网络世界,就变成了像德勒兹和瓜塔里所说的游牧者,不再有固定的位置,不再处于现实世界中某个固定的物理地点。换言之,互联网分散了主体,使

---

① M. 史洛卡:《虚拟入侵:网际空间与科技对现实之冲击》,张义东译,远流出版事业股份有限公司 1998 年版,第 25 页。

② D. Haraway. A Cyborg Manifesto:Science, Technology, and Socialist-feminism in the Late Twentieth Century. In:D. Haraway (ed.). Simians, Cyborgs and Women:The Reinvention of Nature. New York:Routledge,1991:149-181.

③ D. 凯尔纳、S. 贝斯特:《后现代理论:批判性的质疑》,张志斌译,中央编译出版社 2001 年版,第 134 页。

其在时间和空间上脱离了地理的限制,从而悬置于客观性的种种不同位置之间,随着偶然境遇(the occasion)的不确定而相应地一再重建。在网络空间,人始终是漂浮的,不像在现实生活中那样,具有可停泊的锚、固定的位置和透视点、明确的中心及清晰的边界,而是呈现出一种明显的扁平化、去中心、去界限、分散和多元化特征。这也正是网络社会作为虚实交织的后现代混合社会的重要标志之一。

总之,在今天,面对因网络社会崛起而形塑的新社会经验,调整和改变社会学的理论视野与问题意识,已是当务之急。正如利奥塔(Jean-Francois Lyotard)所说:"了解社会,今天比过去任何时候都更需要首先选择向社会发问的方式。"①网络社会学研究所首先展示的,正是这样一种新的向社会发问的方式。网络社会学不再仅仅是社会学的一个分支学科,作为一种知识体系,网络社会学的发问和研究方式,极有可能将社会学带入一个全新的领域,并由此构成社会学研究的一个崭新的范式。与经典社会学的研究范式相比,网络社会学范式的新,首先体现在网络社会学是一种没有基点的社会学。经典社会学总是有一个叙述的基点,以此作为社会学思考及理论建构的立足点。例如,经典社会学的叙事模式常常以理性作为其叙事的基点,以"社会"概念作为其知识架构的立足点。与此不同,网络社会学首先要面对的基本事实,是网络社会的网络化、全球化、弹性、扁平化、开放性及多元性,由于网络社会学把其理论架构建立在对网络社会的这些后现代特性的认识之上,因此在网络社会学理论架构中,不可能有像经典社会学那样具有普遍意义的理论和叙述基点。也正因为如此,网络社会学是一种没有中心权威和中心话语的社会学。

---

①　J.-F.利奥塔:《后现代状态:关于知识的报告》,车槿山译,生活·读书·新知三联书店 1997 年版,第 26 页。

网络空间的社会特性 [*]

  正如麦克卢汉（Marshall McLuhan）的名言"媒介即讯息"所揭示的那样，技术媒介作为人的延伸，是构成一定社会形态的基础性物质架构。人类历史上每一种关键性技术的突破，一种新技术架构的形塑，通常都会导致人类的生活方式甚至社会结构的转型，从而开拓新的生存空间，形成新的生活经验。而互联网正是这样一种具有突破性意义的关键技术。在今天，互联网已经成为一种全方位引发人类社会生活空间改变的技术架构，互联网独特的技术特性，使其具有广泛影响人们的社会生活，并改变人们的思维方式、行为倾向、社区形态及自我认同的能力。换言之，互联网已远不只是一种传递信息的工具，它形塑了一种全新的社会环境和生活空间，一种新的社会空间和社会结构正在逐渐浮现。而这一新的网络社会空间的支配性逻辑，正如卡斯特（Manuel Castells）所说，是一种流动性逻辑，网络社会是一个环绕着流动而建构起来的新社会形态。流动性作为网络社会新动力机制的核心，支配着网络空间的信息流动和社会互动，使网络社会的信息流动和人际互动在实时的时间中接合，从而形成一个流动性的全球社会。在这种流动社会里，空间和时间被抽离化或者说"虚化"，它脱开具体的地域，呈现出一种超越现实物理地点的因果关系的全新社会特性。

---

* 原载《数字化与人文精神》，上海三联书店 2003 年版。

一、作为媒介与座架的网络

麦克卢汉认为,媒介是人的延伸,人们生活在现实世界中,手之所触,眼之所及,耳之所闻,鼻之所嗅,皆有媒介在起作用。而"人的任何一种延伸,无论是皮肤的、手的还是脚的延伸,对整个心理的和社会的复合体都产生影响"①。换言之,任何技术媒介作为人的延伸,都会逐渐创造出一种全新的人类生存环境,这种环境并非消极的包装用品,而是积极的作用进程。这意味着,媒介作为人的延伸,其重要性体现在对人类的空间、时间感知形式的影响上;任何重要的技术媒介,都会在相当程度上重构人类生存的时间和空间参数。新的技术媒介往往展开了新的生存空间和生活经验,由此对社会文化和社会结构产生巨大影响。互联网的各种形式,从 E-mail 电子邮件传送到 WWW 网页浏览,从 BBS 公共论坛到 MUD 游戏,在相当程度上压缩了人类社会的时间与空间,并日益改变着人们的日常生活形式及其经验内容。麦克卢汉有一个发人深省的观点,强调媒介最主要的价值,并不在其内容,而恰恰在于媒介技术本身,因为正是媒介技术的基础性作用,塑造了一定形式的社会行为方式,以及具体的社会结构和文化现象。"用电子时代的话来说,'媒介即讯息'的意思是,一种全新的环境创造出来了。这一新环境的'内容',是工业时代陈旧的机械化环境。"②因此,按照麦克卢汉的媒介理论,互联网作为延伸人的媒介,"摆出了这样一副姿态:它要把过去一切的媒介'解放'出来,当作自己的手段来使用,要把一切变成自己的内容"③。通过人们的网络使用行为,这种将一切过去的媒介作为自己内容的网络媒介,便对人类的社会生活造成了实质性的影响。在这一意义上,互联网作为媒介,早已不只是简单的工具,而是参与了现实社会生活的构建,为人们塑造了一个全新的生活空间。目前,互联网正以极其迅捷的速度广泛地渗透到人们的日常生活之中,并全方位地改变着人类社会的基本结构和面

---

① M. 麦克卢汉:《理解媒介:论人的延伸》,何道宽译,商务印书馆 2000 年版,第 21 页。
② M. 麦克卢汉:《理解媒介:论人的延伸》,何道宽译,商务印书馆 2000 年版,第 27 页。
③ P. 莱文森:《数字麦克卢汉:信息化新纪元指南》,何道宽译,社会科学文献出版社 2001 年版,第 7 页。

貌,改变着人类的生活方式、思考方式和自我认同方式。

海德格尔(Martin Heidegger)认为,人们在现实世界中的基本存在状态是"存在于世界之中(in-der-Welt-sein)"。而在现代世界,技术构成了人的基本处境。海德格尔认为,技术不仅仅是工具和手段,它在本质上是一种解蔽(das Entbergen),解蔽贯通并统治着现代技术。他强调,在现代技术中起支配作用的乃是促逼(Herausfordern),这种促逼要求自然提供本身能够被开采和贮藏的能量。也就是说,促逼具有摆置(Stellen)的性质,通过促逼的摆置,现实被解蔽为持存(Bestand)。海德格尔认为,这种促逼和摆置源于技术的本质——座架(Ge-stell)。他说:"我们以'座架'一词来命名那种促逼着的要求,这种要求把人聚集起来,使之去订造作为持存物的自行解蔽的东西。"①换言之,技术作为座架,为我们的生存和理解设置了框架,我们所有的理解和生存方式,都发生在这一框架的背景之中,无法逃脱或站到这种框架之外。而当我们生活在这一技术的世界之中,就被促逼得只能在这一框架中解蔽世界,根据技术的秩序理解世界,这是现代人的天命。按照海德格尔的这一视野,可以说,互联网络正是当代人的天命,正如尼葛洛庞帝(N. Negropont)所说,在今天,"计算不再只和计算机相关,它决定着我们的生存"②。互联网络作为座架,促逼着我们只能以信息化的方式解蔽世界,从而处身于一种不同于工业时代的全新的社会活动环境和场域,即后现代的社会生态地景地貌。可以说,"网际空间与资讯技术,在根本上就和其他技术一样,是特定社会关系的揭显与设框,是牵涉人类存在条件的特殊模式"③。

二、网络技术范式与网络化逻辑

按照上述麦克卢汉的媒介概念和海德格尔的座架概念所揭示的逻辑,我们认为,互联网最重要的社会意义,在于其作为媒介和座架,对人

---

① M.海德格尔:《技术的追问》,《海德格尔选集》,孙周兴等译,上海三联书店1996年版,第937页。

② N.尼葛洛庞帝:《数字化生存》,胡泳、范海燕译,海南出版社1996年版,第15页。

③ 王志弘:《技术中介的人与自我:网际空间、分身组态与记忆装置》,《资讯社会研究》2002年第3期。

类的社会生活具有一种基础性的技术—经济范式作用,从而形塑了一个全新的社会生活场域。换言之,由互联网所构建的社会生活场域,是一种全然不同于以往农业社会和工业社会的新社会生活场域,而这一新社会场域所展示的,是一种全新的后现代技术范式和后现代社会逻辑。

(一)网络技术范式(network-technology paradigm)

互联网的崛起,是军事策略、科学组织、科技产业以及后现代文化相互作用及创新的产物。由互联网所形构的信息基础结构,不仅能使人们克服地域的限制而协同工作,更重要的在于,互联网构成了一种全新的信息技术范式。"技术—经济范式乃是一群彼此相关的技术、组织与管理之创新,其优越之处不仅在于拥有新的产品与系统领域,还大部分来自生产过程里所有可能投入之相对成本结构的动态。在每个新范式里,都有一个或一组特定投入,能够称之为该范式的'关键因素',而此因素的特征为相对成本的下降,以及普遍的可及性。当前的范式变迁或可视为从主要以廉价之能源投入为基础的技术,转移到主要以廉价的信息投入为基础的技术,而这些信息源自于微电子与电信技术的进步。"[①]卡斯特认为,与工业时代以能源为基础的技术范式相比,互联网信息技术范式的主要特征是:

第一,信息是行动的基本因素,新技术是一种处理信息的技术,而不仅仅是处理技术的信息。

第二,新技术的效果无处不在,信息技术广为大众所用。信息成为所有人类活动的重要部分,所有社会生活过程都直接受新技术媒介的"塑造"(但不是"决定")。

第三,信息技术使网络形态成为社会组织和过程的主要形态,成为人类创新活动的驱动力,任何系统都运作于网络化逻辑之中。

第四,信息技术范式以弹性为特征,不仅所有的过程都可以逆转,组织与制度也可以修正,甚至是彻底转变。新技术范式的独特之处在于其重新构造的能力,这在以不断变化与组织流动为主要特征的社会里是决

---

① M.卡斯特:《网络社会的崛起》,夏铸九等译,社会科学文献出版社 2003 年版,第82—83 页。

定性的特性。

第五,信息技术范式是一个高度整合的系统,在其中,原本有所区别的旧技术轨迹,会因为高度整合而无法区分。

(二)网络化逻辑(networking logic)

卡斯特认为,网络技术范式的上述特征,正在加速重建社会的物质基础,并引导着社会空间的转变方式。对于社会学来说,网络技术范式的重要性,正在于其具有的对社会生活的范式作用。互联网的崛起,作为一件具有社会学意义的事件,正在逐步转化当今人类生活的社会图景。在以信息技术为中心的网络革命中,传统的社会概念受到了前所未有的挑战。[①] 诸如工作、学习、休闲、娱乐、交往、购物与医疗保健这些曾经必须依赖特定的地理性空间场所进行的经济、社会、政治和文化活动,如今被转移到了网络空间,通过网络在电子化虚拟空间中进行,从而导致物理空间在虚拟空间中被重叠、压缩甚至取代。这个新的网络空间,塑造了一个不依附于地球上任一确定地点而存在的社会,人类的栖息地将超越民族—国家的界限,而成为一个世界性的社区。电子网络通过时空压缩与延展,重塑了信息化时代的社会结构。在这种信息化社会中,"信息"(information)与"知识"(knowledge)第一次成为社会发展的核心要素,社会中个人和个人、个人和组织以及组织和组织之间,透过网络的沟通而更加频繁地互动往来,从而形成目前已初具雏形的"网络化社会"(network society)。这种"网路化社会的特性是:繁复绵密的互动与变动,众所激烈竞争的资源是资讯、知识与科技文化;而其生产中心则为资讯事业(例如:资讯网路服务和数据库加值应用等)与文化媒体事业。更重要的:网路化社会的进步原动力,来自全体网民参与知识的创新与累积"[②]。这意味着,网络空间已不再只是传递信息的工具,而已经成为一个社会环境,一个生活空间,新的空间形式和社会结构正在网络虚拟空间中浮现出来。而虚拟化、数字化、流动与弹性、全球化以及个人化,则

---

① 黄少华、陈文江:《重塑自我的游戏:网路空间的人际交往》,台湾复文出版社 2002年版,第 220 页。

② 吴齐殷、蔡博方、李文杰:《网民研究:特征与网路社会行为》,http://140.109.196.10/pages/seminar/infotec4/5-2.doc。

是这一新社会空间的支配性逻辑。

1. 虚拟化

以 TCP/IP 等网络协定为基础,网络空间在数字化层面模拟和重构了现实社会的生存环境,架构了一个人们生活于其中的虚拟社会空间。这一虚拟社会空间,与现实社会的物理空间和心灵空间不同,既具有物理空间的特征,又具有心灵空间的特性。它一方面拓展了人类的生存空间,使人们的生存有可能同时保持多个维度和层面;另一方面,引导人们进入奇妙的拟像世界之中,到处游走去挖掘"自我"与实现"自我"。① 随着人们日益习惯这种拟像化生存,现实社会也必将成为拟像世界的一部分,并与拟像世界融为一体。

2. 数字化

数字化是指以计算机为工具,并以二进制代码 0 和 1 为载体的知识表达和传播方式。在网络世界中,一切都是以数字 0 和 1 来代表的,网络空间中的所有信息都是"数字化"信息。由于互联网的日益普及,这种数字化信息方式已经对社会结构和组织模式产生了深刻的影响,并成为社会再结构的基础。比尔·盖茨(Bill Gates)在《未来之路》一书中道出了这种社会再结构的实质:资本主义发展到了一个以信息为基础的新阶段。也就是说,借着互联网的崛起,一个全新的网络社会正在形成,这就是数字化资本主义。"它是资本主义的新品牌,具有下列三项特征:(a)生产力与竞争力来自于知识的产生与资讯的处理;(b)企业与地区被依据生产、管理与分配的网络而被加以组织;(c)核心的经济活动是全球性的,亦即,在实际时间(或所选择的时间)的某一单位,从事一种具有全球规模的工作。新的资讯与通信技术,以微电子、电信与网路取向的电脑软体为基础,为新经济提供了基础结构。"②

3. 流动与弹性

网络信息技术范式以弹性为基础,所有信息单位都有重新排列组合的可能。这种弹性的网络化逻辑具有独特的重新构造能力,从而使社会组织及社会生活处于不断流动的变化状态。正如齐格蒙德·鲍曼(Zyg-

---

① 叶启政:《虚拟与真实的浑沌化:网路世界的实作理路》,《社会学研究》1998 年第 3 期。

② 翟本瑞:《连线文化》,台湾复文出版社 2002 年版,第 45 页。

munt Bauman)所说，在后现代社会空间，流动性已经成为最有力、最令人垂涎的划分社会阶层的因素。"流动的自由（它永远是一个稀罕而分配不均的商品）迅速成了我们这个晚现代或后现代时期划分社会阶层的主要因素。"①新的、越来越具有世界性的社会、政治、经济和文化阶层依据流动性而不断地形成和重建，并由此导致社会组织模式的转变，例如企业由传统金字塔形的科层制组织形态，逐渐转向结构扁平化的渔网式组织，从而使企业组织虚拟化，成为一张没有控制中心、由节点相互沟通编织而成的弹性的渔网。

4. 全球化

以包交换方式连接的互联网，在技术上不存在中央控制与封闭界限，也就是说，互联网技术在本质上是全球性的。互联网最大的优势是能超越时空的限制，从而有效地打破国家和地区之间的各种有形和无形壁垒。无论人们在世界的哪个角落，只要有一台计算机、一个调制解调器、一根电话线，就可以在互联网上通过文字、声音、图像把自己与他人相联结，从而形成一个全球化的信息空间。作为一个开放性的全球平台，互联网不仅从一个侧面体现了当今社会的全球化趋势，而且为全球化的发展引入了一个新的变数，从而使不同区域的人们有可能摆脱"麦当劳化（McDonaldization）"的全球化进程。随着高速、宽带的现代信息网络的发展与完善，人类社会的生产、流通、消费以及科研、教育、医疗、娱乐等各种经济与社会活动，都将越来越多地利用网络并逐步转移到网络空间上来，呈现出依赖全球性网络的趋势。网络化所形成的信息高速公路，打破了传统的时空限制，将距离和时间缩小到零，并且通过"脱域机制（disembedding mechanism）"把社会关系从地方性的场景中抽离出来，并在无限延伸的全球时空地带中"再嵌入"。

5. 个人化

互联网对社会结构的巨大影响，还表现在个人日常社会生活方式的变化上。在以前，人们的社会生活历程基本上是由社会及家庭给定的，而网络空间则为个体脱离对地方、社群与特定阶级、阶层甚至性别角色的依附创造了条件，使个体有机会通过对现代性的反思，脱离对集体的

---

① G. 鲍曼：《全球化：人类的后果》，郭国良、徐建华译，商务印书馆 2001 年版，第 2 页。

单向度认同而重构自我认同。换言之,网络空间塑造了一个更广阔的社会场域,它从内涵上强化了个体意识,割断了个体与地方性社会背景的联系,从而使"全球社会"与"自我"在全球性背景下交织在一起。[①] 在网络空间,人们不仅可以自由地分享他人的知识和资源,而且可以自由地展示自己的思想和才华,从而使自我有更多的施展自己特长的机会,更多的与别人合作的机会,更多的自我发展和自我实现的机会。

三、流动空间

我们强调互联网作为一种具有突破性意义的关键技术,已经对人类的社会结构和社会生活,包括组织模式、行为结构、社区形态及自我认同产生了广泛而深刻的影响,并不是暗示新社会形态和结构的浮现,是单纯的网络技术变迁的结果,也不意味着技术决定社会。正如卡斯特所说,强调"信息技术革命对经济、文化、社会的发展与影响,是因为这些戏剧性的技术变迁,是当前最直接感觉到的结构性转化。但是这并非认为技术决定了社会,而是技术、社会、经济、文化与政治之间的相互作用,重新塑造了我们的生活场景"[②]。这种由信息技术与社会、经济、文化、政治交互作用形塑的新生活场景,我们可以概括为网络空间。

(一)网络空间(cyberspace)

网络空间一词,最早是由小说家 W. 吉布森(Willian Gibson)在其1984年出版的科幻小说《神经巫师》(*Neuromancer*)一书中提出来的。在吉布森笔下,网络空间是指一种人类神经系统和电信网络系统完全结合的状态。在吉布森的想象中,在未来时代,科技将进化到人类可以用无所不在的网络进行沟通和互动,人们之间的互动、接触和沟通将完全在虚拟的网络世界中进行,从而生活在一个由"交感的幻觉"所形塑的"虚拟世界"之中。吉布森所阐述的网络空间,具有四个主要特征:第一,人们的知觉可以摆脱物理身体的束缚而在网络空间独立存在和活动;第

---

① 陈文江、黄少华:《互联网与社会学》,兰州大学出版社2001年版,第8—9页。

② M.卡斯特:《网络社会的崛起》,夏铸九等译,社会科学文献出版社2003年版,第15页。

二,网络空间可以突破物理世界的限制而穿越时空;第三,网络空间由信息构成,因此,有操控信息能力的人在网络空间拥有巨大的权力;第四,人们因为进入网络空间而成为人机合一的赛博人(Cyborg),以纯粹的精神形态而在网络空间获得永生。今天,随着互联网的发展,人们不仅开始用吉布森的 cyberspace 一词来指称由互联网所编织的网络空间,而且还赋予其更多的含义和维度,用以描述网络时代人们所面临的全新社会生活空间。

人类对空间的经验和认知,主要是以活动的范围为基础的。同样,网络空间的概念,也是我们捕捉和把握架构在与网络相关的软硬件及通信协议之上的人类新活动领域的重要概念。如果说地方意味着确定与安定,那么,空间则意味着自由与弹性,网络空间提供了人们跨越传统的物理地方与社会空间的限制而与他人沟通和互动,以及重新塑造自我的自由空间。在网络空间,人们的心灵摆脱了物理身体的束缚,这为建立在想象基础之上的认同感的培育提供了一个全新的空间。人们对网络空间的认同,正是由此而生。这种认同甚至高于人们对现实世界活动空间的认同。也就是说,随着互联网的不断普及,网络空间将不仅是人们在现实的物理空间和社会空间之外进行社会活动的新领域,而且是一个比现实物理空间和社会空间更为理想的活动和交往空间。有人甚至认为,网络空间将给人类带来前所未有的平等与解放。然而网络空间的特殊意义更在于,在带给人们自由的同时,它又能保证在传统社会中由地方所给予人们的安定与认同感的实现。网络的隔离功能保证人们可以在身体与心理都不易遭受伤害的情况下,全方位地与网络空间中的陌生人进行接触和沟通,甚至在网络空间营造具有特色的地方,以便自己可以安稳、舒适地定居在那里,而网络的连接功能又能充分保证这种接触和沟通的实现。① 这正是网络空间的特色所在。

海德格尔基于现象学思考,强调从本体论的认识方式切入思考人们在日常生活经验中所体验到的空间。他以此为原则对"空间"概念所作的细致的哲学分析,非常有助于我们理解网络空间的社会特性。在海德格尔看来,"诸空间(die Raume)乃是从诸位置那里而不是'这个'空间

① 黄厚铭:《虚拟社区中的身份认同与信任》,2001 年台湾大学学位论文,第149 页。

('der' Raum)那里获得其本质的"。人们对于空间的经验认知,需要由天、地、神、人"四重整体"的聚集来加以阐释,而并非是对基于"这个"空间即"地点"的经验认知。海德格尔以"桥"为例,对此作了下述比喻:

> 桥是独具方式的一物;因为它以那种为四重整体提供一个场所(Statte)的方式聚集着四重整体。但只有那种本身是一个位置(Ort)的东西才能为一个场所设置空间。①

这意味着,位置并不是现成的,在"桥"出现之前并不存在。在桥架起之前,沿着河流已经有许多能够被某物所占据的地点,而其中的一个地点作为位置而出现,正是因为桥的建造而完成的。并不是桥站在某个位置上,相反,是因为桥才使一个地点作为位置显现出来,才产生了一个位置。桥是一物,它聚集着四重整体,但它是以为四重整体提供一个场所的方式聚集着四重整体,正是根据这个场所,才能确定和产生出一个空间。以海德格尔的这一视角来理解网络空间,不难发现,在网络空间与海德格尔的空间概念之间,存在着一种内在的同构性。互联网的崛起,在某种意义上正可以说是架设了一座海德格尔意义上的"桥"。这座网络之桥,连接了全球亿万的电脑"节点",使之成为网络世界中的一个"位置",而这个位置的伸延和组合,则形塑出一个具有场所空间感的社会生态地貌。再加上网民在这一场所空间的活动,这个由网络联结所形塑的虚拟空间场所,便具有了一种真实的存在感,成为不同于现实社会空间的另一种社会空间。这意味着,网络空间的社会特性,在相当程度上正是由网民具体的社会互动所形塑的,因此,网络空间并非一个单纯的信息储存空间,而是一个卡斯特所说的流动空间。

(二)流动空间(space of flows)

卡斯特认为,空间和时间作为人类社会生活的基本维度,实质上是人类社会活动的产物。人们对空间与时间的经验与认知,主要以活动为基础,因而空间与时间概念总是与文化勾连结合在一起的。网络空间同样也是人类活动营造的结果。但是,与传统社会空间不同,由于信息技

---

① M. 海德格尔:《筑·居·思》,《海德格尔选集》,孙周兴等译,上海三联书店1996年版,第1197页。

术范式及当前社会历史形式与过程的联合影响,网络空间已不再受限于地理上的限制,而在结构上发生了基本的变化。互联网信息技术范式"彻底转变了人类生活的基本向度:空间与时间。地域性解体脱离了文化、历史、地理的意义,并重新整合进功能性的网络或意象拼贴之中,导致流动空间取代了地方空间。当过去、现在与未来都可以在同一则信息里被预先设定而彼此互动时,时间也在这个新沟通系统里被消除了。流动空间与无时间之时间(timeless time)乃是新文化的物质基础,超越并包纳了历史传递之再现系统的多种状态"①。卡斯特尝试用流动空间与无时间之时间概念,具体解释网络社会在空间与时间结构上的基本变化,并据此进一步具体描绘当前网络社会的崛起与信息城市的形塑,以揭示正在浮现的网络社会的空间逻辑和时间逻辑。

以全球经济结构作为批判视角,以流动空间为竞争场域,再配合信息化城市的崛起为外显现象,描述与解读网络社会基于信息技术的职业重组与劳动分工,以及因此而凸显的文化冲突现象,是卡斯特网络社会观的主要内容。卡斯特认为,新凸显的网络空间,是环绕着流动而建构起来的,因此可以称之为流动空间,与它相对的是具有历史根源,且人们共同经验的空间组织,即地方空间(space of places)。流动空间的出现,表现出与以地方空间为基础的社会文化之间的脱落(disarticulation)。由这种脱落所塑造的资本主义再结构过程所凸显的,是一种全新的社会支配性权力与功能空间,以及社会分化与整合模式。而随着流动空间的概念在经济与社会组织中的重要性逐渐凸显,地方空间的重要性将大大缩减。此时,虽然人们"确实依然生活在地方里。但是,由于我们社会的功能与权力是在流动空间里组织,其逻辑的结构性支配根本地改变了地方的意义与动态"。卡斯特强调,在更深的层次上,这种流动空间观所凸显的物质基础的观念转化,表明一种新的空间支配模式正在重新塑造一个后设网络。由此,网络社会中的人们及其活动,与地域之间将会形成一种新的社会距离,"支配性的趋势是要迈向网络化、区隔化的地方里,

---

①　M.卡斯特:《网络社会的崛起》,夏铸九等译,社会科学文献出版社 2003 年版,第465 页。

让这些地方之间的关联逐渐丧失,越来越无法分享文化符码"①。这种新的社会距离与区隔,意味着地方空间逻辑与网络社会空间逻辑之间的结构性精神分离,以及结构性意义的消失。

对于流动空间的实质,卡斯特从高科技、经济再结构与都市区域形成三种结构性因素的交互作用作了全面的阐述。他强调,新信息的生产和管理逻辑所创造的新生产空间,即"流动空间乃是通过流动而运作的共享时间之社会实践的物质组织"②。流动空间作为信息社会中支配性过程与功能之支持的物质形式,可以用至少三个层次的物质支持的结合来描绘,这三个层次共同构成了网络社会的流动空间。

首先,流动空间的第一个层次,或者说第一个物质支持,由电子交换的回路所构成(以微电子为基础的设计、电子通信、电脑处理、广播系统,以及高速运输等为基础设施),它们决定了流动空间的运作,以及它与其他空间形式和过程的关系,共同形成了网络社会的策略性关键过程的物质基础。流动空间由互动的网络所组成,在这一网络中,没有任何地方是自在自存的,因为位置是由流动交换界定的。

其次,流动空间的第二个层次,由其节点(node)与核心(hub)所构成。流动空间并非没有地方,虽然其结构性逻辑确实是没有地方。流动空间奠基于电子网络,但这个网络连接了一个或数个特定的地方。网络的一项关键功能,就是建立起一系列以地域性(locality)为基础的活动和组织。节点的区位将地域性与整个网络连接起来,以整合进一个以信息流动为基础的全球性网络之中。

第三,流动空间的第三个层次,是处于支配地位的管理精英(而非阶级)的空间组织。流动空间理论的一个基本假设是,社会是围绕着每个社会结构所特有的支配性利益而不均衡地组织起来的。虽然流动空间不是我们社会中唯一的空间逻辑,然而,流动空间依然是支配性的空间逻辑,因为它是我们社会里支配性的利益—功能的空间逻辑。这种支配不是结构性的,而是由占有社会领导位置的社会行动者即管理精英所发

①　M.卡斯特:《网络社会的崛起》,夏铸九等译,社会科学文献出版社 2003 年版,第524 页。

②　M.卡斯特:《网络社会的崛起》,夏铸九等译,社会科学文献出版社 2003 年版,第505 页。

动、构想、决定和执行的，而这些管理精英的空间是世界主义的（cosmo-politan），它的展现，构成了另一个流动空间的基本向度。

(三)无时间之时间(timeless time)

与经典社会理论强调时间支配了空间不同，卡斯特提出的假设是，在网络社会里，是空间组织了时间，换言之，信息时代的时间转化是与流动空间的浮现纠缠在一起的。在卡斯特看来，受社会实践所塑造的时间转化，是我们迈向新社会即网络社会的重要基础。在网络社会里，由于流动空间的凸显，借由混乱的事件相继次序使事件同时并存，从而消除了时间，使工业社会所具有的那种线性、不可逆转、可以量度、可以预测的时间被不断消解，而一种新的时间逻辑——无时间之时间开始成为网络社会的支配性时间逻辑。这种转变包含着多个层面的内容：它是各种时态的混合，由此创造出永恒的宇宙；它不是自我扩张而是自我维系，不是循环而是随机，不是迭代而是侵入。在卡斯特看来，"无时间之时间产生于当某个既定脉络——亦即信息化范式和网络社会——的特征，导致在该脉络里运作之现象的序列秩序发生系统性扰乱之时"①。这种扰乱主要采取两种形式：一种是压缩各种现象的发生，指向立即的瞬间；另一种是在序列中引入随机的不连续性，序列的消除创造了未分化的时间，而这形同永恒。

与此相对应，信息技术范式促成了两种形式的时间转化，或者说，无时间之时间包含着两层基本含义：即时性和无时间性。一方面，瞬间流转全球的信息，混合了横越邻里的现场报道，为社会事件与文化表现提供了前所未有的时间立即性（immediacy）。互联网通信技术使即时对话成为可能，人们根据各自的兴趣聚在一起，从事着多边互动。像电话一样，新通信技术提供了克服时间障碍的立即感。但是，新通信技术比电话弹性更大，让通信各方可以延搁几秒钟或几分钟，却没有电话不适于长久沉默的压力。另一方面，在同一个通信频道里，依据观看者—互动者的选择，网络空间中各种时间混合创造了一种时间拼贴。不仅各种类

---

① M.卡斯特:《网络社会的崛起》，夏铸九等译，社会科学文献出版社 2003 年版，第 564 页。

型的时间混合在一起,而且不同类型的时间在一个平面上同时并存,既
没有开端,也没有终结,更没有序列。①

四、二元交织的网络空间

按照卡斯特的理解,网络空间作为流动空间,受信息技术范式的支
配,在空间结构上已丧失了传统工业社会空间的本质性特征,即视空间
为一个独特的、实质的、实存的和经验的存在,而具有一种全新的社会特
性。这意味着,我们已经习惯了的,用来思考工业时代的社会生活和行
为方式的现代知识范畴和理论体系,面对网络空间的新社会生活和行为
方式,已经多少有些显得不合时宜了。例如,真实与虚拟、身体与心灵、
地方与全球、个人空间与公共空间等一系列用来描述现代社会生活的二
元对立概念,在应用于解释网络空间的社会生活时,已经在相当程度上
丧失了解释力。网络空间的社会生活的新特性,使这些知识范畴之间原
有的明确界线变得十分模糊,从而呈现出一种二元交织的空间特性。

(一)虚拟与真实的交织

架构在互联网软硬件基础之上的网络空间,不只是一个信息流通的
空间,而且是一个新的社会交往环境和社会生活空间。人们通常将这一
空间称之为虚拟空间,然而,这里所谓的虚拟并不等于虚幻、虚假或虚
构,相反,它强调的是在实际上有效果的,即有实效的。这是因为,以数
字化为基础的网络技术,能达到模拟现实的效果,再加上网络使用者之
间想象的交互感应,会让生活在网络空间的人们产生出一种身临其境的
在场感。

在一定意义上,虚拟空间是对现实空间的模拟。互联网技术的一个
重要特色,就是以数字化为基础,用数字化及多媒体技术来模拟现实,以
达到模拟真实世界的效果。然而,虚拟空间的真实存在感,并不直接来
自于对真实世界的反映,而更主要的是人类自己营造的结果。"网际网

---

① M.卡斯特:《网络社会的崛起》,夏铸九等译,社会科学文献出版社 2003 年版,第
561 页。

路的‘空间虚拟真实’，指的并不是由计算机所创出与真实环境相似的虚拟实境，而是指借由人类内在的心理反应之认同产生的一种真实的感觉。这也就是说，电子网路也许在图像式阅读上并不与真实世界有着正相关（如BBS），但是在渗入了使用者的知觉参数之后，其对已存有之空间存在感依旧可以油然而生。"①这意味着，网络社会生活的真实感与临场感，是建立在网络行为参与者的想象的交互感应的基础之上的。这种虚拟的真实感与临场感尽管是经由媒介和想象的中介，而不是真正临场，但人们依然会有身临其境的参与感，并在其中进行真实的社会互动，犹如在现实社会空间中一般。而当人们逐渐习惯网络空间的社会生活与社会交往之后，就会不断模糊和淡化虚拟与真实之间的界限，而且由于网络空间消除了想象与真实之间的界限，导致虚拟取代真实，甚至比真实更真实，这就是鲍德里亚（Jean Baudrillard）所说的超真实（hyperreal）。网络空间体现的正是这种后现代的拟像化现象，它使"虚拟"与"真实"之间的界限变得模糊和暧昧，使真实为拟像所消融，拟像取代真实而成为人们社会生活的主导因素，甚至现实社会成为虚拟世界的一部分，并与虚拟世界融为一体。

(二)身体与心灵的交织

魏特罕（Margaret Wertheim）认为，传统西方思想的最大特色，是主张物质与精神对立的二元宇宙观，这种宇宙观落实到空间观时，就是把空间二分为心灵空间与物理空间。然而，近代科学革命导致人们将注意力集中到物质世界上，从而造成物质空间扩张压缩心灵空间。而网络空间的崛起，直接挑战了这种以近代科学世界观为基础的一元化物质空间观。与物理空间不同，网络空间虽以物质为基础，却主要是由信息、心灵、想象等构成的。人们进入网络空间时，物理上的身体并不需要跟着移动。这样一来，人们在可见的物质空间之外，又觉察到一种多维度的心灵空间的存在。

然而，网络空间作为一种社会空间，其中的物理空间与心灵空间并

---

① 李嘉维：《解构虚拟、探掘空间：网际网路的三种空间阅读策略》，http://inf.cs.nthu.edu.tw/cbmradm/conference2000/conference2000/read & respond.html。

不只是简单的二元分离关系,而是一种全新的二元交织关系。虽然网络空间有其物质基础,但人们对网络空间的认同,并非缘于其物理特性,而是由于自己在网络空间中的互动。可以说,网络空间是由集体想象的交互感应所形塑的心灵空间,在其中,心灵摆脱了物质的束缚,找到了想象交互感应的新天地,甚至物理空间反过来因为心灵空间的意义赋予而分化,并变得比原来更加真实,这也是许多人在网络空间比在现实世界中更容易获得真实感和临场感的根本原因。

(三)全球与地方的交织

在现实社会中,人们的生活空间是以地方为基础的。所谓地方,是一个其形式、功能与意义都自我包容于物理临近性界限之内的地域(locale)。具体地说,地方的含义有二:首先,地方必须能够承载物理实体于其上;其次,地方也意味着边界的存在。但是网络空间不是一个物理意义上的空间,在网络社会空间中,物理地方已被移除,我们几乎找不到任何可承载物理实体的位置。网络空间的一个重要特色,正是社会地方与物理地方的分离。不过,当人们在网络社区中互动时,仍可感觉到区域的存在,只是这个区域已没有了物理地方的意义,而只保留了其逻辑意义,即由节点围绕核心组织互动而形成的具有承载作用的区域,但它所承载的,已不是现实意义上的物理实体和人生经验,而是心灵意义上的共同兴趣、爱好和意义交流。

在网络空间,地方只有在全球化的流动过程中才能获得意义。互联网作为全球性的信息交流和社会互动平台,超越了现实时空的限制,打破了国家和地区之间各种有形和无形的壁垒。这意味着,网络空间中的地方,作为全球化社会空间中超越物理界限的地方,是一个经由媒介在遥远与邻近相互影响下所形成的新活动场域,这使得作为社会互动发生场域的社会地方,有史以来第一次与物理地方相脱离,使空间从地点中分离出来,成为一种全球化现象。这非常类似于海德格尔基于天、地、神、人四元会聚对空间与地点的讨论,在某种程度上可以说,互联网架起的正是一座海德格尔意义上的"桥",它让陌生的人们得以连接沟通,从而形塑出一个具有场所空间感的社会生态地貌。

(四)私人空间与公共空间的交织

互联网不仅架起了一座沟通之桥,也开启了一扇沟通之"门",从而让处于私密空间的人们可以同时处身于公共空间。"网际网路的联结功能使得公领域与私领域相互交错,打破了物理上的划分界限,但其隔离功能也容许个人以化名的方式出现在众人面前,隐匿了其在真实世界的部分或全部身份,进而在网路上重新营造自己的私领域。"①

在传统的社会生活中,人们的生活始终处于一种二元分离状态:一方面,人们渴望有自己的私人空间,即一个能够对他人接近自我和团体进行有效控制的空间,以保留自身的秘密,限制其传播和宣扬,从而使自己处于匿名及隐蔽的状态之下;另一方面,人们又渴求与他人接触交往,使自己与公众处于集体的狂欢之中,这就需要一个公开暴露及开放自我的公共空间。网络空间的崛起,使现实社会中的这种二元分离状态第一次真正获得了改变。正如德克霍夫(Derrick de Kerckhove)所说:网络空间的重要"影响在于把自我从它的私人精神空间扩展到联机共享的精神空间,同时为隐私保留目前的社会空间"②。网络空间的这种公私交织的特性,恰好满足了人们既渴望独立,又需要与他人互动的愿望。在网络空间,人们可以在安全地待在私人空间的同时,又与他人在网络虚拟公共空间相联结并进行实时互动,从而自由地探索新的自我认同。换言之,在网络空间,一方面,人们可以关起门来,舒适地待在自己熟悉的场所里,在拥有自己的私人空间和秘密的前提下,与他人进行沟通和互动;另一方面,人们却好像进入了一个公共场所,能够同时和许多人聊天或是对他人发表自己的意见。网络空间以一种颇为特殊的方式,将传统的私人空间与公共空间结合了起来。在这一特殊的社会空间中,人们可以隐匿自己在真实世界的部分甚至全部的身份,并自由地决定自己要呈现给他人的面貌,借此塑造一个甚至几个与真实世界的身份或多或少有所不同的自我,以及与此相应的社会互动。

① 黄厚铭:《虚拟社区中的身份认同与信任》,2001年台湾大学学位论文,第119页。
② D.德克霍夫:《文化肌肤:真实社会的电子克隆》,汪冰译,河北大学出版社1998年版,第264页。

(五)前台与后台的交织

按照符号互动论,任何个人在某个社会场景中的社会行为,都可以被区分为前台行为和后台行为。在前台,表演者作为面对观众的一个特定角色,要扮演具有一定程度的理想概念的社会角色。而在后台,所有的角色扮演者都可以与队友放松地演练,并拿他们在前台的行为开玩笑。在现实社会中,这种前台行为与后台行为之间存在着明显的分界线,"在我们社会的每一处,都可以发现划分前台区域与后台区域的界线"[1]。

然而,由于网络空间崛起,导致了个人空间与公共空间的交织与融合,相应地引起了后台行为前所未有的暴露,从而导致一种新的行为场景的产生。在这种新的行为场景中,现实社会行为中明确的前台区域与后台区域之间的界限被消解了,表演者的行为既不是原来的前台行为,也不是原来的后台行为,而是一种发生在"中区"的交织融合的替代行为。[2] 这种由前后台两个不同场景融合所产生的中区行为,既包括前台行为的元素,又包括后台行为的元素,但又缺乏这两种行为模式下的极端行为,从而导致人们在网络行为中的"亲密和距离的奇特组合"[3]。

五、网络空间的后现代特性

随着互联网的日益普及与广泛运用,当今社会正经历着一场深刻的革命。这场革命,从技术层面来说,主要是一场数字化信息革命。以网络技术为基石的数字化虚拟空间正在逐渐形成和完善,而且已经开始超越单纯的信息技术层面,广泛影响到人们的社会生活和社会交往。正如尼葛洛庞帝所说:"网络真正的价值正越来越和信息无关,而和社区相

---

[1] E.戈夫曼:《日常生活中的自我呈现》,黄爱华、冯钢译,浙江人民出版社1987年版,第118页。

[2] J.梅罗维茨:《消失的地域:电子媒介对社会行为的影响》,肖志军译,清华大学出版社2002年版,第135页。

[3] J.梅罗维茨:《消失的地域:电子媒介对社会行为的影响》,肖志军译,清华大学出版社2002年版,第35页。

关。信息高速公路不只代表了使用国会图书馆中每本藏书的捷径，而且正创造着一个崭新的、全球性的社会结构！"①在今天，网络空间已经远不只是一个进行信息交流的空间，而且也是人类实实在在地生活于其中的虚拟生存空间，一个通过计算机之间的协同运作，以实现共享资源、实时交往等社会生活的全新生存空间；或者说，一个以互联网为基础建构起来的想象空间或虚拟空间(cyber space or virtual space)。在这里，真实世界中连续的物理时间和空间，转化成了一种非线性的数字化比特(bit)存在，并由此展示了一种与在现实社会中不同的能指(signifer)与所指(signified)关系。今天，由于网络生存的高度"数字化"及"虚拟化"特性，人们把在网络空间中展开的社会生活称之为"数字化生存"或"虚拟生存"，相应地，把当今时代称之为"数字化时代"或"虚拟生存时代"。对这一随网络空间崛起而形塑和开辟的全新社会生活及社会行动场域，不同学科的学者已展开了各式各样的理论思考。按照韦伯斯特(F. Webster)在《信息社会理论》一书中的说法，不同理论家对信息社会的看法，可以区分为"延伸说"及"崭新说"两大取向。前者认为信息化不过是现有社会关系的延伸，后者则认为"信息社会"是一个全新的概念。然而，即使是认为信息社会已经与现代工业社会有所不同的学者，其理论取向也不尽相同。韦伯斯特将视"信息社会"已经从现代工业社会中分离出来的理论家，区分为四种基本取向：(1)后工业主义，如贝尔(Daniel Bell)；(2)后现代主义，如鲍德里亚(Jean Bandrillard)、波斯特(Mark Poster)；(3)弹性专门化，如皮欧(M. Piore)、萨伯(C. Sabel)；(4)发展的信息模式，如卡斯特(Manuel Castells)。其中"后现代理论家们宣称：在当代高科技媒体(high tech media)社会中，新近出现的变化和转型过程正在产生一个新的后现代社会。新社会的倡导者们声称，后现代性时代构成了一个新奇的历史阶段和一种崭新的社会文化形式，需要用新的概念和理论去阐述。后现代性的理论家如博德里拉(Baudrillard)、利奥塔(Lyotard)、哈维(Harvey)等声称，诸如计算机和媒体技术，新的知识形式以及社会经济制度的变化等，正在产生着一种后现代社会形式"②。在这一新社会形

① N. 尼葛洛庞帝：《数字化生存》，胡泳、范海燕译，海南出版社1996年版，第214页。
② D. 凯尔纳、S. 贝斯特：《后现代理论：批判性的质疑》，张志斌译，中央编译出版社2001年版，第4页。

式中,人们以一种多元化、去中心、平面化的方式生存和互动。这是一种与启蒙时代以降逐渐形成的理性生存状态和理性交往规则不同的多元化生存状态和交往规则,即后现代生存状态和交往规则。而人们在这一虚拟网络空间中的生存和互动,已充分体现出一系列后现代的生存特征,如平面化、无中心、碎片化、审美化、狂欢化、开放性和匿名性等。①

---

① 黄少华:《知识、文化与人性》,兰州大学出版社 2002 年版,第 227—259 页。

网络社会的结构转型[*]

今天,网络正在深刻而密切地融入到人们的日常生活之中,逐步形塑一个以时—空压缩与时—空伸延并存为基本特征的全新数字化、信息化、网络化日常生活场域,如卡斯特(Manuel Castells)所说,这一场域"改变了生产、经验、权力与文化过程中的操作和结果",从而导致了社会结构的转型。网络族群的崛起、社会互动模式的改变及社会组织模式的重塑,从微观层面体现了网络社会的这种结构转型。

一、网络社会的崛起

互联网的普及速度,几乎与电子芯片的发展速度一样,遵循着摩尔定律。虽然从互联网开始介入人们的日常社会生活,迄今只有短短十余年的时间,但上网冲浪、浏览网页、收发电子邮件、在线聊天、在线娱乐、网上讨论、网络游戏、网络购物等网络活动,在今天早已不再是少数人的专利,而是已融入普通网民的日常生活之中,成为网络一族每天日常生活的重要内容。正如卡斯特所说:"互联网展现了有史以来最快速的沟通媒介穿透率:在美国,收音机广播花了 30 年才涵盖 6000 万人;电视在 15 年内达到了这种传散水准;全球信息网发展之后,互联网只花了 3 年就达到了。"[1]美国

* 原载《淮阴师范学院学报》(哲学社会科学版)2005 年第 6 期。

① M.卡斯特:《网络社会的崛起》,夏铸九等译,社会科学文献出版社 2003 年版,第437 页。

的公立学校,在 2000 年时,就已有 95％联上了互联网。中国的互联网用户数,据中国互联网络信息中心(CNNIC)的调查,已从 1997 年 10 月的 62 万,快速增长到 2005 年 6 月的 10300 万。Internet World Stats 2005 年 3 月公布的全球互联网用户数据显示,全球排名前 20 位的国家和地区的用户占世界总用户数的 81.9％,合计 72792 万。世界其余国家和地区的联网及网络使用程度虽然远低于这些国家和地区,但也都在急起直追。

当初在冷战时期为了军事目的而潜心钻研,并最终促成了互联网诞生的"互联网之父"们也许并没有预料到,互联网会在 21 世纪成为世人日常交往和自我想象的巨大空间。在今天,互联网"早已远远超出了信息传播和辅助学术研究这个早期目标,而且对人类社会的意义也不仅仅局限于其推动经济发展的巨大作用,它的更为深刻的意义,在于将在一个全新的基础上重塑人类的文明。人类将进入一个数字文明的时代,该时代是一个可以与人类历史上的农业文明、工业文明并称的全新的历史阶段,并且较前两者有着更大范围和更为深远的历史性影响,因为从此人类必须从全球化的视角看待一切事物,并要迎接一个前所未有的不断加速变化的时代。在这里,人类以往的社会结构提供给人们的安全感和生活的连续性都将不复存在,变化和不确定性是这一时代人类生活的主题,因为社会秩序在这一飞速变化的时代里将面临不断的变革和重构"①。互联网的魅力,在于它在最大限度地实现人类交流与沟通需要的同时,又给人们提供了一个能实现自我在线重塑梦想的空间。换言之,在进行社会互动的同时,能让网民拥有一个自我想象的空间,这正是网络空间令人着迷之处。作为新社会结构基础的网络空间(cyberspace),绝不仅仅是一种由冷冰冰的技术概念所支撑的视听形式,在屏幕之后,有着一个真实的人性化空间。与现实社会空间不同的是,这是一个人们无法看到和触摸的空间,但人们却能真实地感知到它的存在。它是虚拟的,但又是真实的,并且对人们的社会生活产生着真实的后果。作为一个吉登斯(Anthony Giddens)所说的时—空伸延与哈维(David Harvey)

---

① 陈立辉:《互联网与社会组织模式重塑:一场正在进行的深刻社会变迁》,《社会学研究》1998 年第 6 期。

所说的时—空压缩并存的全球虚拟社会,网络社会在今天已经是一种真实存在的社会形式。根据威尔曼(Barry Wellman)等人的经验研究,虚拟社会虽然具有和现实社会不同的沟通和互动模式,但它并不和现实社会相对立,也并非社会的不真实形式,只不过是与现实社会在不同的现实层面运作而已。网络使用者基于自己的真实兴趣和爱好加入网络社群,随着时间的流逝,通过持续互动而形成的在线关系,提供了个人实质上和情感上的"互惠"和"支持",由此形塑了真实的社群关系。① 当这种关系进入日常生活中时,关系的实质化甚至会造成现实的工具性结果。网络空间不仅塑造了一个全新的人类群体——网络族群,而且大大改变了人们的社会交往及社会组织的模式。而这种转变所体现的,正是网络社会在微观层面的结构转型。正如尼葛洛庞帝(N. Negropont)所说:"互联网络用户构成的社区将成为日常生活的主流,其人口结构将越来越接近世界本身的人口结构……网络真正的价值正越来越和信息无关,而和社区相关。信息高速公路不只代表了使用国会图书馆中每本藏书的捷径,而且正创造着一个崭新的、全球性的社会结构!"②

尼葛洛庞帝强调:"要了解'数字化生存'的价值和影响,最好的办法是思考'比特'和'原子'的差异。"③这是我们理解网络社会实质的一个恰当视角。在人类开始迈向数字化存在的今天,比特作为"信息的 DNA",正迅速取代工业时代的原子而成为人类社会的基本要素。正是凭借因互联网崛起而形成的网络空间,人类得以塑造出一种全新的社会、政治、经济、文化结构。这一全新的社会结构,一方面"依存"于现实社会,另一方面又拓展了现实的生存空间。网络社会并不是现实社会的"模拟"和"翻版",相反,它为人们提供了重新进行自我塑造和多样性发展的空间场域。一种全新的社会结构,已在网络空间中逐渐成型。这种新的社会结构形式,同时具有滕尼斯所说的"community"(以血缘、邻里和情感关

① B. Wellman & M. Gulia. Virtual Communities as Communities: Net Surfers Don't Ride Alone. In: A. Smith & P. Kollosk (eds.). Communities in Cyberspace. London: Routledge,1999:167-194.

② N. 尼葛洛庞帝:《数字化生存》,胡泳、范海燕译,海南出版社 1996 年版,第 213—214 页。

③ N. 尼葛洛庞帝:《数字化生存》,胡泳、范海燕译,海南出版社 1996 年版,第 21 页。

系为纽带的社会即传统社区社会)和"society"(以契约、交换和计算等理性关系为纽带的社会即现代工业社会)的特征,或者涂尔干所说的机械团结和有机团结的特征。换言之,网络社会是一个同时具有机械团结和有机团结特质、社区与社会二元交织的新社会形态。一方面,如同有机团结或现代社会一样,网络社会的社会互动,以个人间已经分化的局部人格接触为主;另一方面,就在线社区内部而言,其社会互动却是以共同的兴趣和爱好为基础的,这又十分类似于机械团结或传统社区。网络社会的这种社区与社会二元交织的全新社会特性,意味着我们已经习惯了的,用来思考工业时代的社会生活的现代知识范畴和理论体系,已经多少有些显得过时了。例如,虚拟与现实、身体与心灵、全球与地方、个人空间与公共空间、前台行为与后台行为等一系列用来描述现代社会生活的二元对立概念,在应用于解释网络空间的社会生活时,已经在一定程度上丧失了解释力。网络社会相对于现代社会的新社会特性,使这些原本用于分析现代社会生活的知识范畴之间的界限,开始变得模糊,甚至呈现出一种二元交织的"内爆"(implosion)特征。[1]

二、网络社会的结构转型

网络社会二元交织的内爆特征,意味着人类社会的基本结构面临着一个重大的转变。对这种转变,我们既可以从宏观的社会政治、经济、文化结构入手考察,也可以从微观的社会行为和社会互动入手分析。

(一)网络族群的崛起

网络族群的崛起,是网络社会结构转型在微观层面最明显的体现之一。"当一部一部各自独立的个人电脑,被以某种有秩序的方式,逐一串联起来后,一个以电脑为基本单位的电脑社群(computer community),于焉成形。这个'新生'的社群表面上看起来,虽然只是由许多个人电脑所架构起来的、'静寂'的电脑站(computer stations)的集合,或许可以电脑

---

① 黄少华:《论网络空间的社会特性》,《数字化与人文精神》,上海三联书店 2003 年版,第 189—206 页。

网路(computer network)姑且称之。但是,透过如此的安排组构,却使得在一台个人电脑之前的使用者,在有意无意之间,有机会形成一个'活络'的、有生命力的网络社群。这个社群同样地也具有沟通情感与传递讯息的功能……'电脑网络社群'所给予我们的最大启示在于:当电脑网路联络电脑之时,同时也就联系了使用电脑的人们,而就在'联结上了'的当下这个时候,电脑网路就旋身变成了社会网络。"①

对于这一随互联网崛起而形成的网络族群,巴雷特(Neil Barrett)称之为赛博族(cybernation)。② 所谓赛博族,是指受互联网影响而形成的有共同信仰或人生观的族群,他们正在塑造一种独特的文化生态位。赛博族的崛起,意味着人类有机会创造这样一个世界,在其中,居民可以跨越地域的区隔,在共同的兴趣、爱好、观点和希望的基础上达成认同,而传统的种族、性别或者身体状况则变得无关紧要。赛博族并不依附在物理性的地理空间中,而是以议题(issue)、共识与认同感所建构的虚拟社会空间作为基础。而泰普斯科特(Don Tapscott)则将这些随互联网的出现而诞生的新型"连线"居民,称之为网络世代(net generation)。③ 按照泰普斯科特的说法,网络世代是人类社会有史以来第一次在数字化环境下成长的世代,他们以一种与父辈截然不同的方式积极地学习、游戏、沟通、工作和创造社群。这一沐浴在比特(bit)世界中的族群,透过对网络技术的熟练掌握与操作,经由网络不断地汲取知识、提升个人素养及进行人际交往,从容地应付不断创新、改变的社会环境。透过网络空间的数字化生活,网络世代不仅逐渐发展出一种全新的具有网络时代特色的生活模式与意识形态,而且对整个社会文化也将造成巨大的冲击,旧有的社会规范、社会秩序、社会价值与思维模式,将随着网络世代的逐渐成长而被新的社会规范、社会秩序、社会价值与思维模式所取代。

作为一个随互联网崛起而形成的新社会群体,网络族群反映和体现

---

① 吴齐殷:《真实社区与虚拟社区:交融、对立或互蚀?》,http://itst. ios. sinica. edu. tw/seminar. htm。

② N. 巴雷特:《赛博族状态:因特网的文化、政治和经济》,李新玲译,河北大学出版社1998 年版,第 6 页。

③ D. 泰普斯科特:《数字化成长:网络世代的崛起》,陈晓开等译,东北财经大学出版社1999 年版,第 4 页。

了网络空间的生存逻辑,因而具有重要的社会意义。有人也将这一族群称之为"电子社群""电子共同体"或者"地图上没有的共同体"。日本社会心理学家池田谦一在《电子网络的社会心理》一书中说:"电脑通信在电子空间能一下子飞跃时间、空间与社会的篱笆……使纯粹以'信息之缘'连接的人与人的关系成为可能。"①网络族群就是纯粹以"信息之缘"连接起来的群体,或者说,是以网缘或趣缘为基础的虚拟社群。这种以信缘、网缘或趣缘为基础联结的网络族群,有着诸多与现实社群所不同的重要生存特征,例如平面化、去中心化、碎片化、审美化、匿名性、虚拟性、复调化、开放性等等。② 作为一个活跃于网络空间虚拟实境中的特殊社群,网络族群凭着手指在键盘与鼠标上的灵活游移来遭遇世界,他们隐匿了传统的社会地位甚至性别的差别,而仅以网名作为区分个体的标记,用屏幕上的字符来承载自己的思想,在与他人的交往和互动过程中不断地重新建构自我、发明自我、展示自我。

　　与现实社会相比,网络族群的生存状态发生了重大的转变。首先,与现实社会不同,网络族群在网络空间最直接的感受,就是网络生存的平等性和自由感。人们在现实生活中的社会行为,往往要受到诸多社会条件的限制,比如社会地位、职业、文化背景甚至种族、性别等。而网络空间则打破了现实生活中的这种种障碍,使个体能够充分地施展自己的能力,自由地张扬自己的个性,充分展现自己的人格魅力。其次,网络空间对网民的影响,还体现在使人们有机会从工业社会功利性、合理性的生活模式中解放出来,走向一种更加自主、更富人性光辉的数字化生存模式。在这种新的生存模式中,原有的仅仅作为社会分子的行为主体渐渐弱化甚至隐退,而全新的后现代行为主体被渐渐凸显出来,人的主体性存在也因此而被引向一个新的意义领域。再次,在现实社会中,人们的生存和行为往往具有单一化、中心化的特征,与此相应的交往模式,一般是"点对点"或"点对多点"。而网络空间社会交往所具有的双向、互动特征,使交往呈现出全新的"多点对多点"的模式,单一的交往主体开始转变为多极交往主体。"网络所形成的普遍化交往,开始具有了自由交

① 转引自《解码〈大话西游〉》,http://www.unjs.com/xueshu/jiao/18806.html。
② 黄少华:《知识、文化与人性》,兰州大学出版社2002年版,第227—259页。

往的特征,也即交往成为个人的自由自主的活动,个人实现了对其交往关系的自由占有,在这种自由交往中所表现的就是一种互为主体的状态,也即网络交往中每个主体与之切实相遇的是另一主体,交往的方式也由单向度向交互性、非中心化转变。"①最后,在现实社会,由于社会环境的压力,人的多层面人格往往不能得到全面、充分的展示。而网络空间的高度匿名性,使网民可以抛开现实环境中个人身体及其他物质空间的限制,通过重新塑造、选择和改变自己的身份和角色特征,通过尝试扮演一种甚至几种不同的角色,将自我的各个层面自由地呈现出来,甚至重新塑造一个新的自我,以实现精神上的完美和自由。"网络空间如同天国乐园一般",而"网络族群则可以说是一个理想化的人"。② 在网络空间,人们可以扮演任何自己想象中的角色,从而自己创造自己,自己控制自己。

(二)社会互动模式的转变

社会互动是人与人之间在社会空间中传递信息、沟通思想和交流情感的过程。交流、沟通与互动是人之为人的一个基本特质,也是社会生活的重要面向。自古以来,人类便在不断追求沟通的最大化,而每一次通信技术的革命,都在客观上延伸了人们的交往能力。互联网的诞生,无疑是有史以来通信技术的最大突破,它给人类的交往模式带来的变化,用"翻天覆地"来形容一点也不过分。正如巴雷特所说:"印刷机彻底改变了个人获取事实记录、其他人的思想和遥远文化的方式;便士邮政改变了我们从朋友处获得新闻和我们与其他团体进行通信的方式;电话改变了我们的谈话方式并扩大了可进行问题讨论的人们的范围。因特网所能改变的东西都包含这些,但会远远多于这些。"③

网络对社会互动模式造成的深刻变化,不仅体现在突破了以往时空、地域、社会阶层等对交往的限制,而且体现在创造了一种全新的社会

---

① 鲁洁:《网络社会·人·教育》,《江苏高教》2000 年第 1 期。

② M.魏特罕:《空间地图:从但丁的空间到网路的空间》,薛询译,台湾"商务印书馆"2000 年版,第 4、8 页。

③ N.巴雷特:《赛博族状态:因特网的文化、政治和经济》,李新玲译,河北大学出版社 1998 年版,第 264 页。

互动模式。

首先,网络技术的发展,在很大程度上克服了传统社会交往中时间和空间的限制,使交往方式变得高度灵活。传统以面谈或信函为主体的交往方式,由于其受时间、空间等因素的制约,具有很大的局限性;电话的兴起,使社会交往变得更加便捷,但是电话交往一般仅限于熟人之间,远未达到网络交往所具有的广泛性。从这个意义上可以说,网络正解构着所有传统的交往模式。然而,互联网并非只是一个解构者,更加关键的是,它建构了一种超越时空限制的全新交往方式。

其次,由于网络的即时和便捷,人们的交往范围正被日益拓展。网民借互联网可以一方面维持与熟人的联系,另一方面展开与陌生人的互动,两者相辅相成,从而扩展了网民的人际接触层面。

再次,网络空间的形成,不仅影响到传统的交往模式,开创了超越时空限制的全新交往模式,而且形塑了诸多网络时代特有的交往新类型。例如虚拟性爱(cybersex)就是其中一例。这种形式的性爱关系,虽然缺少现实男女性爱关系中十分重要的身体语言,甚至根本不知道对方是谁,但由于想象力的作用,人的情感反而可能更容易被触动,因为想象中的性要比现实中的性来得更加强烈,因而在网络空间,人们更容易向对方倾诉心声,进行虚拟的情感交流。欧德萨(Cleo Odzer)甚至认为,发生在网络空间的虚拟性爱,正酝酿着一场新的性革命,使人们第一次真正有机会让性从社会的道德、规范、舆论压力中解放出来。

最后,传统的社会交往,总是受各种各样的社会礼节、交往规矩的制约,交往本身的意义和目的有可能因为这种限制而被压抑和异化。而网络空间的虚拟性和匿名性,使得交往主体能够将所有的限制撇到一边,将交往目的本身凸显出来,一切以目的为中心,去选择交往对象、制订交往方式、控制交往时间,从而充分凸显出网络交往的"事本主义"特色。

(三)社会组织模式的重塑

网络社会结构在微观层面的转型,还体现在社会组织模式的变革上。互联网作为一场全新的技术革命,给社会组织的发展注入了一股新生力量,不仅迅速地改变和重塑着传统社会组织的结构,使其经历着一场解构与重构的革命,而且还凸显出一种全新的组织类型及个人与组织

关系模式,它们具有一系列不同于传统社会组织的新特征。而弹性
(flexibility)和网络(networking),乃是这种新组织模式的两个关键
特色。①

首先,传统的社会组织大多建立在地缘、业缘或血缘的基础之上,是
"精心设计的以达到某种特定目标的社会群体。俱乐部、学校、教堂、医
院、监狱、公司和政府机构都是组织的例子"②。互联网的出现,打破了社
会交往的时空阻隔和社会障碍,将个体从基于地缘、业缘、血缘的社会交
往圈中解放出来,成为没有社会背景且面向所有人开放的独立个体。这
样,个体可以充分发展自己的兴趣、爱好,并在最大范围内寻找与自己有
着共同兴趣和爱好的人群。网络在最大限度上实现了"物以类聚,人以
群分"的可能。今天,只要我们随便进入一个网站,就能看到大量基于共
同兴趣和爱好的社会群体和组织。网络空间的群体和组织,聚集起了有
着相同兴趣的网络族群。与传统的社会组织相比,以网络为依托的组
织,在形成与发展过程中体现了更多的自发性特征,"共同的兴趣"是成
员加入组织、参与组织活动的基本动力。因此,网络组织一般目标单一
而明确。

其次,传统的社会组织对成员的身份、背景有较高的要求,而且有较
为严格的组织章程、明确的行为规范。而网络组织则是开放的,对于加
入者几乎没有任何的身份、背景限制。网络组织在本质上向所有有共同
趣缘的人群开放,"兴趣面前,人人平等"。组织成员可以来自任何国家、
地区、民族、年龄、社会阶层,可以涵盖全球范围内的所有趣缘群体,由此
构成一个总体上异质性程度高、个体差异大,但在某一领域或层面又有
很高同质性的社会组织。

再次,传统的社会组织,是韦伯意义上的科层制组织,组织成员之间
以一定的层级关系联结在一起,呈现出一种比较集中的金字塔形纵向权
力结构模式。每个成员在组织中都有自己较为固定的地位、相应的角
色,以及由此确定的与其他成员沟通的渠道等。成员被要求合理地扮演
自己的角色,以便使组织顺利运转。这种组织模式的权力体系,是建立

---

① M.卡斯特:《流动空间:资讯化社会的空间理论》,《城市与设计学报》1997 年第 1 期。
② D.波普诺:《社会学》,李强等译,中国人民大学出版社 1999 年版,第 189 页。

在中心对信息资源控制的基础之上的。而网络空间的出现,如一股强大的冲击波,对传统组织的权力、资源、信息垂直分布格局构成了直接的冲击。建基于虚拟空间的网络组织,其信息传递不再表现为一种垂直层级模式而是表现为一种网络互联模式,也就是说,通过便捷的网络交流方式,任何组织成员都可以与其他成员进行横向的直接沟通。这种平行的沟通渠道,帮助成员取得了平等的话语权和信息权,打破了信息控制的权力中心,使得所有的组织成员都能以平等的地位和身份进行交流和沟通。组织结构也相应地呈现出从集权化到分权化,从层级化到平面化的转变。

最后,在传统的社会组织中,由于现实利益机制的作用,其成员加入组织的动机常常各不相同,因而对于组织的活动往往多是被动参与,而且容易"各自为政""各谋其利"。与此不同,网络组织成员是因为共同的兴趣结合在同一个虚拟组织之中的,因此在参与组织活动时具有比现实社会组织更高的自愿性和主动性,而且由于成员之间的交流既直接又双向,意见的传递无须层层上递,因而可以在最广泛的范围内进行交流,并在最短的时间内得到反馈,互动速度快,这使网络组织能够高效地开展活动,实现其组织功能。网络组织模式这种动员成本低、反应速度快、互动程度高、自我组织性强、弹性程度大的特点,充分体现了互联网这一关键性技术对社会组织模式和组织架构的重塑,具有重要的实质性意义。

网络空间的人际交往[*]

网络人际交往所描述的,是一种经由互联网媒体中介形成的人际沟通与互动关系。在网络空间,人际互动双方并不像在现实社会交往中那样面对面地亲身参与沟通。网络交往是一种以"身体不在场"为基本特征的人际交往,是一场陌生人之间的互动游戏。在网络空间,人们可以隐匿自己在现实世界中的部分甚至全部身份,而重新选择和塑造自己的身份认同。同时,与传统人际交往中媒介多半只是沟通的工具不同,网络空间不仅是一个互动的媒介,而且是一个自我再现的媒介,它充分结合了人际交往的两大功能:互动性和自我再现。^①而互联网的匿名性、时空压缩与时空伸延并存等特点,又非常适合弱联系(weak tie)的建立与滋长,能够让原本素不相识、地理距离和社会距离都很远的陌生人互相结识和交谈。

一、交往媒介的转变

尼葛洛庞帝(N. Negropont)在其《数字化生存》一书中强调:"要了解'数字化生存'的价值和影响,最好的办法是思考'比特'和'原子'的差异。"^②他认为,在人类开始迈向数字化存在的今天,比特作为"信息的

* 　原载《社会科学研究》2002 年第 4 期。

① 　吴筱玫:《解析 MUD 之空间与时间文化》,《新闻学研究》2003 年第 76 期。

② 　N. 尼葛洛庞帝:《数字化生存》,胡泳、范海燕译,海南出版社 1996 年版,第 21 页。

DNA",正迅速取代工业时代的原子而成为人类社会的基本要素。与建基于原子的工业社会不同,网络社会的生存基础,是由电脑和通信技术融合生成的网络空间(cyberspace),其特点是信息的数字化生产、分配和使用。在网络空间,所有信息都以数字形式存在,都可以转化为数字0和1,由此而导致信息形态从A(atom)到B(bit)的转变,即由模拟式原子信息转化为数字化比特信息,人的存在也随之转化成为虚拟的数字化存在。正是凭借因互联网崛起而形成的虚拟网络空间,人类得以塑造出一种全新的社会、政治、经济、文化结构。这一全新的社会结构,一方面"依存"于现实社会,另一方面又拓展了人类现实的生存空间。网络空间并不是现实社会的"模拟"和"翻版",相反,它为人们提供了重新进行自我塑造和多样性发展的空间。而人们在网络空间中展开的这种自我塑造与多样性发展,必须通过人与人之间的互动和交往才能真正实现。由此,经由工业时代的技术化和理性化塑造而日趋冷漠的人际关系,也获得了一种重新构造的可能。一种全新形式的人际关系,已开始在网络社会空间中逐渐成型。这种新的人际关系,正如黄厚铭所说,同时具有传统社会人际关系和现代社会(即工业社会)人际关系的特征。[①]

在某种意义上可以说,网络社会(network society)是工业社会发展的结果,网络社会的崛起,得益于工业时代经济与科技的进步。然而,网络社会空间一经形成,就开始了重塑和变革由工业社会所塑造的社会结构,重塑和变革基于工业文明的原子式人际关系的进程。工业社会的人际关系,发展到今天,已陷入一种深刻的困境,一个最为突出的表现,是人们在交往中已无法体会到参与感、归属感,无法体会到被需要感。而网络社会的崛起,使超越这种工业时代的人际交往困境变得可能。因为网络空间的凸显,不仅创造了人际交往的新平台,创造了人际交往的全新模式,从而使人际关系呈现出与工业社会迥然不同的特色,而且由于人际交往心理和动机的改变上,也使网络人际关系的实质内涵完全不同于工业时代。网络世界展示的新生活质态,对传统的人际交往产生的实质影响,不仅体现在使人际交往成本减低,交往效率提高,联系速度加

---

① 黄厚铭:《面具与人格认同:网路的人际关系》,http://itst.ios.sinica.tw/itst.htm。

快,而且体现在创造了人际交往的全新空间,使人际交往从原来"点对点""点对面"的熟悉的强联系人群,拓展到了遥远、陌生的弱联系人群,呈现出"面对面"人际交往所没有的新结构形态。

简单地说,网络空间的人际交往,与现实社会的人际交往相比,在形式上的最大区别,首先表现在交往媒介的改变上。网络人际交往所描述的,是一种不直接面对面,而是经由互联网这一媒体中介形成的人际关系。现实社会的人际交往,可以不依赖媒介而面对面地展开,而网络人际沟通则完全依赖互联网这个媒介。网络空间的人际交往,是一种经由网络媒介的沟通(computer-mediaed communication),互动双方并不像在现实社会中那样面对面地亲身参与沟通(in-person communication)。换言之,网络空间的人际交往,是一种"身体不在场"的互动。这是网络人际交往与现实社会空间中的人际交往的一个实质性的区别。在日常现实生活的人际互动中,身体的实际嵌入,是维持连贯的自我认同感的基本途径。而网络空间中的人际互动,却可以避免这种身体的实际接触,因此无须像在现实交往中那样担心"规训权力"(disciplinary power)对身体造成的伤害。① 并且,由于网络空间的匿名性保护,人们能够以一种更为开放、更为大胆的姿态介入到虚拟社区中去,而不会像现实交往中那样因为身体在场而产生羞涩心理,从而使人们可以从现实的束缚中解脱出来,根据自己的兴趣、爱好或动机,在网络空间通过展示甚至重塑部分自我来完成自我认同与自我塑造。这样一来,人们平日里用以判断身份的"眼光",在网络空间就可能完全失效。

与传统面对面交往不同,在网络空间的人际交往中,当参与者离线之后,便可以在现实生活中完全没有联系。不过,这并不意味网络人际关系是虚幻不真实的。根据零点调查与分析公司的调查,"互联网不仅影响了用户日常生活的许多方面,而且也在某种程度上改变了他们的生活风格——沟通强度、感情表达方式、工作效率和学习模式"。例如,有网民这样强调互联网对他们日常生活的影响:"我自从到这里,就离我的父母很远。于是我开始通过网络传送给他们我的照片……我每天给他

---

① 林斌:《虚拟中的身体与现实》,《网络传播与社会发展》,北京广播学院出版社2001年版,第223页。

们发 E-mail,传送照片。"还有网民则认为互联网的确改变了他们的交友方式:"我能找到来自互联网的新朋友。我已经没有多少时间通过我的私人机会和专业机会结识新朋友了。"①网民的这些感受与行为都表明,网络空间的人际关系虽然具有与传统人际关系不同的特点,但同现实人际交往一样,交往并不是虚幻、不真实的。

在互联网刚刚兴起的时候,人们通常把它理解为只是一种传送信息的工具,但发展到今天,这个为人们提供沟通和互动场域的网络空间,倒更像是一个把个人吸纳进去的真实的社交环境和生活空间,个人可以在其中开展社会生活,进行社会互动,而不只是交换信息、查阅资料。正如雪莉·特克(Sherry Turkle)所说,在今天,"网路空间已成为日常生活中的例行公事之一。当我们透过电脑网路寄发电子邮件,在电子布告栏发表文章或预订机票,我们就身在网路空间。在网路空间中我们谈天说地、交换心得想法,并自创个性及身份。我们有机会建立新兴社区——亦即虚拟社区,在那里,我们和来自世界各地从未谋面的网友一起聊天,甚至建立亲密关系,一同参与这个社区"②。网络空间唯一缺乏的,就是传统物理空间中的身体在场,这也是网络空间被看成"虚拟空间"的主要原因。但是,这并不意味着网络空间是虚幻的,因为身体不在场不等于个人没有在场感。网络空间的人际交往作为一种实时的互动,其在场的感觉是通过实时与双向的沟通交流创造的。

二、重塑自我的游戏

正如史华兹(E. L. Schwartz)所说,网民进入网络空间最主要的目的,并不仅仅是为了寻找信息,更主要的是为了寻找符合自己想象中的他人,以便与之进行互动。③ 而网络空间的"虚拟性"与"开放性"特征,使这种建立在想象基础之上的人际互动,以及在这一互动进程中的自我塑

---

① 零点调查与分析公司:《依恋网络:一种正在发生的对于社会的改变》,2000 年 8 月。

② S. 特克:《虚拟化身:网路世代的身份认同》,谭天、吴佳真译,远流出版事业股份有限公司 1998 年版,第 3—4 页。

③ 翟本瑞:《教育与社会:迎接资讯时代的教育社会学反省》,扬智文化事业股份有限公司 2000 年版,第 183 页。

造变得可能。在网络空间，个人可以隐瞒部分甚至全部在现实世界里的真实身份，自由选择自己呈现给他人的面貌，通过人际交往重新塑造跟现实世界中的自我不同的自我。

互联网的匿名性和开放性特征，使人们在网络空间的自我呈现比在真实世界更为自由。人们可以充分利用网络的匿名和连接功能，扩展自己的人际交往，充分地在陌生人面前展示自己。与在现实社会不同，在网络空间，人们的自我选择和自我塑造几乎不受任何限制，因为没有谁能够完全拥有和控制网络。也就是说，在网络空间，每个人既是参与者，亦是组织者；既是观众，亦是演员。这使网络空间成了一个真正自由的场所，一个完全开放的空间，其中存在着无数的不确定因素与无限的可能性，任何人都可以在其中按照自己的意愿和喜好与别人交流和沟通。同时，网络空间亦提供了比以往任何交往方式都要广阔得多的对话界面。人们不仅可以利用网络延伸人际交往的范围，使人际交往超越地域的限制，而且可以利用网络认识各式各样的人，接触更多的陌生人，与之进行交流和互动。互联网的这种沟通、联系功能，让许多原本没有机会相识，或者没有条件保持联系的人们，得以沟通和交谈，进而互相了解，甚至能够维系感情。这样的匿名和开放性空间，提供了交往的自由，也提供了个人在网络空间重新塑造自我的自由。在网络空间中，心灵摆脱了物质的束缚，找到了建立在想象的交互感应基础之上的新天地。甚至在某些人眼里，网络空间不仅在物理空间之外提供了其他的可能性，而且是一个比现实物理空间更理想的社会空间，一个神秘且神圣的空间，因而有人热切冀望网络空间可以带来更深刻的平等与解放。① 互联网的崛起，对于某些人来说，意味着一个更加开放的社会空间的崛起。

那么，人们是如何在这一匿名和开放的舞台上进行自我塑造的呢？这与网络空间的虚拟性特点密切相关。网络空间的虚拟性，是相对于物理空间可以感受上下、左右、前后的方位而言的。在物理空间，人们不可能多人共享一个物理空间上的位置；而在网络空间，由于人们之间的互动更多的是借助于想象完成的，因此人们能够不受距离的限制，跨越物

---

① 黄厚铭：《面具与人格认同：网络的人际关系》，http://itst. ios. sinica. tw/itst. htm。

理方位而共享同一个空间。相对于物理空间来说,网络空间不是一个有形、有方位和远近感的物理空间,而更像是一个没有身体在场的心灵空间。既然网络形塑的是身体不在场的心灵空间,那么,当个人以 ID 代号的形式在网络空间出现时,也就不再像传统人际交往那样,需要在现实身份的基础上与他人接触。换言之,当网民通过电子化的文本进行沟通时,可以重新选择自己的全部或部分身份,虚构另一个甚至几个与现实身份不同的虚拟身份。在网络空间,网民可以一个人同时拥有许多身份,还可以随时更换自己的身份、性别、职业、年龄……同时,由于网络交往过程中所发生的任何不愉快或令人尴尬的情景,不会全面触动个人的自我,因此,在这种没有后顾之忧的情形下,个人就会勇于尝试平常不敢尝试的各种举动和经验,从而形成在现实生活中前所未有的自我认同。

正因为如此,个人可以在网络空间这一"虚拟"舞台上,根据自己的兴趣和喜好,在自己的知识结构和想象力所及的范围内,自由地选择和塑造身份,进行自我表演和呈现,这恰好从另一角度说明了人们在网络空间中的存在所具有的不确定性和多样性特质。按照福柯(Michel Foucault)的看法,人的自我是被发明出来的,而不是被发现的。因此,人本身不存在任何不可改变的规则或规范,也不存在任何隐藏在表象背后的不变的本质。网络空间的人际交往,在某种意义上正是福柯所说的"发明"一个新的自我的过程。但是,这并不意味着网络空间的自我塑造完全是任意的,因为每一个重塑自我的过程,都必须经由与他人的互动,逐渐形成一个自圆其说的叙事后才能真正完成。只有通过长期、稳定地与其他网民的交流与互动,人们才能真正在网络空间获得自己的网络身份,获得他人对这个网络身份的认同,并环绕着这个身份形成一定的网络人际关系。一味随意地变换身份,既不能形成相对稳定的网络人际关系,也无法真正在网络空间"发明"自己。

以公共聊天室里的人际交往为例,在刚进入聊天室的时候,人们可以自由选择自己的角色,给自己创造一个 ID 代号,并赋予这个代号各种自己喜欢的特征(男、女,胖、瘦,美、丑,学者、工人、学生、教师、工程师……)。但是,如果这个人想要长期和有共同语言的另一个人或一群人聊下去,就不能今天以这个代号出现,明天又换一个,而只能相对固定地使用这个代号,并给这个代号营造一些固定的特征。事实上,在网络聊天室里,大多数网民也正是如此精心地经营着自己的 ID。随着聊天的深入,人们会不断地把自己喜欢的新特征加入这个代号,而这些新特征也会慢慢得到他人的认同。在网络虚拟社区里,个人可以有多个不同的身份认同,这些不同的身份认同,使得网民有充分的自由空间表达他们在现实生活中未曾获得展示的一面,从而塑造出多个不同的自我面向。

在网络空间中所展现的自我,在本质上是不确定、多重、流动和零散的。"对于后现代生活中特有的自我建构与再建构,网际网路已成为一座重要的社会实验室。我们透过网路的虚拟实境可以进行自我塑造与自我创造。"①在网络空间,人们可以自由选择自己的角色,然而,一旦网民选择了自己的代号之后,也就犹如戴上了一个面具。表演者在前台扮演着他人所期待的角色的同时,充分利用网络的虚拟和隔离功能自由塑造一个网络角色而把真实的自己隐藏起来。因此,网民可以不暴露任何自己不想暴露的东西,把内心不愿示人的一面隐藏起来。这就很像在现实社会中,我们在不同的场合扮演着不同的角色,以局部人格和他人互动。但是,由于网络空间和现实社会空间是两个完全不同的空间,两者在空间上没有互相重叠的地方,因而网络空间的人际关系就和现实中的人际关系有割裂的可能。"从这个角度来看,我们不仅可以把电脑网路视为一个前台,真实世界当作一个后台,在电脑网路上的不同活动场域也分别构成了一个个几乎互不交叠的前台与后台,这就是社会学家戈夫曼(Erving Goffman)所说的观众区隔。"②由此,人们一方面可以塑造一个有别于真实世界身份的网络身份,另一方面还可以同时在网络空间维持数个不同的身份,个人借此主动地塑造一个全新的自我,以及相应的人际关系。

然而,不可否认的是,不管人们怎样在网络空间重新塑造自我,都无法完全抹去现实世界的印记。网民可以把大量时间花在网络上,甚至更喜欢自己在网络空间的身份,沉溺于在网络空间扮演的角色,但由于物理身体的限制,人们最终还是得回到现实社会中进行生活。再加上网民

---

① S. 特克:《虚拟化身:网路世代的身份认同》,谭天、吴佳真译,远流出版事业股份有限公司 1998 年版,第 245 页。

② 黄厚铭:《网路人际关系的亲疏远近》,http://itst.ios.sinica.edu.tw/seminar/seminar3/huang-hou-ming.htm。

可能同时拥有数个代号,这些不同的代号面对着不同的交往对象。因而,网络空间的人际关系,在实质上是一种角色背后的局部人格之间的接触。但也正因为网络人际关系是建立在局部人格之上的,加上网民在网络空间的交往中,无法用整个感官去感受与他人之间的关系,因此想象就起了一种至关重要的弥补空缺的作用。

三、陌生人之间的互动游戏

网络空间的匿名性特征,使网络空间的人际交往十分类似于戴着面具的交流与互动。因此可以说,网络人际沟通与互动在本质上是一场陌生人之间的互动游戏。正如黄厚铭所说:"网络人际关系的特色并不在于它们是经过媒介的(mediated),而在于它们是以网路的媒介特性为基础,而建立起虚拟社区中陌生人与陌生人之间的接触。"①网络空间的联结和隔离功能,一方面为人们提供了跨越物理空间限制与他人联结的可能;另一方面,又保证人们在交往中身体和心灵不易遭受伤害,在这一前提下,人们往往更喜欢在网络空间与陌生人接触,甚至共同营造网络生活,这是网络人际关系最大的特色所在。

陌生人是社会学家西美尔在讨论社会空间时提出的一个重要的社会学概念。西美尔说:

> 假如流浪就是从空间中某个既定的点上获得解放,那么,在这样一个点上与固定对立的概念"陌生人"的社会学形式仿佛呈现了这两个特质的一致性。这个现象也显示出,空间关系一方面只是人际关系的条件,另一方面也是人际关系的象征。这样的话,这里所说的陌生人并非过去所述及的那种意义,即陌生人就是今天来明天走的那种人。我们所说的陌生人指的是今天来并且要停留到明天的那种人。可以说,陌生人是潜在的流浪者;尽管他没有继续前进,但没有放弃来去的自由。②

---

① 黄厚铭:《网路人际关系的亲疏远近》,http://itst.ios.sinica.edu.tw/seminar/seminar3/huang-hou-ming.htm。

② G.西美尔:《时尚的哲学》,费勇、吴蕾译,文化艺术出版社2001年版,第110页。

　　西美尔认为,在陌生人身上,体现了任何人际关系都会涉及的远与近的统一。与陌生人的关系中所蕴含的距离,意味着近在身旁的人其实是遥远的;而陌生性又意味着遥远的人实际上就近在眼前。这种陌生人状态,作为一种特定的互动形式,是一种积极的关系。陌生人作为群体的成员,他的位置既在群体之外,又在群体之中。一方面,陌生人可以与群体中的每一个人发生关系,从这个角度来看,陌生人是群体之中的一员;另一方面,陌生人与每一个人的关系又是不确定的,他没有和任何人因为身份、职业、亲属、年龄而建立起亲近的关系,从这个角度看,陌生人仍然还是陌生人。

　　西美尔的陌生人概念,对于分析网络空间的人际互动,从一定意义可以说是相当贴切的。因为网络空间的人际交往,充分体现了西美尔所说的陌生人关系的特色。网络空间使本来毫无关系、毫无机会相识的陌生人得以接触,这种接触既不同于现实社会生活中的有机联系,但也并非毫无联系,而十分接近于西美尔所描述的若近若远的陌生人关系。具体说来,首先,人们在网络空间的交往,只是一种借助文本实现的局部的人格交流,并没有像现实人际交往中那样的身体和感官接触,网民凭借网络空间的隔离与联结功能,暂时脱离日常生活,进入到另一个意义自足的生活空间,通过与他人的交流和互动,实现自己的交往需要。这种网络交往,十分类似于现实生活中只有局部互动的陌生人关系。其次,在网络空间,网民之间的交往也像陌生人之间的互动一样,可以和其中的每一个建立联系,却又不会和任何人建立有机联系。人们在网络空间的"见面"是十分随机的,今天可能碰到了,明天却不一定碰到,可能天天都碰到,但也可能几天都碰不到,甚至永远也碰不到。这是因为,网络人际交往非常类似于西美尔所说的"没有离开,但也没有放弃来去的自由"的陌生人关系。最后,由于网络空间的匿名特征,网民可以在网络空间不受任何外界条件约束而与其他人进行交流。也就是说,在网络空间的人际互动过程中,人们卸除了来自现实社会生活的身份、年龄、职业等因素的束缚,而只以 ID 形式出现,这与西美尔所说的陌生人只以普遍人格姿态出现与他人互动的特征也非常契合。

　　另外,西美尔对社会交往的游戏形式的分析,对于把握网络人际交往的实质也颇有意义,因为网络人际交往在本质上是一场陌生人之间的互动游戏。游戏最突出的意义就在于游戏的自我表现。在游戏过程中，游戏自身显示出一种规则或者说秩序。

那么，在网络人际交往中，这种游戏规则是怎样的呢？西美尔认为，社交具有一种非常独特的社会学结构，社交参与者身上任何与社交无关的特征，如财富、社会地位、学识、职业等，都不能带入社交之中，作为社交的筹码；而且参与者最纯粹和最深刻的个人特质，如心境、情绪、命运等，也不能带入社交之中。社交的规则是由社交本身决定的，不同的社交空间有着不同的社交规则。同样，网络空间的人际交往规则，也会因为交往空间的不同而有所不同，例如一个人在聊天室中到处不得体地开黄腔，长期下来就会没有人理他。而这并不意味着在"网络上禁止开黄腔；不得体是因为时机与场合不对，也就是搞错游戏的性质，以至于违反了这个游戏规则"。因为在网络空间，不同的群体、不同的场合，有着不同的游戏规则。"在心情版谈性的招贴八成会被版主删掉，相反地，在玩网络性爱的聊天室里，使出浑身解数来挑动对方的情欲，一定会得到众人的赞许。"①互动双方对情景的共同认知，是互动得以延续下去的保证，因为对情景的认同就是对规则的认同。由于游戏在本质上与规则分不开，因此一个好的游戏参与者，一定是一个好的规则遵守者。任何把游戏当作虚幻以及不遵守游戏规则的参与者，都肯定不会真正融入网络社会。不过需要强调的是，游戏规则在规定了游戏参与者的游戏空间的同时，必定留有充分的余地，让参与者能在其中自由、欢快、全身心地投入，以充分展现和塑造自己的存在和可能。例如，网络性爱的魅力，就在于其中有着无穷的变化可能，人们在其中无法真正完成现实的性爱，但又始终不会失去希望和选择。这是一场游戏，"这场游戏与谎言的距离，与戏剧或艺术与现实之间的距离是一致的"②。也就是说，在网络空间展开的人际交往游戏，并不是一场虚幻的游戏，而是经由网络交往群体共同构建的真实。在这一游戏过程中，任何一个参与者都无法按自己的意志决定整个游戏的走向，即使是某一网络空间的"斑竹"，虽然有影响甚至决定这个版面的内容和风格的权力，但也无法决定整个版面的游戏

① 黄厚铭：《面具与人格认同：网络的人际关系》，http://itst. ios. sinica. edu. tw/itst. htm。

② G. 西美尔：《时尚的哲学》，费勇、吴蕾译，文化艺术出版社 2001 年版，第 21 页。

规则。

由于网络空间的心灵特性,因此,在网络空间展开的陌生人之间的互动游戏中,想象的投入有着至关重要的意义。简单地说,网络互动游戏的完成,需要游戏的所有参与者之间的想象的相互感应、相互增强。这种想象的感应越多,网络人际交往也就越深入,自我塑造也就越充分。人们在网络空间展开的自我塑造,使网络空间成为一个比现实社会空间更加人性化的空间,因而更有利于人性的展现和解放。人的存在,按其本性,是具体的和活生生的,具有多种色彩和风格,具有多种潜在的可能性。不管是现实中的人还是网络中的人,都永远是未完成和未定型的,人的存在,就是一个不断创造新的可能性的过程。① 网络互动游戏的价值,正在于它能够让游戏参与者更充分地展示自我的不确定和未完成性,从而使自我成为"不同于昨日的另外之人",完成在现实社会中无法完成的自我超越和自我塑造。

然而,由于人们在网络空间的自我超越和自我塑造,具有一切后现代文化生态的基本特征——平面化、碎片化、无深度、审美化,因此没有中心感和地方感,缺乏稳定性。这种后现代状态究竟会导致什么样的社会后果,无疑值得我们深思。正如迈克尔·海姆所追问的:"虚拟世界的最终目标是消解所泊世界的制约因素,以便我们能够起锚,起锚的目的并非漫无目标的漂流,而是去寻找新的泊位,也许寻找一条往回走的路,去体验最原始和最有力的另一种选择,它植根于莱布尼兹提出的问题:究竟为什么在者在而无反倒不在?"②

---

① 黄少华:《另一种文化比较的尺度》,《兰州大学学报》(社会科学版)2000 年第 3 期。
② M. 海姆:《从界面到网络空间:虚拟实在的形而上学》,金吾伦、刘钢译,上海科技教育出版社 2000 年版,第 142 页。

网络交往伦理[*]

网络空间的崛起,使交往伦理面临一种全新的境遇。与现实社区中建立在人与人之间面对面交往基础上的交往伦理不同,网络交往伦理是以身体不在场的匿名交往为基础的,因而具有道德主体不确定、伦理规范多元化、道德评价尺度相对化等特征。在今天,我们虽然还无法完全确定互联网对交往伦理的社会影响究竟有多大,但可以肯定的是,这种影响已远远超越了工业社会的解释框架,具有划时代的意义。

一、网络空间:交往伦理的新境遇

与现实社会生活不同,网络空间的社会生活是基于认同、兴趣和想象的。"网路所带来的虚拟社区通常不是由共同居住空间组合而成,相反地,它是由共同兴趣所构成的……有共同兴趣和需求的网友,能够共同聚集在虚拟社区中,发展自我的人际关系,也同时凝聚社区的共同意识。"① 由于网络空间这种不同于现实社会空间的虚拟特性,因此,作为对人们的虚拟生存状态体现的网络交往伦理,也就自然具有其不同于现实社会交往伦理的新特征。这种新特征,我们可以简要地概括为以下几个方面:

第一,网络交往伦理和现实社会交往伦理建立的基础不同。现实社

---

* 原载《科学技术与辩证法》2003年第2期。

① 翟本瑞:《教育与社会:迎接资讯时代的教育社会学反省》,扬智文化事业股份有限公司2000年版,第231页。

会的交往伦理是建立在人们面对面互动的基础之上的。在面对面的互动情境中,人的物理身体始终在场,并且具有相对稳定的身份。也就是说,在现实社区的人际交往中,人们的家庭出身、性别、身份、地位、职业、学历、阶层等社会地位、社会身份、社会角色都是相对确定的,这必然导致其人际互动受一定社会的伦理规范的强制影响和制约。而在网络空间中,由于身体不在场,人们之间的交往始终处于一种匿名状态,人们在现实生活中的社会地位、社会身份、社会角色统统阙如。这使人们在网络空间有可能摆脱现实交往伦理的制约,重建一种全新的网络交往伦理。

第二,网络交往伦理和现实社会交往伦理的主体不同。作为现实人际交往主体的个人,是处于一定的现实社会关系之中的个人,在现实社会的人际互动中,这一个体必然要受其特定社会角色规范的制约,必须遵守他所扮演的角色的伦理规范。与此不同,网络人际互动的主体是网络一族,他们在网络空间扮演的角色是虚拟的、不确定的和流动的。这使得人们有可能在网络空间暂时摆脱现实社会中的伦理规范对自己的交往活动的制约,甚至在网络空间创造一种全新的交往伦理规范。

第三,网络交往伦理和现实社会交往伦理的运行机制不同。由于人们在现实社会中的人际互动是一种以身体为基础的面对面交流和沟通,因此其交往伦理必然受制于其在现实社会中的地位、身份和角色,受制于现实社会的政治、经济以及文化制度的影响,受制于现实的道德教育,受制于社会的赏罚体系。一句话,现实社会的政治、经济、文化利益是人们的交往伦理的基础。而在网络空间的人际交往中,由于身体不在场和匿名,人们在现实社会中的地位、身份和角色对道德交往的影响和制约作用就变得微乎其微。人们在网络空间的交往伦理,更多地不是取决于他律而是取决于自律。

第四,网络交往伦理和现实交往伦理的道德评价标准不同。所谓道德评价,是指"人们在社会生活中依据一定的道德准则,对包括自己、他人或群体的行为、品质、可感知的意向以及社会风尚在内的各种道德现象进行善恶褒贬的道德判断活动"[①]。不管在现实社会中还是网络社会

---

① 肖雪慧主编:《守望良知》,辽宁人民出版社 1999 年版,第 274 页。

中,道德评价总是存在的。但是,现实社会与网络社会的道德评价标准却有着巨大的差别。在现实社会中,道德评价标准是相对稳定的,而且总是基于一定社会和民族文化的基础之上,不可避免地带有民族性和时代性。而网络空间作为后现代社会的标志性存在,一方面,强化了道德评价的相对性,凸显网络伦理的多元化、非中心化、碎片化、流动性等后现代特征;另一方面,网络交往又在客观上提出了建立一种普世伦理的必要性,因为网络空间作为一个全球化空间,涉及的不再是像现实社会中的人际交往那样的同一民族、同一文化背景,而是涉及大量互相陌生的不同民族、不同地域、不同语言、不同文化背景的人,这在客观上提出了建立一种具有普遍意义的跨民族、跨文化、跨地域的"普世伦理"的任务。

总之,由于人们在网络交往中的身体不在场和匿名特征,因此在现实社会中起作用的交往伦理的现实基础、作用机制,在网络空间都陷入了严重的困境。在现实社会中慑于法律制裁、熟人监督而起作用的道德规范,在网络社会由于身份的虚拟化,其约束力大大降低,甚至在许多情况下几乎不起什么作用。在网络空间,在现实社会生活中做给他人看的非强制的合道德行为,由于身份的隐匿而很容易消失。一句话,制约着人们在现实社会生活中的交往行为模式的交往伦理基础,在网络空间正被逐步消解。互联网的崛起,已在客观上向我们提出了建构一种与植根于现实社会的交往伦理有所不同的、能适应网络生存的交往伦理的任务。而这种新的交往伦理的建构,必须能够真正面对网络交往的独特社会问题。从伦理学的视角来说,这些问题的核心包括如下方面。

(一)道德主体的不确定性

在现实社会中,人们的社会身份是相对确定的,因而现实社会的道德主体也是相对确定的。而在网络交往中,交往主体却是不确定的。网民可以扮演任何自己所希望扮演的想象中的角色。在虚拟社区里,人们甚至可以改变在现实社会生活中确定无疑的性别角色。这种身份的不确定性,导致了网络道德主体的不确定性。"在现实的实体世界中,由于人类身体的呈现提供了一个合宜和强制的自我本位归因,这个真实的肉身实体提供了一个因地制宜的自我意识观,在这一个牢固的、可测量的自我认同中支撑着我们对自我的信仰。然而,在网路空间中去除了先前所提到的肉身实体来作为我们自我认同中的指标。在理论上,一个人可以同时拥有许多不同的电子自我认同,因而能量和专门性的研究被创造了出来。假如在面对面的社群团体中限制了自我发展的可能性,但在线上的自我并不受到这样的限制,生命似乎可以被认为免除了年龄、种族和性别的社会标记……透过电脑中介通信媒体的调查,支持有许多的人透过这样的中介媒体获得了自我多样呈现的论点。"①这种网络空间道德主体的不确定性,正是建构网络交往伦理所面临的第一个困境。因为道德主体的不确定性,不可避免地会强化网络交往伦理的相对化趋向,使无中心变成了网络交往伦理的现实。这显然是我们在建构网络交往伦理时必须认真面对的问题。

(二)伦理规范的多元性

符号互动论认为,人们在互动时遵循的基础规则是互动过程的产物。而常人方法学者则更进一步探讨了人们在互动过程中是如何运用这些规则的。哈罗德·加芬克尔(Harold Garfinkel)认为,存在着一些技巧或规则,这些技巧或规则可以帮助人们在人际互动过程中形成现实的共同意识,即相同的理解。支撑这些规则或技巧的是人们彼此拥有的隐含的理解和预期,或者某种共同熟悉的背景假设。交往者只有遵循这些大家都熟悉的假设,才能够顺利展开人际互动。如果基本假设不一致,互动就无法正常进行下去。在网络空间,人们常常陷入伦理评价冲突的根本原因,就是由于网络空间伦理标准的多元性。由于网络空间本身的多元化、碎片化、平面化、无中心性,因此网民很难建立起一致的基本假设。在网络交往中,除了管理者告诉你哪些事情可以做哪些事情不能做以外,人们对交往场景的不同理解使他们很有可能按不同的规范行事,从而导致人际交往中的道德冲突。

(三)价值标准的相对性

人们在网络空间所遵循的伦理规范,在本质上与其价值判断密切相

---

① 袁薏晴:《谈虚拟空间的女"性"解放》,《资讯社会研究》2001 年第 1 期。

关。由于网络空间的后现代特性，人们在网络虚拟社会生活中所呈现出来的价值判断本身，也就充满了模糊性和不确定性。在网民看来，在网络空间，任何的感性体验都是合理的，因为网络空间是人们充分展现自我的空间。在网络社区，人们能够"自己对自己负责"，"自己为自己作主"，"自己管理自己"。这种价值趋向，使许多网民将网络空间视为一个无政府主义的空间，从而彻底淡化了价值判断的重要性，使网络价值判断变得多元、相对和不确定。

(四)人际情感的弱化

互联网打破了交往的时空、地域限制，即使从未谋面，网民也可以因为彼此之间趣味相投和爱好相同，而发展出虚拟的友谊、伙伴甚至情侣、配偶等原本只有在现实社会中依靠面对面互动、沟通才能建立起来的默契或亲密关系。透过这样的默契或亲密关系，陌生的网民之间不但可以交换信息，而且也能从中获取社会支持与归属感，甚至获取一种新的自我认同。然而，网络空间的人际交往在拓展人际交往的范围和深度的同时，也使人们在现实社会中面对面的交往转换成为一种身体不在场的匿名互动。也就是说，人们在网络空间的交往和互动过程中，出场的只是数字化的符号，人与人之间面对面的交往变成了数字化符号之间的虚拟交往，这种网络交往很有可能在事实上拉长而不是缩短了人与人之间的心理和情感距离。"通讯科技表面上使人与人之间的联系大大增加，似乎加强了彼此的沟通，但实际上这些沟通却渐趋浅薄；过分方便的联系未必使我们重视每一次与他人的接触及往来，反之，因为越来越不珍惜这些易得的接触，自然不会在事前作出准备，以及事后仔细思量，品味彼此间的情谊。人与人之间交往的深度反而和接触的次数成反比，这种情况及其后果实非可以预料。"①

二、网络交往伦理的基本特征

综观人类历史，存在着信念伦理、规范伦理和美德伦理三种道德谱

---

① 胡国亨：《独共南山守中国》，中文大学出版社 1996 年版，第 19 页。

系。而目前在人类社会生活中占主流地位的道德规范，主要是自启蒙运动以还形成的现代性道德，这是一种以社会契约论为基础的理性伦理。其核心"是一种基于现代科学理性判断的进步理念，它既是一种文明价值，也是一种社会理想信念，当然也是'现代性'道德的根本价值维度"①。这种由科学理性和进步理念所支配的道德观念具有如下基本特征：(1)现代性道德的核心理念是普遍理性主义。由于科学理性被认为是普遍合理的和唯一科学的，因此建立在科学理性基础之上的伦理价值观也必然具有普遍性。而这种普遍的理性道德，在实质上就是查尔斯·泰勒(Charles Taylor)所说的"工具主义理性"(instrumental reason)。以手段或者说工具为本位的工具主义理性，构成了现代伦理的立足点，建立在这种理性基础之上的现代伦理因而凸显了道德的规范性和工具性维度。(2)进步观念是现代伦理的重要基点。进步观念贯穿于现代社会，是现代人基本价值理想得以确立的基础，同样也是现代性道德的终极性价值圭臬。以此观念为基础建立的现代伦理规范，其引导性作用在于发扬和鼓励推动社会文明和进步事业的行为，而其惩戒性作用体现在对那些被认为妨害社会进步的行为进行惩罚。(3)理性主义和进步观念促使现代伦理学选择了知识论和道德认知主义的论理方式。道德认知主义的基本假设前提是道德的真实性。理性主义和进步观念认为，世界上一切事物都是去幻的、可认知的，凭借理性，人类可以把握和达到普遍的道德状态。

　　现代性道德的上述三个维度，构成了现实社会基本的伦理精神。然而，在网络空间，这种理性主义伦理精神遇到了前所未有的挑战。在网络空间这一交往的新平台上所已经呈现来的伦理精神，是一种有别于普遍理性主义的后现代伦理。其根源在于，作为网络社区居民的网民，具有多重、分散、流动、去中心、平面化、不确定、虚拟性等后现代特征。在这种后现代生存状态中，道德的深度被夷平了，一切网络社会行为都被消解为没有深度道德感的感性游戏。由于后现代思想拒绝承认任何一种话语的特权，因而在实际上摧毁了建构一种有着确定基础的规范伦理的可能性。这意味着，在很大程度上，后现代的网络交往伦理，只能是一

---

① 万俊人：《寻求普世伦理》，商务印书馆2001年版，第306页。

种能适应网络空间的多向度、多视角、无总体规范、流动的伦理即一种与理性伦理迥然不同的全新伦理,它具有下列基本特征。

(一)感性的狂欢

互联网的崛起,全方位地延伸了人的感官。网络空间给人类提供了一个实现自己梦想的理想之地。例如虚拟现实就是这样一种革命性的技术,它使人们能够完全沉浸在由自己所制造的虚拟世界之中。借助于三维图像和电脑输入输出装置,人们可以完整地感受和探索自己想象过但从未曾涉足的领域。这种虚拟现实,能在同一时刻给人以视觉、听觉、触觉甚至味觉的综合刺激。网络空间凸显了人的虚拟感觉的重要性,给这种虚拟感觉以一个充分的表达空间。网络空间所推崇的是一种感觉主义的价值观,感性在网络交往伦理中第一次被置于价值的首位。在网络交往中,人们所需要拥有的就是基于想象的感觉,满足感性的享受是网络交往伦理最首要的原则。

(二)价值规范的弱化和消解

伦理从本质上讲必然与价值相关。目前,支配着网络交往伦理的价值观是一种后现代主义的价值观。这种价值观的特点,就是没有一种确定的价值观,也就是说,价值在后现代主义那里被悬搁起来了。问题的关键在于,价值观并非后现代主义主要关心的问题,毋宁说,后现代态度更关心的是叙事方式,即一种"悬搁价值判断"的叙事方式。如果一定要涉及价值观,那么可以说,后现代的价值观是一种兼收并蓄的价值观,各种价值在后现代主义那里都可以成为资源,哪怕这些价值可能是自相矛盾的。例如,对于现实社会生活中的人来说,强暴、色情等性问题一直是困扰着交往伦理的一个重要问题,然而在网络空间中,许多在现实社会中被视为"不正常"的性现象如性强暴、性骚扰不仅屡见不鲜,而且常常为某些网民所接受甚至乐此不疲。对此,有网民说:"正因为我们无法判断,我们就不作判断,这种'无厘头'状态给我一种现实生活中没有的轻松和实在。"于是,本来在现实社会交往中作为对人们的心理和行为进行规导的价值规范、价值判断和价值原则,在网络世界里全都被消解了,所有的一切都预先被原谅了,一切皆可笑地被允许了。无价值成了网络空间的最高价值。

(三)交往规则的多元性

在现实社会中,由于道德的历史继承性,因此道德虽然在某种程度上也有多种形式,但是占主导地位的道德始终只有一种,其他的道德只能处于从属的、被支配的次要地位。然而,在网络社会中,道德规范的存在是多元的,这主要是因为,人们在网络空间中的交往,并不受限于现实的时空,而是建立在共同的兴趣和爱好的基础之上的,其行为是自愿和自主的。这就导致了不同的网络团体或网络虚拟社群,有着不同的交往规则和交往伦理。以致几乎可以说,现有的网络交往伦理其实并没有真正意义上的规范,而是一种没有规范的伦理。每个网民所要遵守的规范只是自己内心的良心,即自己对网络虚拟社群的认同度。也正因为如此,所以从某种程度上也可以说,网络交往伦理是一种更加符合个体发展,更有助于形成自由、民主、平等、兼容、共享、公正、和谐的人际关系的伦理范式。

三、迈向一种新的交往伦理

互联网的崛起,在客观上为人类创造了一个迈向一种新的交往伦理的契机。与网民的后现代生存状态相契合,开放、去中心、多元、平面、不确定及兼容是这种交往伦理的基本状态。网络时代是一个挑战权威、蔑视权威的时代。在这样的时代,我们已经很难再以建立在某种单一话语的中心权威基础之上的伦理规范,去约束和束缚网民,去改变他们的存在方式。用一种确定的伦理规范去规范网民应该干什么,应该怎么干和不应该干什么,显然不可能很好地适应和面对人们在网络空间的多元化、匿名、去中心、虚拟、平面化、审美化、数字化和不确定的生存状态。新的网络交往伦理的建构,不能以压制和束缚网民的生存为前提,而应以引导网络交往迈向一种真正自由、民主、平等、兼容、共享、公正、和谐的状态为目标。具体地说,这种新的网络交往伦理的基本精神和原则如下。

(一)公正原则

公正是人类迄今为止追求不息却并没有真正达到的理想之一。历史上人们所追求的公正,都只是建立在某一权威话语基础上的公正,能够在这一话语中真正拥有公正的人群十分有限。财富不均、所属社会阶层不同、知识结构不同等社会背景,都导致人们不可能真正平等地享有公正,甚至不是每个人都能拥有追求公正的权利;而且公正所涉及的内容也是十分有限的,如财产分配公正、政治权利公正等。网络社会的崛起,为人们实现充分的公正提供了一个比现实社会更加广阔的虚拟空间。在网络空间,个体是不确定的,群体是去中心的,人们之间的交往是平面化的。一句话,网络给人类长期追求的公正理想提供了一个最有可能使其变成现实的虚拟平台。在这里,交往者有可能得到真正的公正,得到真正全面的发展。在建构网络交往伦理时,我们应该遵守一条基本原则:网络交往伦理的作用应该是建设性的,不应该以约束和束缚网络的自由生长为代价去建构网络交往伦理。网络空间的公正性不仅应该是网民力图维护的基本原则,也应该是网络伦理建构者遵守的基本底线。

(二)自由原则

互联网作为后现代社会的技术性标志,是一个没有控制中心的开放式平台,任何人都无法对互联网进行整体性的控制或管制。互联网在技术层面的这种开放性,保证了人们在网络空间交流和共处的自由,从而使人类的自由精神能够在网络空间得到充分的实现。在现实社会中,由于各式各样的原因,人们的自由总要受到这样那样的限制。与现实空间相比,人们在网络空间的生存和交往,的确要更为自由。这种自由包括:进出网络的自由,发表言论的自由,选择信息的自由,角色扮演的自由,以及与人交往的自由,等等。在互联网上,人们完全可以依据自己的兴趣和爱好选择在什么样的虚拟社区中居住,甚至可以自己建设一个"家园"在其中居住,并吸引有着共同兴趣和爱好的其他人来到自己的"家园"。人们可以在聊天室、BBS、新闻组、论坛、留言板自由发表自己的言论,并根据自己的兴趣、爱好和目的选择接收自己所需要的信息。可以挣脱现实所强加给自己的身份和角色,自由地选择自己的身份和扮演自己想要扮演的任何角色。尤其重要的是,在网络空间,人们能够摆脱现实生活中的行为规范和利害关系,跨越时空的限制,自由、充分、全面地呈现自我的本来面貌,自由、开放地与其他人进行交流和互动。

(三)平等原则

互联网在技术层面对中心的消解,实际上也就是对平行性的强调,互联网的 TCP/IP 协议和"包交换"技术,都是这种平行性的生动体现。因此,由互联网所培育的网络文化,在本质上是一种关注个体、尊重平等的文化形态。在网络空间,人们的地位是完全平等的,人们在现实社会中的地位、等级、职业、权力、特权、财富、身份、学历等背景,都失去了效力。每个人都可以自由地发表自己的观点,但不能强迫任何人接受;每个人都可以自由地与人交流和沟通,但不能强迫别人与自己保持交往。网民在网络空间的交往和互动,完全只能基于自愿和平等的原则,而这种自愿和平等是建立在关注个体和尊重个体的基础之上的。

(四)兼容原则

兼容是互联网技术的重要特征,各种规模和类型的局域网,无论采用什么样的协议,有着什么样的用户环境,只要在接入互联网时遵循 TCP/IP 协议,就可以成为互联网的组成部分。互联网在技术上的这种兼容精神,为网络空间的包容性和兼容性提供了坚实的技术保证,使网络空间成为一个全新的兼容并包的生存空间。无论是网络空间对各式各样的个人观点和个人选择的兼容,还是对各种不同民族、国家、文化和语言的兼容,以及对各种不同媒介形式的媒体的兼容,都充分体现了网络空间的这种兼容精神。在一定意义上可以说,兼容原则与网络空间的后现代特征,即网络空间的差异、断裂、多元、分解、零散性、破碎性、片断性、或然性等特征在基本精神上正相契合。这一后现代生存空间,为人类展现并打开了一个个性化发展的空间,通过它对人类的个性化生存方式的兼容并包,使人们有可能将自己人性中最本真的东西淋漓尽致地展现出来。

(五)人性原则

网络交往伦理最基本的原则,无疑是人性化原则,因为归根到底,网络空间是人类生存和交往于其中的人性空间。因此,以人性的尺度和原则为基础,应该是我们在建构网络交往伦理时必须遵循的最基本的原则,其目的自然在于使网络空间真正成为人性全面发展的空间。换言之,使网络空间真正成为与人的存在融会贯通,能激发人的创造力,实现人的多样化发展的可能性,使人获得全面自由发展的人性化空间。① 如果说,互联网已经从工具层面为这种人性的全面自由发展提供了技术上的保证,那么,网络交往伦理的建构,正是为了从人文文化层面为这种人性的全面自由发展提供文化上的保证。网络交往伦理应该是一种"人性化"的伦理,建构网络交往伦理的目的,只能是为了更好地理解人、尊重人和实现人。

---

① 黄少华:《知识、文化与人性:评"文化就是力量"说》,《现代传播》1997 年第 5 期。

网络书写行为的后现代特性[*]

　　网络书写作为在网络空间(cyberspace)这一后现代社会时—空架构中展开的社会行为,是一种发生在主客体边界及主体间边界上的书写活动,具有临界性、非物质性、非个人化、实时性、流动性、不确定性、非线性、碎片化等后现代特征。这种以口头语言与书面语言二元交织为基本特征的后现代书写行为,对网络空间的知识主体与知识状态有着深刻的影响。

一、工作假设与理论视角

(一)工作假设

　　本研究的工作假设是:互联网的崛起,形塑了一种与工业时代以能源为基础的技术范式迥然不同的信息技术范式,这一新的技术范式的核心特征,在于信息取代能源成为行动的"关键因素",成为重新塑造社会结构,对社会进行再结构化的基本力量,从而推动社会迈向网络时代。卡斯特(Manuel Castells)在《网络社会的崛起》一书中强调:"作为一种历史趋势,信息时代的支配性功能与过程日益以网络组织起来。网络建构了我们社会的新社会形态,而网络化逻辑的扩散实质地改变了生产、经验、权力与文化过程中的操作和结果。虽然社会组织的网络形式已经

　　* 原载《自然辩证法研究》2004 年第 2 期。

存在于其他时空中，新信息技术范式却为其渗透扩张遍及整个社会结构提供了物质基础……因此，我们可以称这个社会为网络社会(the net-work society)。"①换言之，网络空间已经构成了当今时代人类社会生活和社会行为的一个全新场域，与之相应，人们的社会行为方式也发生了重要的改变。网络书写作为网络社会行为的一种极为重要的形式，正是随着网络空间这一新社会生活场域的崛起而日益凸显出来的。

(二)理论视角与问题意识

西方学界对于书写(writing)的讨论，一般都倾向于将书写与行为(action)或结构(structure)相联系。一种方向是将作者视为作品的主体，认为作品的意义乃由作者所赋予的，因此研究的重点应为分析作者的意图与情感；另一种方向则视作品为一自足与独立的客观物，强调作品的意义取决于文本的内部语言结构或者字词间及文本间的互涉即文本间性(intertextuality)。本研究在视网络空间为一全新的书写空间的基础上，综合上述两种视角，将书写视为人的一种基本存在境况，借此将"知识主体"问题化，探讨网络书写与知识主体的自我认同之间的关联。

二、主客体界限及主体间界限的内爆

尼尔森(Theodore Holm Nelson)认为，网络空间的书写行为，在实质上是一种超文本书写，即自由运动的非顺序、非线性书写。与传统的手书写和印刷书写不同，超文本书写的一个重要特征，在于其非线性链接。② 在超文本书写活动中，各种不同的书写空间能够同时呈现在电脑屏幕上，从而形成一个非线性的话语空间(discursive space)。与传统书写行为中主客体之间和主体之间存在着明显的界限不同，这些界限在网络书写活动中变得十分模糊甚至消失，我们将这种情形称为主客体及主体间的内爆(implosion)或二元交织。

---

① M. 卡斯特：《网络社会的崛起》，夏铸九等译，社会科学文献出版社 2001 年版，第569 页。

② N. C. Burbules. Rhetorics of the Web：Hyperreading and Critical Literacy. http://www. ed. uiuc. edu/facstaff/burbules/ncb/papers/rhetorics. html.

(一)主客体的内爆或二元交织

网络书写行为的一个重要特点,在于书写在相当程度上失去了从思想到字形的转化过程,从而导致主客体界限的模糊和消融。在网络书写过程中,屏幕上显现的字符与作者头脑中的思想内容或口中说出来的话,有着相似的性质,即空间上的脆弱性和时间上的同一性,这意味着主体与书写、主体与客体在书写中趋向同一,或者说,头脑中的思想与屏幕上的文字趋向同一。网络书写的这种特性,不仅颠覆了笛卡尔式的主体世界,从根本上削弱了主体的整体化感觉,而且消解了笛卡尔意义上的主客体界限,书写主体与客体之间的界限发生内爆,书写成为一种波斯特(Mark Poster)所说的发生"在主客体边界上的"活动。一个发生在主客体边界上的临界事件(borderline event),其界限两边的主客体都失去了自身的完整性与稳定性,笛卡尔式的二元世界也因此变得含混和模糊。网络书写一方面继续发展了由印刷书写肇始的趋势,即文本脱离作者,作者与读者之间的时空距离增加;另一方面网络书写又颠覆着印刷书写,文本从印刷语言的固定的线性语域,转移到了口头语言的非固定的开放性语域。换言之,网络书写行为消融了现代意义上的主客体界限,导致网络语言呈现出一种口头语言与书面语言二元交织的后现代特征。因此,对于网络书写行为的实质,我们不能简单地以语音/书写的二分法架构加以理解与阐释,既不能简单地将其视为印刷书写的新形式,也不能简单地将其视为口语的复兴。"如果我们可以将这种行为视为即时互动里非正式、结构散漫的书写,一种同步进行的谈话模式(一种书写的电话),也许我们可以预见一种新媒介的诞生,混淆了原先被区隔在人类心智之不同场域中的沟通形式。"①

(二)主体间的内爆或二元交织

网络书写行为的另一个重要特性,在于它使现代性主体之间的界限"内爆",融合交织成为一种集体性主体,从而颠覆了现代性书写活动中

---

① M.卡斯特:《网络社会的崛起》,夏铸九等译,社会科学文献出版社 2001 年版,第449—450 页。

作为中心化主体的作者,引入了集体主体的诸种可能性,并由此重塑了作者与作者、作者与读者、作者与文本之间的权力关系。在手书书写与印刷书写时代,"作者是一个个体,一个在书写中确认其独特性的独特存在,他/她通过其作者身份确立自己的个性,从这个程度上讲,电脑可能会搅乱他/她的整体化主体性的感觉。电脑监视器与手写的痕迹不一样,它使文本非个人化(depersonalizes),清除了书写中的一切个人痕迹,使图形记号失去个人性(de-individualizes)"①。早在 1984—1985 年间,利奥塔(Jean-Francois Lyotard)在法国蓬皮杜中心主持过一个题为"非物质事物"的展览,其中有一部分由一个电脑集体书写行动组成。来自不同领域的 26 位作者被要求对 50 个词写出"定义"。这些"定义"被存储在电脑的数据库中,然后,作者可以进入数据库,并能将自己的定义附加到任何人的文本上。这可以算是集体电脑书写的较早尝试。德里达(Jacques Derrida)参加了这一实验,他撰写的文字主要讨论技术是如何影响书写的。他认为,当作者服从这一实验的规则,他的声音和手被电脑抹去时,原作者性(authorship)就会变得不确定甚至"消失",这种后现代的书写会动摇作者位置的稳定性,使他及他人寻求"增补的权威"。而利奥塔则强调,电脑书写会导致定义倍增,从而推动语言走向他所谓的"歧见(differends)"。随着网络技术的飞速发展,这种后现代的集体书写也在不断地增加新的形式。在 20 世纪 90 年代初,波斯特曾将电脑集体书写的方式概括为:一张磁盘在不同作者之间传递;电脑之间借助调制解调器通过电话线交流;局域网为多台电脑提供同时进入一个文本的可能;等等。而在今天,QQ、BBS、网络聊天、虚拟社群、电脑会议等,更为人们提供了多元化的网络集体书写方式。

(三)拟像与内爆

网络书写行为作为一种在主客体边界及主体间边界展开的书写活动,构筑了一个鲍德里亚(Jean Bandrillard)所说的拟像世界。鲍德里亚认为,我们今天已处在一个拟像时代,电脑、信息处理、媒体以及按照拟

---

①　M.波斯特:《信息方式——后结构主义与社会语境》,范静晔译,商务印书馆 2000 年版,第 153 页。

像符码而形成的社会组织,已经取代了现代社会中生产的地位,成为社会组织的基本原则。与现代社会是一个工业生产社会不同,后现代的拟像社会是一个由模型、符码和控制论所支配的信息与符号社会。符号本身拥有了自己的生命,并建构出一种由模型、符码及符号组成的新社会秩序。在这种拟像社会中,模型与符号构造着经验结构,并销蚀了拟像与真实之间的差别。"整个系统失去了重量,完全成为一个巨大的拟像,无所谓真假,而只是拟像,它永远不再与现实(real)发生交换,只是与自身进行交换,在一个没有所指,没有边缘,没有中断的循环体系中与自身进行交换。"①借助麦克卢汉(Marshall McLuhan)的"内爆"概念,鲍德里亚强调,在后现代社会中,拟像与真实之间的界限已经内爆,不仅拟像与真实之间的区分变得越来越模糊不清,而且拟像变得比现实还要真实,它不再指称自身之外的任何现实。网络空间的书写行为,创造的正是这样一个超真实的拟像世界。在手书写和印刷书写时代,人们注重的是现实的真实,"理性把感官显示的世界视为'幻象',认为众多现象背后必然有一个不变的'真实世界'。无论是柏拉图的理念,基督的'彼岸',还是康德的'自在之物',追求的都是这种不变的本质"②。德里达将西方思想史上的这种传统称为"语音中心主义",它将语言区分为语音符号和文字符号,认为语音由于心灵的激活而被赋予意义,这种由心灵所激活的东西,即柏拉图理念论中的"至善",而文字与语音不同,只是语音的无生命的、随意的、可有可无的替代物。德里达指出,这种语音与文字的二元对立,在西方思想史上被进一步演化为精神和物质、自为和自在、主体和客体、心灵和身体、内部和外部、本质和现象、真理和假象、意义和文本的二元对立。因此"语音中心主义"在实质上是"逻各斯中心主义"。通过对书写的增补功能的阐述,德里达试图解构这种语音中心主义和逻各斯中心主义。他认为,语言的意义在于书写,而书写是字符的流动,一切文本都是书写,作者作出的语音与文字的区别,终将被书写本身所解构。在波斯特看来,德里达强调书写始终已经(always already)先于语音,并不是要颠倒语音与文字的关系,而是要表明书写先于语音与文字的区别,

---

①　J. Bandrillard. Simulacra and Simulation. Ann Arbor:The University of Michigan Press,1994:6.

②　黄少华:《知识、文化与人性》,兰州大学出版社 2002 年版,第 253 页。

从而实现从寻求"文本"的形而上固定意义向探求"文本"的差异游戏的转变。网络书写行为所体现的,正是德里达所强调的这种后现代语言活动。可以说,网络书写行为"拓展了语言表达、理解、阅读的方式和范围,迫使人们以一种新的方式去梳理语音与文字的关系。互联网改变了文字的边缘地位……在网络世界中,由西方传统哲学精心构筑的'语音/文字'的二元对立发生了严重的理论倾斜,并进一步波及由语音/文字二元对立关系演化出来的精神与物质、自为与自在、主体与客体、心灵与身体、内部与外部、本质与现象、真理与假象、意义与文本的二元对立"①,使其处于一种二元交织的内爆状态。

三、网络书写行为的后现代特征

德里达认为,当今时代的一个重要特征,是它"悬置于两个书写时代之间",是一个线性书写和书籍都已穷途末路的时代。换言之,这是一个书写活动已进入后现代的时代。网络书写行为的临界性、非物质性、实时性、流动性、不确定性、非线性、碎片化等,可以说正是这种书写活动的后现代特征的集中体现。

(一)非物质性

与手书写和印刷书写相比,网络书写行为的一个重要特点是"书写痕迹失去物质性"。手书写和印刷书写总有一种不易磨灭的物质痕迹,一经书写就不能够轻易改变或抹擦掉。字词一旦从作者头脑中的意向转化成字形再现,就开始具有客观性,变成波普(Karl Popper)所说的"世界3"的内容。与此不同,网络书写不具有类似的物质痕迹。当人们通过键盘将自己的想法键入电脑时,显现在电脑屏幕上的只是一些磷光像素。作者与这些磷光像素之间的相遇方式是短暂而且会立即变形的,简言之,书写是非物质的。正是这种非物质性特点,使网络书写缺少从思想到字形的转化过程,从而具有空间上的脆弱性和时间上的实时性特征。

---

① 陈文江、黄少华:《互联网与社会学》,兰州大学出版社 2001 年版,第 203 页。

(二)实时性

手书写和印刷书写的物质性特征,不仅使"想"与"写"之间总是存在着一定的时空区隔,而且信息在作者与读者之间的传递与交流也存在着时空区隔。而在网络书写时代,这样的时空区隔已不复存在,不仅"所书即所想",而且信息的交流也同步化和实时化。作者可以直接在屏幕上论述自己的思想,脑袋里怎么想,立刻就能在屏幕上变成现实。作者甚至可以不必考虑是在写开头还是写结尾,因为"只需一键之劳便可将任何一段文字挪到任何地方。思潮直接涌上屏幕。不再需要苦思冥想和搜爬梳理了——把飞着的思想抓过来就行了"[①]! 不仅如此,作者在网络空间的书写行为(尤其像在聊天室、网络游戏中的书写行为),可以被不同地域的人们实时共享,"一个人在电脑上创作一条消息,然后用调制解调器把这条消息传送到一个遥远的地方,在那里……消息接收者立即便可收到,参与'实时'交谈"[②]。这在手书写和印刷书写时代是完全不可想象的。

(三)流动性

网络书写的流动性首先体现在,在网络空间对书写的文字和结构进行调整十分容易,这使书写永远处于一种不定型的可修改状态之中。网络书写的流动性,还体现在网络书写行为使主体和客体都失去了完整性和稳定性。网络书写将在手书写和印刷书写时代确定的主客体和主体间界限变得不确定和模糊。在网络空间,书写成了一场福柯(Michel Foucault)所说的游戏,它超越规则并将规则抛在脑后,这种后现代书写行为关心的主要问题,是设定一个空间,书写主体在这个空间中不断消失,不再有确定的自我认同和人格模式,而是呈现为一种流动的、碎裂的和多元的状态,不确定的多元自我分散在后现代时空之中。在网络空间,主体始终是飘浮的,悬置于种种不同位置之间,呈现为一种流动性的

① M. 海姆:《从界面到网络空间:虚拟实在的形而上学》,金吾伦、刘钢译,上海科技教育出版社 2000 年版,第 3 页。
② M. 波斯特:《信息方式——后结构主义与社会语境》,范静哗译,商务印书馆 2000 年版,第 156 页。

生存状态。

(四)开放性和非线性

网络书写在实质上是一种超文本书写。人们在进行这种超文本书写时,可以跟随链接实现文本间的跳跃,因此网络书写在本质上是开放的和非线性的。在网络空间,书写成为一种为所有符号创造物提供无限的前后参照的活动。超文本书写的这种非线性特征,强化了思想的非线性联想风格。正如海姆(Michael Heim)所说,超文本书写的典型运动方式是跳跃而不是步伐,它支持超越传统逻辑链的直觉跳跃,从而凸显了知识活动的非线性、零散化、碎片化维度,使书写活动进入到一种后现代状态。需要注意的是,超文本书写的这种开放和非线性特征,导致了"文档的内部结构发生变化,而不仅仅是改变了它们之间的链接方式。它将文档拆散,视紧密联系的文档为一系列观点的集合——没有一个长过单个屏幕所能显示的长度——读者可以按自己选定的顺序来阅读,而不论作者的意愿是什么。它使指向文档之外的链接成了文档的一个组成部分"①。

四、Cyborg 与知识主体

正如麦克卢汉所说,媒介是人的延伸,媒介的影响"不是发生在意见和观念的层面上,而是要坚定不移、不可抗拒地改变人的感觉比率和感知模式"②。网络书写作为人的思想的延伸,仿佛是一面镜子,人们可以透过这面镜子感知和反思自我,去面对麦克卢汉所说的感知模式的改变,面对网络空间中的多重自我认同,面对主体的不确定和去稳定化(destabilization)状态。

在西方哲学中,笛卡尔为主客体二分作了奠基性的工作,确立了主体在知识活动中的基础性地位。笛卡尔式的主体站在客体之外的一个确定位置,以获得与之对立的客体世界的知识。而持后现代主义立场的

---

① D. 温伯格:《小块松散组合》,李坤等译,中信出版社 2003 年版,第 7 页。
② M. 麦克卢汉:《理解媒介:论人的延伸》,何道宽译,商务印书馆 2000 年版,第 46 页。

学者则试图说明，主体已被消解，处于一种多元、分散、碎裂、不确定的状态，或者说，具有内在完整性，在知识活动中发挥中心作用的现代主体已不复存在。网络书写行为的重要意义，正在于使后现代主体在网络空间成为现实。

近代以来，主体性便是与书写相联系，一般说来更是与笛卡尔式的理性相联系的。网络书写行为则在相当程度上消解了这种理性主体，"某人一旦进入互联网，就意味着他被消散于整个世界，而一旦他被消散于互联网的社会性空间，就无异于说他不可能继续葆有其中心性的、理性的、自主的和傍依着确定自我的主体性"[1]。在网络空间，人类开始走向一种多元化、去中心、平面化、复调化、虚拟性的生存与互动境界。人类面对电脑网络，其关系就像波斯特所说的照镜子一样。电脑网络的这种"镜映效果"（mirror effect），使得书写主体双重化，电脑网络显得与人脑的能力以及人脑所能达到的境界相等，在有些情形下甚至还把人脑远远抛在了后面。这种情形显然不只主体的认知能力延伸那么简单，它其实极大地扩展和重塑了知识主体。当我们利用搜索引擎，即时地获得以前可能需要耗费几年甚至几十年光阴才能获得的信息时，网络空间实际上已经成为我们人脑的一部分，其与人脑之间的界限已经变得模糊了。M. 史洛卡（Mark Slouka）认为："在我们下一代的一生之中，将人类的神经系统直接连上电脑，让人类的意识下载（download）到随取记忆体（RAM，Random Access Memory）之上，以某种人工的状态保存下来，这些都是可能的。在可预见的未来，自然与科技间的那条界限将被抹杀。"[2]翟本瑞也强调，"就科技未来的角度而言，遗传工程的突破、智能型代理人软件以及人工智能的发展、人机界面（cyborg）发达、芯片植入逐渐普及化，人脑与电脑终将整合成一体"[3]，从而形塑一个如波斯特所描述的"后笛卡尔式的世界"。在这一世界中，"表征可能会由一个连续体

---

① M. 波斯特、金惠敏：《无物之词：关于后结构主义与电子媒介通讯的访谈—对话》，《思想文综》第 5 辑，中国社会科学出版社 2000 年版，第 272—273 页。

② M. 史洛卡：《虚拟入侵：网际空间与科技对现实之冲击》，张义东译，远流出版事业股份有限公司 1998 年版，第 25 页。

③ 翟本瑞：《资讯超载与网路时代的学习模式改变》，http://mozilla. hss. nthu. edu. tw/iscenter/conference2003/thesis/files/20030214115542211. 21. 191. 229. doc。

(continum)组成,一端是简单的机器,另一端是人,而中间则是电脑、似人机器、机器人、机器维持的人"①。

　　网络书写行为所凸显的这种人与电脑、人与网络、自然与科技之间的界限模糊甚至消失的情形,哈拉威(Donna Haraway)在《Cyborg 宣言》中称为 Cyborg(赛博人),这是一个主客体及主体间边界模糊、虚拟与真实交织,具有后现代破碎、不确定及多重自我的混合主体。哈拉威正是想凭借 Cyborg 概念,来超越现代性各种身份认同(族群、种族、性别/性倾向、阶级……)彼此矛盾冲突的困境,以建构一个多重、差异、多元的后现代主体概念。② 而网络书写行为对主客体界限和主体间界限的消解与交织,正是这种后现代主体在网络空间的具体落实。在网络空间,主体被改变了,被消散在后现代的时/空、内/外以及心/物语义场中,这使 Cyborg 成为当今时代分析知识主体的一个重要指标。德勒兹(Gilles Deleuze)和瓜塔里(Felix Guattari)曾经这样描述人在当今世界的境遇,"我们正在从扎根于时空的'树居型'(arborial)生物变成'根居型'(rhizomic)游牧民,每日随意漫游地球,因为有了通信卫星,我们连身体都无须移动一下,漫游范围便可超越地球"。这种后现代的"游牧者为我们提供了新的生存与斗争模式。游牧式的自我(nomad-self)摆脱了一切克分子区割,并谨慎地解组了(disorganizes)自身。游牧式的生活是一种创造与变化的实验,具有反传统和反顺从的品格。后现代游牧者试图使自身摆脱一切根、束缚以及认同"③。一旦人们进入由电脑、调制解调器和光纤电缆组成的网络世界,就变成了像德勒兹和瓜塔里所说的游牧者,不再有固定的位置,不再处于现实世界中某个固定的物理地点。换言之,互联网分散了主体,使他在时间和空间上脱离了地理的限制,从而悬置于客观性的种种不同位置之间,随着偶然境遇(the occasion)的不确定而相应

---

　　①　M. 波斯特:《信息方式——后结构主义与社会语境》,范静哗译,商务印书馆 2000 年版,第 151 页。

　　②　D. Haraway. A Cyborg Manifesto:Science, Technology, and Socialist-feminism in the Late Twentieth Century. In:D. Haraway(ed.). Simians, Cyborgs and Women:The Reinvention of Nature. New York:Routledge,1991:149-181.

　　③　D. 凯尔纳、S. 贝斯特:《后现代理论:批判性的质疑》,张志斌译,中央编译出版社 2001 年版,第 134 页。

地一再重建。在网络空间,主体始终是漂浮的,不像在现实生活中那样,具有可停泊的锚、固定的位置和透视点、明确的中心及清晰的边界,而是呈现出一种明显的平面化、去中心化、分散化和多元化特征。这也正是网络空间作为后现代社会空间的重要标志之一。而网络书写正是推动主客体界限和主体间界限内爆,推动主体成为 Cyborg 的重要动力。"电脑书写是最典范的后现代的语言活动。由于电脑书写在非线性的时空中分散了主体,由于其非物质性以及它对稳定身份的颠覆,电脑书写便为后现代时代的主体性建立了一座工厂,为构建非同一性的主体制造了一部机器,为西方文化的一个他者(an other)撰写了一篇铭文而载入其最宝贵的宣言中。"①笛卡尔式的主体在主客体二元对立的世界中占据着支配地位,网络书写行为则消解了这种现代主体的中心地位,将自我分散到世界中,甚至进一步导致自我与电脑、自我与网络(internet)的二元交织,并由此建构了一个全新的知识想象空间。

---

①　M.波斯特:《信息方式——后结构主义与社会语境》,范静哗译,商务印书馆 2000 年版,第 173 页。

网络空间的后现代知识状况[*]

互联网的崛起,为人类的知识活动形塑了一个以时—空压缩为基本特征的全新场域,如卡斯特(M. Castells)所说,这一知识场域"改变了生产、经验、权力与文化过程中的操作和结果"①。在网络空间(cyber-space),信息成了行动的关键要素,所有的经验与知识融合在同一个数字化媒介中,并由此而混淆了行为场域的制度性分离,模糊了行为的符码意义,以至于我们再也无法清晰地区分真实与虚拟、身体与心灵、公共空间与私人空间、前台与后台及主体与客体之间的界限,一切皆处于一种二元交织或者鲍德里亚(J. Bandrillard)所说的"内爆"(implosion)状态。换言之,作为一种新的社会行为方式,网络空间的知识活动具有明显的后现代特性,而主—客体关系及知识—权力关系的改变,正是网络空间知识活动的后现代状况的突出表现。

一、网络空间主—客体关系的转变

延续马克思的生产方式概念,通过引进符号学的论述,波斯特(M. Poster)提出了信息方式(the mode of information)概念,将其作为分析网络交往这种新的社会互动的理论视角。波斯特认为,信息的表现方式,

---

* 原载《宁夏党校学报》2005 年第 3 期。

① M. 卡斯特:《网络社会的崛起》,夏铸九等译,社会科学文献出版社 2003 年版,第 569 页。

是以符号交换的形式进行的,依次经历了三个基本阶段,即从面对面口头媒介交换(符号的相互反应,人处于面对面的在场交流语境),到印刷的书写媒介交换(符号的再现,人作为行为者有可能不在场),再到电子媒介交换(信息的模拟,人处于去中心化、分散化和多元化状态)。网络社会处于信息模拟及人的去中心化、分散化和多元化的电子媒介交换时代。在网络社会,信息作为一种卡斯特所说的数字化符号,成为一种权力,促进了时—空的重组和压缩,并由此大大加速了知识的传播速度及全球化覆盖程度,从而不可避免地改变了现代社会知识主—客体的关系,造成了知识的零散化与碎片化,削弱了知识的批判空间。

　　对网络空间知识状况的理解,不可避免地会涉及西方知识论传统中一个至关重要的问题——语言在人类知识活动中的地位问题。胡塞尔认为,语言是意识的现象,语言符号的意义和自然标记的指示有着根本的区别,意义是意向的表达。换言之,表达意义的符号首先是语音符号,语音符号是沟通自我与意向的中介,其重要性在于交流。胡塞尔对语言的这一理解,将语言区分为语音符号和文字符号,认为语音由于心灵的激活而被赋予意义,这种由心灵所激活的东西,是柏拉图本体论中最本质的东西,即"至善",而文字与语音不同,只是语音的无生命的、随意的、可有可无的替代物。德里达(J. Derrida)认为,胡塞尔的这种语言观,体现和呼应了西方哲学传统中自柏拉图到索绪尔的一个根深蒂固的传统——"语音中心主义",而"语音中心主义"的实质即是"逻各斯中心主义"。对这种以逻各斯中心主义为实质的语言观,德里达进行了激烈的批判。

　　德里达对"语音中心主义"的批判策略之一,是对书写的增补功能的强调。他认为,书写之所以必要,是因为语音本身存在着某种断缺。书写对于语音来说是必不可少的,并不只有一个附属的地位。在德里达看来,书写的字符才是真实的语言,语言的意义在于书写,书写是字符的流动,一切文本都是书写,由写作者作出的语音与文字的区别,终将被书写本身所解构。书写的这种"增补逻辑",使被传统知识论视为衍生或附属的东西,颠倒过来占据了至关重要的地位。在波斯特看来,德里达强调书写始终已经(always already)先于语音,并不是要颠倒语音与文字的关系,而是要表明书写先于语音与文字的区别,从而实现从寻求"文本"的形而上固定意义向探求"文本"的差异游戏的转变。德里达有关语言的这一观念,对于理解网络空间的知识状况有着重要的意义。互联网拓展了语言表达、理解、阅读的方式和范围,迫使人们以一种新的方式去理顺语音与文字的关系问题。互联网改变了文字的边缘地位。在网络空间,由西方传统哲学精心构筑的"语音/文字"的二元对立发生了严重的理论倾斜,并进一步波及由语音/文字二元对立关系演化出来的"精神与物质、自为与自在、主体与客体、心灵与身体、内部与外部、本质与现象、真理与假象、意义与文本的二元对立"①,使其处于一种二元交织的内爆状态。

德里达驳斥"语音中心主义"的目的,并不是要建立一种新的"文字中心主义"。作为一个后现代主义者,德里达并不希望树立任何中心。这种后现代思想与万维网的创建所遵循的是同一个思想原则。万维网的创始人蒂姆·伯纳斯-李(Tim Berners-Lee)在谈及其创立万维网的目标时,把创建万维网的目标与普救会的宗旨相比较,认为普救会的"基本宗旨与我的信仰和我创造万维网的目标非常吻合"②。普救会没有严格的制度规范,是最低限度的纲领主义。其纲领吸取了包括基督教、犹太教、印度教和佛教等所有宗教及其他思想体系中的有益部分,但这些部分在普救会中并没有被融合为一个统一的教义,而只是营造出一种氛围。在这种氛围中,人们可以自由地思考、讨论、辩论,并总是愿意接受不同的意见和观点。在蒂姆·伯纳斯-李看来,万维网也恰恰提供了这样一个开放的空间。网络超文本的非线性组织方式,使网络更具开放性,文本也因读者的阅读行为而呈现出不同的意义,从而在时间的流动中,衍生出文本意义的变化。意义在网络空间中无限"撒播",充满能量和创造力地自我运动。"痕迹"便是由这种文本自我运动的撒播而形成的唯一可以把握的东西,文本作为"痕迹",在网络空间中,呈现为一种非物质及非线性的存在,从而在相当程度上具有拟像(simulation)的特征。网络空间知识状态的这一特征,与笛卡尔以降西方思想追求理性确定性的精神趋向完全背道而驰。笛卡尔把理性作为知识的基础和真理的标准,在

---

① 赵敦华:《现代西方哲学新编》,北京大学出版社 2001 年版,第 269 页。

② 蒂姆·伯纳斯-李:《编织万维网》,张宇宏、萧风译,上海译文出版社 1999 年版,第 201 页。

西方开创了一个新的思想时代。透明的现实、单一的意义、完美的再现、自我与世界分离的稳固感,是笛卡尔时代人们所努力追求的东西。而在后现代主义看来,这种自笛卡尔时代以还的理性精神,已不再适合今日新的知识状态,主体已在网络空间被消解,处于一种多元、分散、碎裂、不确定的状态,或者说,具有内在完整性,在知识活动中发挥中心作用的理性主体在网络空间已不复存在。"某人一旦进入互联网,就意味着他被消散于整个世界,而一旦他被消散于互联网的社会性空间,就无异于说他不可能继续葆有其中心性的、理性的、自主的和傍依着确定自我的主体性。"①互联网分散了主体,使他在时间和空间上脱离了地理的限制,从而悬置于客观性的种种不同位置之间,随着偶然境遇(the occasion)的不确定而相应地一再重建。在网络空间,主体始终是漂浮的,不像在现实生活中那样,具有可停泊的锚、固定的位置和透视点、明确的中心及清晰的边界,而是呈现出一种明显的去中心、平面化、复调化、分散化和多元化特征。人类面对网络,其关系就像波斯特所说的照镜子一样。网络的这种"镜映效果"(mirror effect),使得知识主体双重化,网络显得与人脑的能力以及人脑所能达到的境界相等,在有些情形中甚至还把人脑远远抛在了后面。这种情形显然不只主体的认知能力延伸那么简单,它其实重塑了知识主体,或者如波斯特所说,形塑了一个"后笛卡尔式的世界"。在这一世界中,"表征可能会由一个连续体(continum)组成,一端是简单的机器,另一端是人,而中间则是电脑、似人机器、机器人、机器维持的人"②。

　　鲍德里亚认为,我们今天已处在一个拟像时代,电脑、信息处理、媒体以及按照拟像符码而形成的社会组织,已经取代了现代社会中生产的地位,成为社会组织的基本原则。与现代社会是一个工业生产社会不同,后现代的拟像社会是一个由模型、符码和控制论所支配的信息与符号社会。符号本身拥有了自己的生命,并建构出一种由模型、符码及符号组成的新社会秩序。在这种拟像社会中,模型与符号构造着经验结

　　① M.波斯特、金惠敏:《无物之词:关于后结构主义与电子媒介通讯的访谈—对话》,《思想文综》第5辑,中国社会科学出版社2000年版,第272—273页。
　　② M.波斯特:《信息方式——后结构主义与社会语境》,范静哗译,商务印书馆2000年版,第151页。

构,并销蚀了拟像与真实之间的差别。拟像与真实之间的界限已经内爆,而且拟像变得比现实还要真实,它不再指称自身之外的任何现实,知识主—客体之间的界限也因此含混、模糊和消融。例如在网络书写活动中,主体与书写、书写主体与客体之间的界限发生内爆,书写成为一种波斯特所说的发生"在主客体边界上的"活动,一个发生在主客体边界上的临界事件(borderline event),其界限两边的主客体都失去了自身的完整性与稳定性。① 德里达认为,书写本身已经包含着反逻各斯中心的原则。不同的语言构型通过身体的在场/缺场所确定的语言情境,使书写文本的意义具有流动性和不确定性。"电脑书写瞬间即可传遍全球,它使自己置于一种非线性的时间中,这就动摇它与书写主体之间的关系……如果说痕迹、间隔和记号使逻各斯中心的主体失去了稳定性,那么关于电脑书写、音讯服务和电脑会议的文本的作用我们能说什么呢? 从一种情形走向另一种情形时,人们也就从对中心主体的本体论权威的挑战,转换到对身份的再构型,这种再构型的形式又对身体本身进行根本的质疑。电脑书写例示了解构主义提出的游戏,虽说这种游戏是一种根本的矫正药,但也只是为了矫正逻各斯中心主义的傲慢而已。"②互联网在新的语境下和非线性时间中消解了逻各斯中心主义和理性主体,改变了理性思维的逻辑结构。网络空间的虚拟性以及对主体稳定身份的颠覆,迫使我们对其知识状态作出新的合法化诠释。

二、网络空间知识—权力关系的转变

马克斯·韦伯认为,权力来源于三个相对独立的层面,即经济层面(阶级)、文化层面(声誉)与政治层面(权力)。这种观点把文化与权力联系了起来。在贝尔(D. Bell)的后工业社会理论中,知识、文化与权力的联系更是上升到了决定性的程度。根据贝尔的理论,"在未来的社会里,不论人们如何下定义,科学家、专业人员、技术人员和技术官员将会在社会

---

① 黄少华:《论网络书写行为的后现代特性》,《自然辩证法研究》2004 年第 2 期。

② M.波斯特:《信息方式——后结构主义与社会语境》,范静哗译,商务印书馆 2000 年版,第 172 页。

的政治生活中起到主导作用"①。而在网络化的今天,知识与权力的勾连更是达到了前所未有的程度。被互联网所强化的数字化权力,有可能成为福柯所说的话语权力。福柯把权力看成是一种生产性力量而非压迫性力量,在他看来,权力并非一种物质所有物,而是一种关系。与现代理论把知识看成是理性的和客观的(实证主义)或者看成解放性的(马克思主义)不同,福柯强调知识与权力的不可分割性。他的"权力—知识"概念,充分体现了后现代思想对理性叙事和以理性为基础的解放叙事的怀疑。他强调,我们应该抛弃只有在权力关系之外知识才能存在的想象,抛弃弃绝权力才能获得知识的信念。"我们应该承认,权力制造知识(而且,不仅仅是因为知识为权力服务,权力才鼓励知识,也不仅仅是因为知识有用,权力才使用知识);权力和知识是直接相互连带的;不相应地建构一种知识领域就不可能有权力关系,不同时预设和建构权力关系就不会有任何知识。因此,对这些'权力—知识关系'的分析不应该建立在'认识主体相对于权力体系是否自由'这一问题的基础上,相反,认识主体、认识对象和认识模态应该被视为权力—知识的这些基本连带关系及其历史变化的众多效应。总之,不是认识主体的活动产生某种有助于权力或反抗权力的知识体系,相反,权力—知识,贯穿权力—知识和构成权力—知识的发展变化和矛盾斗争,决定了知识的形式及其可能的领域。"②换言之,权力与知识之间存在着一种循环关系:一方面,知识来源于权力,被权力所驱使;另一方面,知识本身又是一个生产、规范、配置、操作权力的有序体系。按照这种理论视角,可以说,网络在极大地丰富知识和便利信息交流的同时,也强化了知识与权力的关联,改进了社会规训和控制的手段。

随着互联网的不断普及,现代社会的科层制权力结构将不可避免地发生改变。在网络空间,知识权力将无处不在,对知识权力的合法性争夺也将无处不在。韦伯揭示了现代社会的一个基本事实,即工业社会为了巩固理性的成果,把工具理性以科层制的形式固定下来,使其处于社会生活的中心。权威阶层利用科层制这一理性化结构,对大众进行全面

---

① 于海:《西方社会思想史》,复旦大学出版社1993年版,第504页。

② M. 福柯:《规训与惩罚》,刘北成、杨远婴译,生活·读书·新知三联书店1999年版,第29—30页。

的统治。互联网的出现,改变了权威阶层与大众之间的信息不对称格局。互联网的开放性、交互性、网络化、虚拟化等特点,使弱势群体掌握更多的信息与知识成为可能。随着弱势群体掌握信息和知识能力的增加,迟早会导致边缘权力的增长,这种增长最终将会削弱权威阶层"主流话语"的核心地位。同时,网络导致的信息方式的改变,推动着科层制金字塔形的管理形式逐渐向扁平型组织结构转变。换言之,在网络空间,由于弱势群体的成长,"主流话语"作为理性主体的中心权力有可能被"边缘话语"所解构,这样一来,作为整体机制的科层制也有可能在根基上被动摇。互联网在使权威阶层更方便实施数据监控与规训的同时,也给"边缘话语"的建构提供了一席之地,从而推动两种话语之间相互交错。"主流话语"不再能够一手遮天,权力结构越来越呈现出多元化和离散的取向。

网络空间知识—权力关系的另一个重要变化,体现在数据库的语言霸权上。数据库语言霸权带来的一个必然结果,便是所有的信息必须被编码、录入数据库才能真正转化为可接受性知识。"数据库的结构或语法创造了不同信息之间的诸种关系,这些关系在数据库之外的原有关系中并不存在。从这个意义上讲,数据库通过操纵不同信息单位之间的关系构建着个体。"[①]在网络空间,知识不再隶属于其生产者或者国家,而是为数据库的拥有者所占有并根据其价值进行出售。利奥塔在《后现代状态》一书中开篇就指出:"知识只有被转译为信息才能进入新的渠道,成为可操作的。因此我们可以预料,一切构成知识的东西,如果不能这样转译,就会遭到遗弃,新的研究方向将服从潜在成果而变为机器语言所需的可译性条件……信息学霸权带来某种必然的逻辑,由此生出一整体规定,它们涉及的是那些被人当作'知识'而接受的陈述。"[②]数据库中的知识,已不再是纯精神或文化的产品,它首先是供人们消费的商品。对于其生产者来说,知识只是为了出售而生产,或者说,"知识不是根据自身的构成价值或政治(行政、外交、军事)重要性得到传播,而是被投入与

---

① M. 波斯特:《信息方式——后结构主义与社会语境》,范静晔译,商务印书馆 2000 年版,第 131 页。

② J.-F. 利奥塔:《后现代状态:关于知识的报告》,车槿山译,生活·读书·新知三联书店 1997 年版,第 2 页。

货币相同的流通网络"①。数据库的拥有者作为中间商和包装者,买断知识半成品,然后将这种半成品编码、录入后作为最后的商品出售。对于消费者来说,将知识作为消费品就如同买车买房买食物一样,是为了满足恢复体力和脑力并进行再生产的需要。在网络时代,数据库所具有的强大力量,使其能够对任何人的日常活动和知识进行彻底的重构。数据库所引发的一个普遍的社会学问题是,数据库已深深地影响了整个社会的结构,使人们的社会关系与日常知识发生了深刻的改变,从而搅乱了由现代性所构建的社会秩序,以至于"国家政府与地区政府之间的关系,国家及地方政府与经济、教育、宗教、媒体及家族间的关系,以及所有这一切与个人间的关系,简言之,整个社会基础结构,必须重新校准,必须与信息方式的数据库保持同步"②。

互联网为人们提供了一种能广泛地接触信息的全新渠道,然而,按照知识沟假设,"随着大众传媒向社会传播的信息日益增多,社会经济状况较好的人将比社会经济状况较差的人以更快的速度获取这类信息。因此,这两类人之间的知识沟将呈扩大而非缩小之势"③。互联网是否会导致这种知识沟的扩大,是一个有争议的问题。但是,互联网的知识霸权的确在很大程度上决定了人们之间所可能具有的关系。知识沟假设的一种重要作用方式——文化程度高的人比文化程度低的人接受信息的速度更快,已在某种程度上体现在网络世界中。中国互联网络信息中心(CNNIC)的多次调查都表明,人们对互联网的介入程度与学历、收入呈正相关关系,而且具有较高学历和收入的人,对互联网的态度也更为积极和乐观。网络世界的开放性和多元性特征,也与知识沟假设的另一种重要作用方式——在多元的社区中,由于信源的多样性,因而知识沟有扩大的趋势颇为一致。可以说,网络使用的不平等正在日益强化数字富人与数字穷人之间的隔阂和断裂,从而造成"数字鸿沟"这一新的知识

---

① J.-F.利奥塔:《后现代状态:关于知识的报告》,车槿山译,生活·读书·新知三联书店1997年版,第5页。

② M.波斯特:《信息方式——后结构主义与社会语境》,范静哗译,商务印书馆2000年版,第99页。

③ W.J.赛佛林、J.W.坦卡德:《传播理论:起源、方法与应用》,郭镇之、孟颖等译,华夏出版社2000年版,第274页。

沟状态。"已经上网的人,浏览万维网并在互联网上进行日常生活和商业活动的人,有着极大的经济和社会优势……没有上网的人就有成为新的仆人阶层的危险。上网和未上网之间的鸿沟很宽并还在加宽。"①

总之,在网络情境下,知识在新的构型下获得了新的语境。互联网的崛起和普及作为一场科技加社会的革命,在本质上也是"一场知识革命。这场革命深刻地改变了知识生产和传播的政治学、社会学和文化学。知识革命引发的范式转移改变着我们的工作、娱乐和从事许多其他活动的方式"②。在网络时代,传统的理性不再是权威的象征,互联网正在日益成为新的知识权力的化身。

---

① 弗里曼·J.戴维森:《太阳、基因组与互联网》,覃方明译,生活·读书·新知三联书店 2000 年版,第78 页。

② 胡泳:《互联网是一场什么样的革命》,《读书》2000 年第 9 期。

网络空间的族群化[*]

　　网络空间的崛起,为族群凝聚和族群认同提供了一个全新的空间场域。我们借助空间理论视野,以中穆 BBS 社区为例,从社会互动和集体记忆两个维度,对网络空间中的穆斯林族群认同实践,进行了探索性的实证研究。①研究发现,中穆网友在 BBS 社区中借助帖子互动而展开的社会互动,建构了一个全新的以关系网络为内涵和特征的虚拟社区。通过这种帖子互动展开的社会互动,中穆网友在 BBS 社区建构了一种与民族—国家架构下的民族认同不同的、以穆斯林认同为核心的族群认同,形塑了以伊斯兰信仰为核心的族群边界。同时,在互动过程中建构的,以"乌玛"观念为意义框架的集体记忆,进一步孕育和强化了这种以穆斯林认同为核心的族群认同。中穆网友在网络空间中的这种族群认同实践,也同时改变和形塑了网络空间的地景地貌,赋予网络空间以新的社会意义。中穆网友在虚拟网络空间的文本书写行动,使中穆 BBS 社区日益呈现出明显的族群化特征。

　　为了进一步说明网络空间与穆斯林族群认同实践之间的这种双向建构关系,本文基于上述研究发现,尝试回答以下两个问题:第一,网络空间的崛起,为穆斯林族群认同的表达和形塑,创造了什么样的机会、可能与限制? 第二,穆斯林借助网络互动和集体记忆表达和形塑族群认同

---

* 原载《兰州大学学报》(社会科学版)2013 年第 1 期。

① 参见作者的《网络空间的族群认同:以中穆 BBS 虚拟社区的族群认同实践为例》,2008 年兰州大学学位论文。

的书写实践,对网络空间的社会面貌有什么影响?穆斯林网友是如何在族群认同实践中书写和形塑网络空间的社会面貌的?

一、空间呈现与空间实践

网络空间作为一种新的知识和象征秩序,为空间实践提供了一个新的框架。"中穆网"站长"小马阿哥"非常清醒地认识到了这一点。在他看来,"这是一个大时代,充满了机遇和挑战,城市哲麻提的变迁破坏了回坊,但网络哲麻提正在重新凝聚回坊,现在各地都有地区性的网站,如乌市的绿色纬度、西安的绿色中华、上海的心灵家园、北京的星月等。他们所做的事情都是重新凝聚各地的穆斯林青年,这是网络给穆斯林带来的极大便利,也是安拉的恩赐。""小马阿哥"强调自己创办"中穆网"的主要目的,是希望把中穆网建设成为一个穆斯林网友之间、穆斯林和非穆斯林网友之间的互动平台,建设成为凝聚族群认同的虚拟社区。中穆网创办者的这种空间想象,自然会影响中穆网对网络空间的意义定位和中穆网的空间实践,从而构成中穆网空间呈现的重要面向。然而,网络空间的开放性、去边界、去中心、二元交织等后现代特性,导致中穆网创办者对中穆网的空间想象和空间规划,并不能完全支配中穆 BBS 社区的空间呈现和空间实践。众多注册网民在 BBS 社区中的空间实践所形塑的,仍是一种多元、混杂、模糊、零乱、充满张力的空间景观。正是由于中穆 BBS 虚拟社区空间呈现的这种多元、混杂、模糊、零乱、充满张力的特征,导致 BBS 空间实践的多元化、碎片化和杂乱景象。

不过,不可否认的是,穆斯林网友在中穆 BBS 社区中开展的空间实践,的确拓展了穆斯林的族群认同空间。网络空间的崛起,意味着重建族群边界、重构族群集体记忆,甚至重塑族群认同的可能性。正如卡斯特(Manuel Castells)所说,网络空间为集体认同的建构和表达,提供了新的社会场景,各种集体认同力量,正在日益广泛地利用互联网这种新的、强大的全球媒介,来表达自己的集体认同,增强和凝聚集体的力量。"这些集体认同为了捍卫文化的特殊性,为了保证人们对自己的生活和环境加以控制,而对全球化和世界主义(cosmopolitanism)提出了挑战。它们的表达是多元的、高度分化的,因每一种文化的轮廓和每一种认同形成的历史根源不同而不同。"①

通过对中穆网友在中穆 BBS 社区中的族群认同实践的研究,我们发现,虚拟网络空间的崛起,为穆斯林族群认同的表达和建构,创造了全新的机会和可能:

首先,在城市现代化进程中,因为城市的迅速扩张,传统以清真寺为中心的城市"哲麻提",正面临变迁甚至遭到破坏的命运。② 而网络空间的崛起,为"网络哲麻提"这种新的族群凝聚模式的出现提供了可能。③ 互联网的崛起,使人们有机会超越物理地点的限制,结识更多与自己兴趣相投、爱好相似、信仰相同的人,网络为人们提供了与素不相识的人进行交往、互动和沟通的可能,这不仅大大拓展了人们的社会关系网络,④ 而且为新的想象共同体的建构提供了全新的机会。穆斯林网友在中穆 BBS 虚拟社区中展开的文本互动,建构了一种与现实生活中围绕清真寺建构的穆斯林社区不同的虚拟"网络社区(network community)"。在这种"虚拟哲麻提"中,社区成员之间的互动,也因此不再局限于熟人世界,陌生人之间的互动开始在社区生活中占据重要地位。穆斯林之间的社会关系,也因此开始由围绕清真寺建构的强社会关系,转变成为通过帖子之间的文本互动建构的弱社会关系。由此,在网络空间,族群也开始由一个"实体"概念,逐渐转变为"网络(network)"概念。这种转变,导致以信仰为纽带、跨越物理时间和空间限制的穆斯林族群认同被凸显出来,并成为一种与现代民族—国家架构下的民族认同有所不同的族群认同。在许多中穆 BBS 社区的参与者眼里,对伊斯兰教的信仰,是一种比民族认同更为基本和更为重要的族群认同。

其次,互联网的崛起,为人们在网络空间进行"由下而上的"族群书写提供了可能。在现代民族—国家架构下,多种社会权力共同参与着民族认同的书写。安德森认为,民族作为一种想象的共同体,是由宗教信

---

① M. 卡斯特:《认同的力量》,曹荣湘译,社会科学文献出版社 2006 年版,第 1—2 页。

② 杨文炯:《互动、调适与重构:西北城市回族社区及其文化变迁研究》,民族出版社 2007 年版;白友涛:《盘根草:城市现代化背景下的回族社区》,宁夏人民出版社 2005 年版。

③ 马强:《流动的精神社区:人类学视野下的广州穆斯林哲麻提研究》,中国社会科学出版社 2006 年版,第 192—208 页。

④ 黄少华、翟本瑞:《网络社会学:学科定位与议题》,中国社会科学出版社 2006 年版。

仰领土化、古典王朝家族衰微、时间观念改变、资本主义与印刷术的交互作用、国家方言的发展等因素建构而成的。胡云生通过对河南回族历史变迁的研究,认为三重权力共同建构着回族认同:"(1)回族在与非穆斯林民族特别是汉族的互动关系中,展现出的是与伊斯兰教有关联的回族内在结构方面的特征——不论是回族自己'自识'还是非穆斯林民族'他识'都是把这种特征看作是回族与非穆斯林民族的区别性标识;(2)通过展示自身性质和自身特点中那些已经被涵化了的汉文化属性,回族在民族互动中得以与其他穆斯林民族相区别;(3)国家政权不仅在回族的族际互动中而且在自身与回族互动中,利用民族认同以及资源配置的决定权,通过以汉文化为正统的国家文化扩张和对'回回'民族宗教政策的建构有意或无意地整合和强化了回族认同。"[1]有不少学者强调,在书写现代民族认同的各种权力中,尤以国家权力占有核心地位。例如杜磊强调,中国的回族认同,是 20 世纪 50 年代国家进行民族识别和民族划分的结果,回族是在与政府政策的互动过程中,被塑造成为一个民族的。[2] 菅志翔对西北地区穆斯林族群认知方式的实证调查也发现,现代民族—国家框架下的"民族"概念的引入,的确在一定程度上改变了中国社会传统的族群性机制。现代民族国家框架下的民族分类,开始成为影响现代穆斯林族群认同的一个重要因素。在民族认同的影响下,已经有不少回族穆斯林,尤其是年轻的回族穆斯林,开始从较大范围的穆斯林认同,转向范围相对较小的回族认同;或者在不同的社会情景中,分别强调穆斯林认同或者回族认同这两种不同的族群认同和区分方式。[3] 网络空间对于族群认同书写的重要意义,在于为穆斯林网友提供了一种超越民族—国家架构下的民族认同,"由下而上"书写以穆斯林认同为核心的族群认同的可能。今天,包括回族穆斯林在内的越来越多的族群,正在利用网络

---

[1]　胡云生:《传承与认同:河南回族历史变迁研究》,宁夏人民出版社 2007 年版,第 270 页。

[2]　D. C. Gladney. Muslim Chinese:Ethnic Nationalism in the People's Republic. Harvard University Asia Center，1996.

[3]　菅志翔:《族群归属的自我认同与社会定义》,民族出版社 2006 年版。

书写和凝聚自己的族群认同,卡斯特将这种情形称为"流动空间的草根化"①。在这种草根化的流动空间中,所有成员只要注册成为网民,就可以参与发言,从民间的、地方性的和边缘性的视野叙述族群历史,表达族群认同,从事"由下而上"的族群书写和族群叙事。这种"由下而上"的族群书写和族群叙事实践,具有与民族—国家架构下"由上而下"的族群书写和族群叙事实践不同的书写和叙事逻辑。从中穆 BBS 虚拟社区的族群书写和族群叙事实践来看,与民族—国家在民族问题上具有确定性、封闭性和线性特征的宏观书写和总体性叙事不同,对族群认同的民间性的、地方性的和边缘性的叙事,呈现出来的是一种多元、复杂、零散和拼贴面貌。

再次,网络空间为族群边界的重新建构,提供了新的可能。人类学家认为,族群边界的建构,对于族群认同凝聚有着特别重要的意义。在现实社会生活中,人们是在具体的时空场域中,依据具体的时空条件建构族群认同,确立族群认同的时空边界的。然而,网络空间的一个重要特点,正是打破了具体时空场域的时空边界,网络空间呈现出来的,是一种二元交织、去中心、去边界、时空拼贴,以及真实与虚拟交织,伸延与压缩并存的结构特征,这种时空结构,已经在一定程度上导致了现实社会生活中十分重要的公共空间与私人空间、真实空间与虚拟空间之间的社会边界的模糊甚至消解,导致了网络空间呈现出一种公共空间与私人空间、真实空间与虚拟空间二元交织的空间特征。② 网络空间的这种时空结构转变,为族群边界的重新划分和建构,提供了新的机会与可能。在中穆 BBS 社区中,"汉语穆斯林"概念的提出,以及围绕这一概念对穆斯林族群认同边界的重新界定,就是这种机会与可能的具体体现。我们发现,在中穆 BBS 社区,伊斯兰信仰已经在相当程度上取代了民族—国家架构下的族群边界,而成为最主要的族群符号边界。这导致穆斯林社区在围绕清真寺建构的地域性社区这种形式之外,又增添了跨地域、围绕伊斯兰信仰建构的虚拟信仰社区这种全新的社区形式。

---

① M.卡斯特:《21 世纪的都市社会学》,《帝国、都市与现代性》,江苏人民出版社 2006 年版,第 253 页。

② 黄少华:《网络空间的社会行为:青少年网络行为研究》,人民出版社 2008 年版,第 359 页。

最后,网络空间中的族群认同实践,呈现出了新的族群认同建构机制,即通过文本互动和集体记忆建构族群认同。社会学家认为,人们所处的社会空间,以及他们赋予空间的意义,会对其社会认同产生重要的影响。例如西美尔强调,如果围绕某个静止的建筑物,形成了一组特定的社会关系,那么,这个建筑物将在人们的互动中充当至关重要的、具有社会意义的枢纽。① 在现实穆斯林地域社区中,清真寺就是构成社区中心的静止建筑物,围绕清真寺而展开的社会互动,不仅赋予了清真寺独特的空间意义,而且在客观上强化了穆斯林之间的社会互动,是凝聚穆斯林族群认同的纽带。然而,在中穆 BBS 虚拟社区中,却缺乏类似清真寺这样的社区建筑中心。不过,网络空间的崛起,在导致物理"地点"与社会"地点"分离的同时,也让人们的社会互动能够超越物理地点的限制,不依赖于身体的共同在场而展开。在虚拟社区中,空间距离不再成为社会互动的阻碍,这在客观上为人们提供了更广泛地与他人进行接触的机会,使人们能够跨越时间和空间的限制与他人进行互动。这种广泛的社会互动,对于凝聚和强化族群认同,有着重要的意义。在网络空间,由于身体不在场,造成了社会交往的匿名性,由此导致在建构跨越时空的虚拟社区时,想象社区成员有着共同的认同,想象整个社区"承载着彼此心灵意义上的共同兴趣和意义交流,想象彼此情感的慰藉与依赖"②,就成了形塑虚拟社区族群认同的关键因素。同时,网络空间的崛起,也为集体记忆的表达甚至重建,提供了一个理想的场域。哈布瓦赫认为,集体记忆的建构,需要依赖一定的时间与空间场域,"每一种集体记忆,都需要一个具有时空界域的团体来做支撑"③。与现实社会不同,在虚实交织的网络空间,并不存在这样一个具有时空界域的团体。但是,社区内部成员之间建立在文本互动基础之上的跨地域互动,仍可以维系他们的集体记忆,并以此为基础,建构与凝聚族群认同。在中穆 BBS 虚拟社区,社区成员正是通过对集体记忆的选择、筛选和重组,缅怀与追思族群的共同起源,族群的共同荣耀和苦难历史,据此确立"我族"与"他族"的界限,想象地建构并不断强化自身的族群认同。

———————————

① 赵鼎新:《社会与政治运动讲义》,社会科学文献出版社 2006 年版,第 248 页。
② 王雯君:《从网际网路看客家社群的想象建构》,《资讯社会研究》2005 年第 9 期。
③ M. 哈布瓦赫:《论集体记忆》,毕然等译,上海人民出版社 2003 年版,第 84 页。

　　总之,网络空间作为由共识、想象或兴趣凝聚而成的全新社会空间,正在逐渐消除或重建现实生活中的各种社会边界,从而为人们表达甚至重塑自我认同与社会认同,提供了一个比现实社会更加广阔、更加开放、更加自由的平台和场域。而且网络空间作为一个由共识或兴趣形塑的想象社会空间,更加凸显了互动、想象和集体记忆在族群认同建构和凝聚中的作用。正是借助网络空间中的文本互动,以及叙述、集体回忆和想象,人们之间的社区情感才得以建构,虚拟社区才得以凝聚,族群认同才得以延续。然而,尽管网络空间为族群认同建构和表达带来了许多新的可能与机会,但是网络空间的空间特性,也同时给族群认同的表达和建构,造成了一定的限制。例如,按照哈布瓦赫的理解,每一种集体记忆,都需要一个具有时空边界的团体来支撑,但是网络空间的即时性和跨地域特征所形塑的,却是一个流动空间,这种流动空间,有可能造成社会互动的偶然性和不确定,以及集体记忆的紊乱和碎片化,从而导致族群认同的流动性和不确定性。又如,网络空间的超文本特性,使网民在帖子互动过程中,不需要阅读全部帖子或相关帖子全文,就能回帖,这容易导致断章取义地引用和理解对方的文字。同时,在帖子互动过程中,由于人们关注的重点和内容不尽相同,因此容易导致讨论焦点的零散和混乱,有时甚至节外生枝。网络互动的这些特点,都会造成叙事的线性逻辑的断裂,形成一种拼贴、跳跃、断裂、碎片化的集体记忆叙事逻辑,甚至使集体记忆叙事演变成为一场争执,这无疑不利于一个稳定的、共享的集体记忆框架,以及以此为基础的稳定的、共享的族群记忆和族群认同的建构。再如,网络空间的匿名和身体不在场特点,还常常导致具有不同信仰和价值观的群体之间的激烈争论,而在网络空间,这种争论的结果,往往不是导致共识的建构,而是导致不同群体已有的信仰、观点和价值趋向的进一步强化,从而引发"群体极化(group polarization)"现象的出现。这种群体极化现象,不仅体现在持不同观点的网友之间的激烈争论甚至相互攻击,而且还体现在相同观点形成共鸣,相互激励,从而推动相互对立的观点进一步走向极端。也就是说,在网络空间中,很多争论的结果常常不是达成共识,反而是不同观点之间的分歧和对立更加明显和强烈。这种群体极化现象,使虚拟社区中的族群认同,呈现出明显的流动性、多元化和碎片化特征。

二、网络空间的族群化

通过对中穆 BBS 社区族群认同实践的研究,我们发现,以"乌玛"精神为核心的伊斯兰信仰,构成了中穆 BBS 社区族群认同凝聚和集体记忆建构的价值基础和意义框架。正是在这种意义框架下,一种基于回族穆斯林民间传统,不同于民族—国家架构下的民族认同的穆斯林认同,正在中穆 BBS 社区中凸显出来。与此同时,中穆网友在 BBS 社区中的社会互动,也逐渐建构了以伊斯兰信仰为核心的穆斯林与非穆斯林之间的信仰边界(族群边界)。而对族群起源、族群光荣历史、族群苦难和危机,以及族群日常生活情感的集体记忆,使以"乌玛"信仰为核心的穆斯林族群认同,在 BBS 虚拟社区中获得了持续不断的凝聚和强化。

强调空间作为一种实践性权力或规训权力对行为主体及其社会实践的生成意义,只是空间理论视野的一个侧面。空间理论视野同时强调,空间不是僵固不动的,空间本身是通过行为主体的身体实践、符号表演、话语论述等而被生产出来的,并且会随着身体实践、符号表演和话语论述的转变而发生转换。在日常社会生活中,人们常常通过在具体的社会空间中展开的各种身体实践,以及日常生活叙事、分类系统和隐喻等,来营造一种空间想象,以此颠覆已有的空间秩序和空间安排,建立新的空间界限和空间表征,从而赋予空间新的意义。同样,在一定社会空间中展开的族群认同实践,也会重新形塑具体社会空间的文化意义,使空间的抽象模糊性通过族群认同实践而得以大幅缩减,从而导致社会空间的族群化和地方化。克朗(Mike Crang)认为,在地缘政治中,不同的民族以与自己的文化相一致的实践活动,塑造着相应的地理景观,从而实现空间的民族化。在克朗看来,这种空间民族化的实现,可以通过建设纪念性的地理景观,或者通过重写历史来实现。[①] 中穆网友在中穆 BBS 社区中的族群认同实践,则通过文本互动和集体记忆,建构了一个新的意义空间,我们可以把这一过程称为网络空间的族群化,其结果是形塑一个新的意义空间,即族群化网络空间。

---

① 　M. 克朗:《文化地理学》,杨淑华等译,南京大学出版社 2005 年版,第 34—35 页。

所谓网络空间的族群化,是指通过族群的主体性实践活动,在网络空间打上族群的时空制度、意义建构、认同印记、历史记忆、精神寄托等族群烙印的过程。这种网络空间的族群化,按照克朗的理解,可以视为族群社会空间边界建构的过程,即确定"谁被包括在内?而谁又将被排除在外?"的过程。具体到中穆 BBS 社区,我们可以把网络空间族群化的实质,概括为网络空间的穆斯林化。

中穆 BBS 虚拟空间的族群化,首先体现在,中穆网友的空间想象和空间实践,形塑和创造着 BBS 虚拟空间的时空制度。在现实社会生活中,社会时空制度包括节日、祭祀、仪式、规范等,而在 BBS 社区,时空制度主要体现在社区规则的形成和变迁上。在虚拟 BBS 族群社区中,建构社区规则的意义,就是确定网络空间中的族群边界,重建族群的历史记忆,强化族群成员之间的社会互动,从而凝聚族群认同。例如,中穆网站长"小马阿哥"在谈论中穆 BBS 社区的争论规则时,强调穆斯林与非穆斯林之间的一个重要社会边界,就是穆斯林网民有着伊斯兰信仰作为底线。他强调,这种信仰底线,构成和保证了穆斯林网民在 BBS 社区争论中的道德水准。中穆网制订的中穆 BBS 社区言论规则,例如"严禁诋毁、攻击伊斯兰",以及删帖标准,例如"诽谤或诋毁伊斯兰""丑化攻击教派"等,也是基于对这种信仰底线的强调。显然,这样的规则所努力塑造的,是一个和谐的虚拟伊斯兰世界,而伊斯兰信仰则构成了维护这一族群空间和族群认同的社会边界。由此,网络空间成为了一个表达和实践伊斯兰信仰的行为空间。

其次,中穆 BBS 虚拟空间的族群化,也体现在以"乌玛"精神为基础的意义世界建构对虚拟空间社会面貌的影响上。综观中穆网友在 BBS 虚拟社区中的族群认同实践,不难发现,其最为重要的目标,是在虚拟空间建构"虚拟哲麻提"这样一个新的意义世界,这是一个不同于民族—国家叙事架构下以民族认同为核心的世界,是一个以民间话语和"乌玛"观念为基础、以穆斯林认同为核心的族群世界。中穆网友在 BBS 社区中的族群认同实践,在相当程度上可以视为这样一个建构以穆斯林认同为核心的确定、有序、和谐的意义世界的过程。这一意义世界的价值,在于对抗不确定、无序、失控的全球化秩序,对抗结构断裂、规则不可预期的现实社会生活。对于中穆网友来说,这样的意义世界,不仅构成了虚拟网络空间中的族群边界,而且体现了中穆网友对网络空间的人文建构和精神寄托。由此,网络空间便不只是一个信息空间或休闲娱乐空间,而且是一个弥漫着社会关系的空间,"它不仅被社会关系支持,也生产社会关系和被社会关系所生产"①。

　　再次,网络空间的族群化,还体现在与全球性相对抗的地方性认同建构对 BBS 虚拟空间社会面貌的影响上。卡斯特认为,人们经常在日常生活的空间实践中,对生活环境中具有文化特殊性的意义作出回应。在这种回应中,人们可能不加批判地接受镶嵌于文化景观中的观念和社会关系,也可能有意识地抵抗和颠覆对文化景观的支配性解读,从而创造新的空间呈现和表征,展现一个异质的、动态的和空间的地方化历史。这种地方化历史,构成了地方性集体认同的基础。"通过集体行动建构起来的、通过集体记忆保存下来的地方共同体,是认同的一种特殊来源"。卡斯特强调,在全球化、信息化和网络化时代,存在着两种空间逻辑,即流动空间和地方空间。"网络社会最独特的地方,就在于大多数支配过程,以及权力、财富和信息的集中过程,都是在流动的空间里组织起来的。然而,大部分人类经验和意义仍然是以本地为基础。"②与全球化力量相抗衡的族群认同,正是以地方性的经验和意义为基础建构和形塑的。"这些认同在大多数情况下都是防卫性的反应,为的是反抗全球无序和全球失控的无奈,反抗节奏太快的变化……以宗教、民族和地域为基础的文化共同体似乎为我们社会的意义建构提供了另一条最重要的途径。"③"抗拒性的共同体保护着它们的空间、它们的场所,反抗着作为信息时代社会统治特征的流动空间(space of flows)的场所逻辑。它们要求拥有自己的历史记忆,要求维护其价值观的永恒性,反对历史消解于无时间的时间里,反对在现实虚拟的文化中醉生梦死。它们把信息技术用于人们的水平沟通和共同体的祷告活动,而同时又拒绝新的技术崇拜,反对自动调整的计算机网络所具有的解构逻辑,从而捍卫先验的价

---

　　① H.列斐伏尔:《空间:社会产物与使用价值》,《现代性与空间的生产》,上海教育出版社 2003 年版。

　　② M.卡斯特:《认同的力量》,曹荣湘译,社会科学文献出版社 2006 年版,第 69—70 页。

　　③ M.卡斯特:《认同的力量》,曹荣湘译,社会科学文献出版社 2006 年版,第 185 页。

值观体系。"①这种立足于地方性经验和意义的集体认同,也是书写和形塑网络空间面貌,导致网络空间族群化的重要因素。中穆网友在 BBS 虚拟社区中的族群认同实践,建构的正是这样一种基于地方经验和意义,以抗拒全球化逻辑侵蚀和蚕食的集体认同。

总之,一方面,网络空间的崛起,为中穆网友展开"由下而上"的族群认同表达和书写实践,提供了一个全新的社会场景;另一方面,中穆网友在 BBS 社区中展开的"由下而上"的族群认同书写实践,形塑和建构了一种与民族—国家架构下的民族认同有所不同,以"乌玛"观念为基础和核心的穆斯林认同。正是这种族群认同书写实践,一定程度上颠覆了受全球化逻辑支配的流动空间秩序,重新表征和界定了流动空间影响下的地方空间边界。而空间理论视野,为我们捕捉和把握中穆 BBS 社区所呈现的这种空间结构与空间实践的双重建构逻辑,提供了一种恰当的理论视角和分析架构。

---

① M.卡斯特:《认同的力量》,曹荣湘译,社会科学文献出版社 2006 年版,第 415 页。

网络行为研究现状：一个文献综述[*]

  国内外学界对互联网的社会科学研究，涉及社会学、传播学、心理学、人类学、民族学、政治学、经济学、管理学、文化研究等诸多学科。由于这些学科大都是在回应现代性社会转型过程中形成和发展起来的，是对现代性进行理性反思的知识形态，因此其理论视角、研究主题、问题意识和概念架构虽有所不同，但也多有交叉和重叠；加上互联网在技术上囊括了以往所有媒介的特点，或者说，互联网概念的关键在于，它不是为某一种需求设计的，而是一种可以接受任何新的需求的总的基础结构。^①因此，不同的社会科学学科目前对网络社会与网络文化的研究，虽然在研究路向和侧重点上有所不同，但更多体现出来的特点是各学科相互交叉重叠甚至整合。而对网络空间的社会行为的探讨，在各门社会科学有关网络社会与网络文化诸议题的研究中，更是重点和热点之一。

  目前，社会科学对网络行为的研究，主要集中在作为行为场域的网络空间的社会特性，网络行为的结构、特征、类型及影响因素，互联网的行为后果等议题。

一、网络空间的社会特性

  网络空间指的是由组成互联网的全球电脑网络形成的互动空间，包

---

* 原载《兰州大学学报》（社会科学版）2007年第2期。
① B. Leiner, et al. A Brief History of Internet. http://www.isoc.org/internet/history/leiner♯leiner,1998.

括即时通信(如 ICQ、QQ、MSN)、BBS、聊天室、电子邮件、新闻组、讨论列表、MUDs、万维网等可以展开实时或延时社会行为的场域。网络空间的形成,为那些身处不同地理空间的人们,提供了一个便利交流的平台。通过使用像电子邮件、聊天室、BBS 和 QQ、MSN 等互动媒介,人们公开或私下讨论大量有关游戏、娱乐、交往、学习甚至工作的话题。而且更为重要的是,网络不仅仅是一个信息交流媒介,而且也是一个社会互动媒介,在网络空间,人们可以持续地展开一对一、一对多以及多对多的社会互动。或者说,在今天,网络空间已不再只是传递信息的媒介,而且是一个实时、多媒体、双向互动的社会行为与社会生活场域,人们能够在其中进行社会互动,而不只是交流信息。这意味着,网络不是外在于我们的媒介,而是把我们吸纳进去的空间。这正是网络空间崛起所具有的最重要的社会意义。作为一个全新的社会行为场域,网络空间是由共识或共同兴趣形塑的想象的社会互动场域,在网络空间,"距离""身体""内外"等概念被赋予了全新的含义。例如,网络空间改变了现实社会行为中物理场所的重要性,使得物理地方与社会地方相脱钩,物理地方不再是构成社会地方的前提。[①] 由此,网络形塑了一个全新的行为场域,并因此而导致了各种全新社会行为的产生。对这一随互联网崛起而形塑和开辟的全新社会行为场域的技术与社会特性,不同学科的学者已展开了各式各样的理论思考与实证研究。例如卡斯特提出流动空间与无时间之时间的概念,以与地方空间与钟表时间相对照,借此阐明网络技术为社会时间—空间的转型奠定了基础。卡斯特认为,因网络技术出现而形塑的网络空间,是环绕着流动而建构起来的,因此可以称之为流动空间,与它相对的是具有历史根源,且人们共同经验的空间组织,即地方空间(space of places)。流动空间的出现,表现出与以地方空间为基础的社会文化之间的脱落(disarticulation)。在卡斯特看来,流动空间由三个层次的物质支持构成:第一层次由电子脉冲回路所构成,它促成了一种无场所的非地域化社会,在流动空间中,没有任何地方是自在自存的,因为位置是由流动交换界定的;第二层次是由节点和枢纽所构成的网络,它连接了具

---

① J.梅罗维茨:《消失的地域:电子媒介对社会行为的影响》,肖志军译,清华大学出版社 2002 年版。

有特定社会、文化、物质、功能、特征的具体场所,节点的区位将地域性与整个网络连接起来,以整合进一个以信息流动为基础的全球性网络之中;第三层次指由占主导地位的管理精英所发动、构想、决定和执行的空间组织,它促成了一种非对称、不均衡的组织化社会。① 吉登斯(Anthony Giddens)则强调,理解互联网对日常社会生活影响的关键,是分析互联网对社会时间—空间伸延和分离的影响。互联网模糊了全球性与地方性之间的界限,为社会沟通和互动提供了新的途径,从而导致空间与地理场所相分离。由于通信、电话、互联网等科技和社会组织方式的推动,人类的生活方式发生了巨大的变迁,在场的东西的作用正越来越被在时—空意义上缺场的东西所取代。换言之,时间与空间的无限伸延,导致社会生活被不断重组,使人们越来越多的日常活动和工作可以在网上完成。② 不过,与吉登斯强调互联网的时—空伸延面向不同,像鲍曼③和哈维④这些学者在概括互联网的社会影响时,更强调的是时—空压缩(time-space compression)面向,鲍曼甚至强调,"'时—空压缩'这一术语概括了目前正在进行的人类状况参数的多层面改变"。而黄厚铭等学者则深入探讨了互联网既隔离又联结的媒介特性,及其对公私领域划分的复杂影响,认为网络在导致公私领域交错、重组的过程中,恢复和重构了部分私密空间的表现。⑤ 黄少华则全面分析了网络空间真实与虚拟、身体与心灵、全球与地方、个人空间与公共空间、前台行为与后台行为等一系列二元交织的空间特性。⑥

在对网络空间的空间特质进行理论分析和概括的同时,更多的社会科学研究对网络空间的技术和社会特性进行了具体的梳理,不仅从总体上揭示了网络空间的去中心、互动性(民主、草根与多元)、匿名(边缘与多重认同)、快速复制与传递(虚拟与去空间)、冷媒介、虚拟多重空间、内

---

① M. 卡斯特:《网络社会的崛起》,夏铸九等译,社会科学文献出版社 2003 年版。

② A. 吉登斯:《现代性与自我认同:现代晚期的自我与社会》,赵旭东等译,生活·读书·新知三联书店 1998 年版。

③ G. 鲍曼:《全球化:人类的后果》,郭国良、徐建华译,商务印书馆 2001 年版。

④ D. Harvey. The Condition of Postmodernity:An Enquiry into the Origins of Cultural Change. Oxford:Blackwell Publishers Ltd. , 1990.

⑤ 黄厚铭:《虚拟社区中的身份认同与信任》,2001 年台湾大学学位论文。

⑥ 黄少华:《论网络空间的社会特性》,《数字化与人文精神》,上海三联书店 2003 年版。

爆、有限感官体验、时—空伸延与压缩等基本特征，[①]而且对各种具体网络空间如虚拟社区、BBS、聊天室、网吧等的场域特性，进行了梳理和分析。例如，关于 BBS 的空间特性，有人将其归纳为文字界面、即时性、累积性、匿名性、去情境化和丰富性，并且强调这些新的空间特性，会导致有创意、无顾忌、言语攻击行为的产生。[②] 又如，有学者认为，MUD 是一个由玩家打造而成的想象世界，结合了人际交往的两大功能：互动性与自我再现，[③]具有多元沟通（玩家可以即时地与一人或多人互动）、角色扮演（玩家可以扮演自己想要成为的角色，甚至同时扮演多个角色、多种性别、多种人格）、抑制解除（匿名造就的安全感，使玩家产生不需负担行动后果的感觉，真实生活里不敢做的或是不能做的，在 MUD 中都可以尝试，如果不想承担责任或义务，可以选择逃避）、丰富隐喻（MUD 是一个文字塑造的场景，具有丰富的隐喻，这种由文字构筑的虚拟世界面貌，只有玩家才能体会）、想象空间（MUD 的文字界面，需要玩家借助自己的想象填补文字情境中所缺乏的社会指标，玩家依赖想象进行交流互动，拥有很大的心理空间）、虚拟社会（MUD 是一个与现实社会不尽相同的社会情境）等特点。[④] 再如，有学者将对网络空间特性的分析，进一步扩展到了网吧空间，认为网吧作为一个网络世界与现实世界彼此互动的特殊场所，现实生活与虚拟生活在其中常常彼此渗透并相互指涉。换言之，网吧是一个真实与虚拟同时存在并相互交织的双重空间，在这样的双重空间中，幻想、真实与虚拟之间界限模糊甚至相互交织，使用者也借此展开多元的社会生活，并获得特殊的行为感受。正因为如此，所以网吧往

①　郑陆霖、林鹤玲：《社运在网际网路上的展现：台湾社会运动网站的联网分析》，《台湾社会学》2001 年第 2 期；蔡珮：《复合媒介的成瘾现象探讨》，《资讯社会研究》2005 年第 8 期。

②　S. Kiesler & L. Sproull. Group Decision Making and Communication Technology. Organizational Behavior and Human Decision Processes，1992(52)；B. Danet. Text as Mask：Gender，Play，and Performance on the Internet. In：S. G. Jones（eds.）. Cybersociety 2.0：Revisiting Computer-mediated Communication and Community. London：Sage，1998.

③　吴筱玫：《解析 MUD 之空间与时间文化》，《新闻学研究》2003 年第 76 期。

④　S. 特克：《虚拟化身：网路世代的身份认同》，谭天、吴佳真译，远流出版事业股份有限公司 1998 年版；吴筱玫：《解析 MUD 之空间与时间文化》，《新闻学研究》2003 年第 76 期；M. Benedikt. Cyberspace：Some Proposals，Cyberspace：First Steps. Cambridge MA：The MIT Press，1994；E. Reid. Electropolis：Communication and Community on Internet Relay Chat Honours Dissertation. Melbourne：University of Melbourne，1991.

往对青少年有着特别的吸引力。作为目前青少年重要的上网场所,网吧已经远不只是一个物理地点,而是一个能快速通向虚拟世界的社会行为场域。对于许多沉迷网吧的青少年来说,网吧指向的,是一个颠覆、解放的世界,是一个能让他们逃避现实世界,重新塑造自我的空间场所。真实和虚拟在其中相互渗透、相互指涉、相互交织,想象、真实与虚构相互聚合成为一个虚实交织的世界。同时,网吧还导致了原本属于个人的网络使用行为,具有了社会意义的面向,其中最为重要的面向,是为青少年次文化认同与形塑提供了一个重要的渠道,让青少年能在网吧这一虚实交织的环境中交换资源、实现互动,并由此形塑同辈群体间的社会认同。①

二、网络行为研究

迄今为止,社会科学对网络行为的研究,大致从两个方面展开:一是对网民的网络使用行为,包括网络使用方式、时间、频率、地点等进行实证调查与定量研究;二是对网民在网络空间的行为模式、行为类型与行为逻辑进行实证调查与理论分析。

(一)网民的网络使用行为

对于网民的网络使用行为,国内外已经进行了大量的实证调查,这些调查一般都将重点放在网民的网络使用习惯、倾向、网龄、上网频率、上网时间、上网动机等问题上。例如"美国在线"与 Roper Starch 调查公司合作从 1998 年起通过电话调查对美国网络用户的追踪调查,就将重点放在了解人们的网络使用行为以及网络使用对日常生活的影响上。1999 年,他们还专门针对 9～17 岁青少年的网络使用行为进行调查。结果发现,青少年的上网频率,会随着年龄的增长而增加,9～11 岁的孩子每周上网的时间为 2.8 天,而 15～17 岁的孩子则为 4.5 天;交流是青少年最喜欢的网上活动,有 59% 的人通过网络给朋友写信,52% 的人使用

---

① 简欣瑜:《网路咖啡厅的虚拟世界探讨》,2004 年台湾中原大学学位论文;黄少华、翟本瑞:《网络社会学:学科定位与议题》,中国社会科学出版社 2006 年版。

即时聊天;而在 9～11 岁的孩子中,网络游戏最受欢迎;有 63% 的人更愿意上网而不是看电视,有 55% 的人更愿意通过网络而不是电话交谈,76% 的人通过网络下载音乐,70% 的人通过网络与朋友举行视频会议,还有 63% 的人在网上看卡通或录像。对于网络的作用,有 44% 的青少年说网络增加了他们对事物的兴趣,39% 的人说网络增进了朋友间的友谊,39% 的人说网络提高了写作和语言水平,33% 的人说网络帮助他们在学校表现得更好。[①] 由美国加州大学洛杉矶分校(UCLA)发起并于 2000 年启动的世界互联网项目(World Internet Project),则尝试通过对不同国家和地区网民的网络使用状况进行问卷调查,对互联网的社会影响进行评估。目前已有美国、英国、法国、德国、意大利、瑞典、中国、新加坡、日本和韩国等 20 多个国家以及我国台湾、香港、澳门地区参与了该项目。从 2000 年开始,UCLA 已经连续 6 年发布了美国互联网调查报告,并从 2004 年开始发布各国(地区)比较研究的数据。在国内,中国互联网络信息中心从 1997 年开始,每年发表 2 次统计报告,迄今已发表 17 次统计报告。报告对我国互联网的宏观状况(包括网民人数、上网电脑数、域名数、网站数、国际出口带宽等)、网民的人口特征(包括网民性别、年龄、文化程度、职业、个人收入)、网络行为意识(包括上网地点、上网时间、经常使用的网络服务/功能、对互联网的满意度、使用即时通信、网络购物、网络游戏等)进行定期报告。除此以外,中国社会科学院社会发展研究中心进行的作为"世界互联网项目"组成部分的"中国互联网项目",对中国城市网民的互联网使用状况及社会影响进行了连续多年的调查,并通过与国际调查数据的比较,了解中国网民的人口分布和网络使用状况。[②] 鉴于在中国互联网用户中,青少年占有相当大的比例,因此该项目还专门针对青少年网民的特征,青少年网民的网络使用行为,以及网络使用对其学习、休闲、人际互动的影响等进行了调查。其中的《2003 年北京、上海、广州、成都、长沙、西宁、呼和浩特青少年互联网采用、使用及其影响的调查报告》显示:七城市青少年的平均上网比例为 63.3%,其中上网

---

① 彭兰:《数字化用户画像》,http://cjr. zjol. com. cn/gb/node2/node26108/node30205/node195058/userobject15ai 2180687. html。

② 郭良、卜卫:《中国 12 城市互联网使用状况及影响调查报告》,中国社会科学院社会发展研究中心,2003 年。

地点以在家上网的青少年比例最高,为 78.6%,其次是亲戚朋友家,为 67.2%,以下依次为学校、父母或他人办公室以及网吧等公共休闲设施。42.3% 的青少年用户认为,使用互联网对学习"几乎没有影响",认为有"好影响"和"不好的影响"的几乎各占一半。青少年使用互联网的主要目的依次为,满足交流的需要 65%,满足学校学习功课的需要 50%,满足有人做伴的需要 45%,满足摆脱孤独的需要 41%,满足娱乐的需要 40%。① 值得强调的是,目前已有越来越多的调查开始结合网络进行,甚至完全借助于网络展开,例如中国互联网络信息中心对我国网民网络使用行为的调查,采用了电脑网上自动搜寻、网络连线、电话抽样、相关单位上报数据等调查方法。而 Graphics,Visualization,and Usability Center(GVU)关于信息消费行为的调查,②则完全是运用网络调查完成的。

除了对网络使用行为和使用目的进行一般性调查研究之外,人们还对某些特殊群体、边缘群体、弱势人群、少数族群的网络使用行为和使用状况进行了实证调查。③

(二)网络行为的实质、特征、类型与影响因素

迄今为止,学界对网络社会行为实质与特征的分析,主要侧重于理论上的梳理与分析。在研究视角上,基本上延续了社会学的两种传统视角,或者将解释的焦点放在个人行为对社会结构的建构上,或者将解释的焦点放在社会结构对个人行为的制约上。不过这两种视角有一个共同的出发点,就是强调网络行为与人们在日常社会生活中的行为之间的区别,并且从这种区别入手分析网络行为的实质和特征。④ 例如冯鹏志基于帕森斯的行为理论,认为网络行为与一般的社会行为之间在"规范

---

① 卜卫、刘晓红:《2003 年北京、上海、广州、成都、长沙、西宁、呼和浩特青少年互联网采用、使用及其影响的调查报告》,中国社会科学院新闻与传播研究所,2003 年。

② J. E. Pitkow & C. M. Kehoe. Federal Trade Commission Public Workshop on Consumer Information Privacy. http://www-static. cc. gatech. edu/gvu/user_surveys/papers/1997-05-ftc-privacy-supplement. pdf.

③ D. 冈特利特:《网络研究:数字化时代媒介研究的重新定向》,彭兰等译,新华出版社 2004 年版;L. Haddon. Social Exclusion and Information and Communication Technologies. New Media & Society, 2000(4).

④ 李一:《网络行为失范》,社会科学文献出版社 2007 年版。

取向""条件""手段"三要素上都存在着明显的差别,具体体现在网络行为的"非功能的制度化和强制性""超越地域性和不可通约性"及"在表现形式上具有可塑性"。① 而魏晨则通过对网络角色的分析,认为网络角色隐匿了人们在现实世界中的符号共享意义系统,由此导致在网络空间社会规则和社会结构的隐匿,从而使得社会结构对个人行为的制约在网络空间被彻底消解,网络行为因此成为一种不受现实社会规则和结构制约的虚拟行为,人们在行为中更重视的是虚拟自我(virtual self)的情感宣泄,这种行为呈现出显明的"价值合理性"意义。②

对于网络行为的特征,学界也进行了具体的描述与分析。屠忠俊、吴廷俊认为,网络行为具有个性化(体现在行为选择多样化、行为制约减弱、行为评价个性化三个方面)、自由性、虚拟性、快速性、匿名性、技术依赖性等特征。③ 冯鹏志在对网络行为结构进行分析的基础上,认为网络行为具有虚拟性、角色交互性(行动者可以扮演多个角色)、超时空性和符号互动性等特征。④ 李一通过与现实行为的比较,将网络行为特征概括为生成的技术性、形态的隐匿性、方式的间接性、场域的流变性、内容的多样性和本质的社会性六个方面。⑤ 黄少华基于对网络空间全球与地方、虚拟与真实、私人空间与公共空间、前台与后台二元交织的场域特性,以及网民在这一二元交织的网络空间生存状态的分析,认为网络行为呈现出身体不在场、戏剧化、审美化、去中心化、拟像化、狂欢化、平面化、碎片化等后现代特性。⑥

不过,学界更多的关注和研究,主要集中在对各种网络行为类型的理论梳理和实证分析上。由于网络空间的匿名和身体不在场特征,导致了网络空间行为模式的诸多改变。对此,国内外学界都给予了充分的关

① 冯鹏志:《网络行动的规定与特征:网络社会学的分析起点》,《学术界》2001年第2期。
② 魏晨:《论网络社区的社会角色和行动》,《徐州师范大学学报》2001年第2期。
③ 屠忠俊、吴廷俊:《网络新闻传播导论》,华中科技大学出版社2002年版。
④ 冯鹏志:《网络行动的规定与特征:网络社会学的分析起点》,《学术界》2001年第2期。
⑤ 李一:《网络行为失范》,社会科学文献出版社2007年版。
⑥ 黄少华:《知识、文化与人性》,兰州大学出版社2002年版。

注,并且对各种形式的网络社会行为,如网络交往行为①、网络游戏行为②、

————————————

① 黄少华、陈文江:《重塑自我的游戏:网络空间的人际交往》,兰州大学出版社 2002 年版;刘中起、风笑天:《青少年基于 OICQ 网际互动的基本结构研究:对武汉、黄石、鄂州、赤壁四市的调查》,《社会》2003 年第 10 期;孟威:《网络互动:意义诠释与规则探讨》,经济管理出版社 2004 年版;J. B. Walther. Computer-mediated Communication:Impersonal, Interpersonal and Hyperpersonal Interaction, Communication Research,1996(1);R. Kraut, et al. Internet Paradox:A Social Technology that Reduces Social Involvement and Psychological Wellbeing? American Psychologist, 1998(9);A. Smith & P. Kollock (eds.). Communities in Cyberspace. London:Routledge,1999;S. Kiesler, et al. Internet Evolution and Social Impact. IT & Society, 2002(1);J. E. Katz & R. Rice. Syntopia:Access,Civic Involvement and Social Interaction on the Net. In:B. Wellman & C. Haythornthwaite (eds.). The Internet in Everyday Life. Oxford:Blackwell Publishers Ltd. ,2002;W. Chen, J. Boase & B. Wellman. The Global Villagers:Comparing Internet Users and Uses around the World. In: B. Wellman & C. Haythornthwaite (eds.). The Internet in Everyday Life. Oxford:Blackwell Publishers Ltd. , 2002.

② S. 特克:《虚拟化身:网路世代的身份认同》,谭天、吴佳真译,远流出版事业股份有限公司 1998 年版;陈怡安:《线上游戏的魅力:以重度玩家为例》,台湾复文出版社 2003 年版;许晋龙:《在线游戏使用者行为研究》,台湾科技大学学位论文,2003 年;吴声毅、林凤钗:《Yes or No? 线上游戏经验之相关议题研究》,《资讯社会研究》2004 年第 7 期;林鹤玲、郑芳芳:《在线游戏合作行为与社会组织:以青少年玩家之血盟参与为例》,http://tsa. sinica. edu. tw/Imform/file1/2004meeting/paper/C4-1. pdf; J. Fromme. Computer Games as a Part of Children's Culture. International Journal of Computer Game Research,2003,3(1);T. Manninen. Interaction Forms and Communicative Actions in Multiplayer Games. International Journal of Computer Game Research,2003,3(1).

网络浏览行为①、网络书写行为②、虚拟社区行为③、BBS 行为④、网络集体

---

① 林珊如：《图书馆使用者浏览行为之研究：浏览结果及影响因素之分析》，《图书资讯学刊》2000 年第 15 期；林珊如：《大学教师网路阅读行为之初探》，《图书资讯学刊》2003 年第 1 期；翟本瑞：《网路文化》，扬智文化事业股份有限公司 2001 年版；巢乃鹏：《网络受众心理行为研究：一种信息查寻的研究》，新华出版社 2002 年版；张郁蔚：《网路超文本阅读之探讨》，《图书资讯学刊》2004 年第 4 期；陈祥、蔡裕仁：《资讯寻求行为与阅读情境差异性之探索》，《资讯社会研究》2005 年第 8 期；L. D. Catledge & J. E. Pitkow. Characterizing Browsing Strategies in the World-wide Web. http://www. igd. fhg. de/archive/1995_www95/papers/80/userpatterns/UserPatterns. Paper4. formatted. html；R. Navarro-Prieto，M. Scaife & Y. Rogers. Cognitive Strategies in Web Searching. Presented at the 5th Conference of Human Factors & the Web. http://zing. ncsl. nist. gov/hfweb/proceedings/navarro-prieto/index. html；W. C. Choo, et al. Information Seeking on the Web：An Integrated Model of Browsing and Searching. http://www. firstmonday. dk/ issues/issue5_2/choo.

② 黄少华、翟本瑞：《网络社会学：学科定位与议题》，中国社会科学出版社 2006 年版。

③ 郭茂灿：《虚拟社区中的规则及其服从：以天涯社区为例》，《社会学研究》2004 年第 2 期；王甘：《摇篮论坛：网上母亲社区》，《转型社会中的中国妇女》，中国社会科学出版社 2004 年版；刘华芹：《天涯虚拟社区：互联网上基于文本的社会互动研究》，民族出版社 2005 年版；H. Rheingold. The Virtual Community：Homesteading on the Electronic Frontier. New York：Addison-Wesley，1994；A. Smith & P. Kollock（eds.）. Communities in Cyberspace. London：Routledge，1999.

④ 崔崴：《在虚拟与现实之间：一塌糊涂 BBS 虚拟社区研究》，2001 年北京大学学位论文；龚洪训：《"虚拟世界"的真实表述：以北京大学一塌糊涂 BBS 为例》，2001 年北京大学学位论文；白淑英：《基于 BBS 的网络交往特征》，《数字化与人文精神》，上海三联书店 2003 年版。

行动①、博客行为②、网络成瘾行为③、角色扮演行为④、网恋与虚拟性爱⑤等,展开了不同程度的研究。不少学者基于这种对网络行为的具体分析,进一步对网络行为进行了类型概括。例如霍华德(Philip E. N. Howard)等人通过对 18 岁以上的美国成年人网络行为的调查,将网络行为区分为四种基本类型:以兴趣和娱乐为主要取向的网络行为,如网络游戏、浏览网页等;以获取信息为主要取向的网络行为,如阅读新闻、获取金融信息等;与日常生活相关的网络行为,如从事工作或学习;在线交易,如买卖股票、订票等。⑥ 而陈(Wenhong Chen)等人将网络行为区分为工具性使用(如获取信息、服务等)和娱乐性使用(如网上冲浪、网络游戏等)两种类型。他们发现,网络的工具性使用与娱乐性使用并不冲突,相反,两者能互相帮助和促进。⑦ 屠忠俊、吴廷俊则对网络传播中的网民行为

① 郑陆霖、林鹤玲:《社运在国际网路上的展现:台湾社会运动网站的联网分析》,《台湾社会学》2001 年第 2 期;林鹤玲、郑陆霖:《台湾社会运动网路经验初探:一个探索性的分析》,张维安编:《网络与社会》,台湾"清华大学"出版社 2004 年版;翟本瑞:《连线社会:真实世界中的虚拟连结》,张维安编:《网路与社会》,台湾"清华大学"出版社 2004 年版。

② 邱承君:《网志、网志活动与网志世界》,《资讯社会研究》2006 年第 10 期;C. R. Miller & D. Shepherd. Blogging as Social Action:A Genre Analysis of the Weblog. http://blog. lib. umn. edu/blogosphere/blogging_as_social_action_a_ genre_analysis_of_the_weblog. html.

③ 文军等:《网络阴影:网络问题与对策》,贵州人民出版社 2002 年版;K. S. Young. Internet Addiction:A New Clinical Phenomenon and Its Consequences. American Behavioral Scientist,2004,48(4);J. M. Morahan-Martin & P. Schumacher. Incidence and Correlates of Pathological Internet Use among College Students. Computers in Human Behavior,2000,16(1).

④ S. 特克:《虚拟化身:网路世代的身份认同》,谭天、吴佳真译,远流出版事业股份有限公司 1998 年版;魏晨:《论网络社区的社会角色和行动》,《徐州师范大学学报》2001 年第 2 期;黄少华、陈文江:《重塑自我的游戏:网络空间的人际交往》,兰州大学出版社 2002 年版。

⑤ C. 欧德萨:《虚拟性爱》,张玉芬译,新新闻文化事业股份有限公司 1998 年版;陈佳靖:《网路情色的符号地景》,《资讯社会研究》2002 年第 3 期;胡敏琪:《从网路援交现象省思主体消失与主体建构提论》,《资讯社会研究》2003 年第 5 期;曾坚朋:《虚拟环境:对"网恋"现象的伦理分析》,《社会学》2003 年第 2 期。

⑥ P. E. Howard,L. Rainie & S. Jones. Days and Nights on the Internet:The Impact of a Diffusing Technology. American Behavioral Scientist,2001(3).

⑦ W. Chen,J. Boase & B. Wellman. The Global Villagers:Comparing Internet Users and Uses around The World. In:B. Wellman & C. Haythornthwaite (eds.). The Internet in Everyday Life. Oxford:Blackwell Publishers Ltd. ,2002.

进行了分析,认为网民行为的基本模式是"参与—对话"模式,具体包括以下几种方式:"参与—讨论"方式,例如 BBS 公告行为;"参与—诉说"方式,例如网上聊天行为;"参与—发布"方式,例如新闻组发布行为;"参与—建设"方式,例如个人主页、个人网站的营造行为。而网民的具体行为方式,可分区为"上网行为"与"网上行为",其中网民的网上行为包括娱乐消遣、通信联络、张贴言论、互相交流和主动交流五种基本方式。[①]朱美慧基于文献分析,梳理了学界有关网络行为的各种界定,将网络行为类型概括为工具性网络行为、积极性社交网络行为、自我肯定网络行为、信息性网络行为、玩乐性网络行为、逃避性社交网络行为和虚拟情感网络行为等,并在此基础上进一步将网络行为归纳为利用网络进行人际互动的虚拟社交行为、利用网络获取信息和知识的网络信息行为、利用网络从事休闲娱乐的网络休闲娱乐行为,以及利用网络找寻一夜情或虚拟爱情的虚拟情感行为四种基本类型。[②] 王卫东则根据行为取向,将网民的网络行为区分为工具性取向的网络行为(目的是通过理性方式获取一定的资源,如信息、社会地位等)和情感性取向的网络行为(目的是满足情感上的某种需要或获取愉悦感)两种基本类型。[③] 童星等从网络交往过程的角度,将网络行为区分为保守型行为、理性型行为、开放型行为和游戏型行为四类。[④] 郭玉锦、王欢认为网络行为包括通邮行为、聊天行为、交友行为、游戏行为、获取信息行为、求助行为和利他行为、交易行为等。[⑤] 周林从心理学的角度,将网络行为区分为交互式行为与非交互式行为两类,前者是指网络使用者为增加或促进社会交往而使用网络功能,如聊天室、在线游戏等,后者则是指网络使用者将网络作为完成某种任务或搜集信息的工具,如信息查询、资料收集、浏览网页等。[⑥] 李一则根据多种分类标准,对网络行为进行了分类。他认为,根据网络行为主

---

① 屠忠俊、吴廷俊:《网络新闻传播导论》,华中科技大学出版社 2002 年版。
② 朱美慧:《大专学生个人特性、网路使用行为与网路成瘾关系之研究》,2000 年台湾大叶大学学位论文。
③ 王卫东:《关于互联网方法和行为的研究》,2003 年中国人民大学学位论文。
④ 童星等:《网络与社会交往》,贵州人民出版社 2002 年版。
⑤ 郭玉锦、王欢:《网络社会学》,中国人民大学出版社 2005 年版。
⑥ 周林:《大学生网络行为偏好研究》,2005 年上海师范大学学位论文。

体身份特征和角色定位的不同,可以把网络行为划分为"机构导向"和"个人导向"两种类型;根据网络行为是否合乎既有社会规范的要求,可以把网络行为划分为"合规的"与"失范的"两种类型;根据网络行为是否具有危害性后果,可以把网络行为区分为"有害"与"无害"两种类型;根据网络行为目的及内容,可以把网络行为区分为信息类行为、交往类行为、休闲类行为、服务类行为和管理类行为等不同类型。① 比较而言,国外学者在这一议题上的研究,主要侧重于实证分析,而国内学者则更注重于理论梳理。

关于网络行为的影响因素,是一个尤其受到学界关注的问题。在这一问题上,虽然已有的研究呈现出多种多样的概念和逻辑,但这些概念和逻辑背后涉及的主要变量,仍是性别、年龄、受教育程度、收入、职业等个人和社会资源,以及社会规则和制度等社会结构因素。② 其中一种理论视角,是强调上述这些结构性社会因素对网络行为的影响和制约作用。例如针对虚拟社区中的网络行为,郭茂灿认为,个人在现实生活中形成的道德观、同侪的评价及对规则的尊重,是制约人们的虚拟社区行为的主要因素;③崔巍认为,虚拟社区中的私人交往行为虽然具有相当的选择性,但选择性本身构成了对选择自由的制约;④易徽则认为,人们在虚拟社区中的行为,受着文化因素的影响和限制。⑤ 又如,白淑英通过对BBS互动结构的分析,认为 BBS 中的网络交往行为仍然受日常惯例等因

---

① 李一:《网络行为失范》,社会科学文献出版社 2007 年版。

② 朱美慧:《大专学生个人特性、网路使用行为与网路成瘾关系之研究》,2000 年台湾大叶大学学位论文;龚洪训:《"虚拟世界"的真实表述:以北京大学一塌糊涂 BBS 为例》,2001年北京大学学位论文;郭良、卜卫:《中国 12 城市互联网使用状况及影响调查报告》,中国社会科学院社会发展研究中心,2003 年;郭茂灿:《国内互联网研究述评》,《中国社会学年鉴(1999—2002)》,社会科学文献出版社 2004 年版;P. B. Lindstrom. The Internet: Nielsen's Longitudinal Research on Behavioral Changes in Use of This Counterintuitive Medium. Journal of Media Economics,1997, 10(2);B. Wellman & C. Haythornthwaite (eds.). The Internet in Everyday Life. Oxford:Blackwell Publishers Ltd. ,2002.

③ 郭茂灿:《虚拟社区中的规则及其服从:以天涯社区为例》,《社会学研究》2004 年第2 期。

④ 崔巍:《在虚拟与现实之间:一塌糊涂 BBS 虚拟社区研究》,2001 年北京大学学位论文。

⑤ 易徽:《网络虚拟社区的文化特色及其影响》,《西安政治学院学报》2002 年第 1 期。

素的制约；①龚洪训通过对 BBS 中 ID 的分析，认为人们在 BBS 中的行为受着相应规则的约束。② 而另一种理论视角，则强调网络空间的结构性特征，消解了现实社会分层和社会制度等社会结构因素对网络行为的制约作用。例如魏晨等人认为，互联网的匿名特征，导致了人们在现实世界中的符号共享意义系统隐匿，由此导致在网络空间社会规则和社会结构的消解，传统的旧的社会差异与分层被打破，人们的行为可以不受年龄、性别、职业、收入等现实因素的约束和限制；③而尼葛洛庞帝也强调，传统社会分析中的性别、年龄、收入等人口统计学单位，对分析和把握网络时代的个人已经失去了作用，因为个人不再是人口统计学意义上的一个"子集（subset）"。④ 总之，社会规则和社会资源对个人行为的制约，在网络空间被彻底消解了，网络行为是一种不受现实社会规则和资源制约的虚拟行为。尤其是在网络互动中，社会标准变得相对不重要，从而使沟通和互动行为变得冷淡而自由，沟通行为缺乏社会回馈与社会互动规范，并且从关注他人转向关注信息本身。⑤ 除了这些侧重分析社会结构因素与网络行为的关系的理论视角，也有学者强调分析和梳理网络认知和网络价值观念与网络行为之间关联的重要性。例如黄少华等人通过对网络交往和网络游戏行为的分析，认为网络互动和网络游戏之所以能为青少年提供一个新的自我认同重塑空间，是因为在网络互动和网络游戏空间中，现实生活中的价值观在相当程度上被搁置一旁，青少年关心的只是一种"悬搁了价值判断"的叙事技巧。比方说，在现实生活的价值观中，武力并不能代表一切，但在网络游戏中，角色的等级和功力成为了人们能否继续生存、能否成为重要人物的关键。因此，青少年的网络价值观，他们对网络空间的认知和态度，是影响其网络行为不可忽略的重

———————————

① 白淑英：《基于 BBS 的网络交往特征》，《数字化与人文精神》，上海三联书店 2003 年版。

② 龚洪训：《"虚拟世界"的真实表述：以北京大学一塌糊涂 BBS 为例》，2001 年北京大学学位论文。

③ 魏晨：《论网络社区的社会角色和行动》，《徐州师范大学学报》2001 年第 2 期。

④ N. 尼葛洛庞帝：《数字化生存》，胡泳、范海燕译，海南出版社 1996 年版。

⑤ G. 瓦伦丁、S. L. 霍尔韦：《网络少年：青少年的网络和非网络世界》，《解读数字鸿沟：技术殖民与社会分化》，曹荣湘等译，上海三联书店 2003 年版。

要因素。①

　　除此以外,学界对网民的网络行为动机、网络行为的社会差异等问题,也进行了不同程度的实证研究或理论分析。例如蔡芬媛通过对台湾MUD 使用者的研究,指出其主要行为动机包括自我肯定、匿名陪伴、社会学习及逃避归属四项;②而董家豪则通过分析网络游戏行为,将网络行为动机区分为休闲娱乐/好奇、人际沟通、自我肯定、匿名陪伴和逃避归属五项;③韩佩凌通过对台湾高中学生的调查,发现青少年的主要上网动机包括搜寻资料、获得最新的消息、打发时间、结交新朋友和替代传统联系方式等。④ 在网络行为的社会差异方面,学者对网络行为的性别、受教育程度、职业、年龄差异,以及不同网络使用群体之间的行为差异,进行了较多的实证分析。例如杨对网络沉溺群体与非沉溺群体的网络使用行为和依赖程度差异进行了实证分析和理论梳理;⑤陈金英对台湾大学生网络使用行为的性别、专业背景、年级和学校差异进行了实证分析;⑥刘幼琍等人对网络宽带使用者和拨号上网者的网络使用行为与使用经验差异,从网络使用频率、使用时数、使用时段、使用目的、经常浏览的网站、使用满意度等指标进行了比较分析;⑦卜卫等对城市青少年上网地点、网络使用年限、使用频率、使用时间、使用功能、经常浏览的网站等的城市差异进行了实证调查;⑧黄育馥、刘霓对青少年网络游戏行为两性差

---

①　黄少华、陈文江:《重塑自我的游戏:网络空间的人际交往》,兰州大学出版社 2002年版。

②　蔡芬媛:《网路虚拟和区域形成:MUD 之初探性研究》,1996 年台湾交通大学学位论文。

③　董家豪:《网路使用者参与网路游戏行为之研究》,2001 年台湾南华大学学位论文。

④　韩佩凌:《台湾中学生网路使用者特性、网路使用行为、心理特性对网路沉迷现象之影响》,2000 年台湾师范大学学位论文。

⑤　K. S. Young. Internet Addiction:Evaluation and Treatment. Student BMJ,1999(7).

⑥　陈金英:《网路使用习性、网路交友期望与社交焦虑之分析》,《资讯社会研究》2004年第 7 期。

⑦　刘幼琍等:《台湾个人宽窄频网路使用行为之研究》,《资讯社会研究》2003 年第5 期。

⑧　卜卫、刘晓红:《2003 年北京、上海、广州、成都、长沙、西宁、呼和浩特青少年互联网采用、使用及其影响的调查报告》,中国社会科学院新闻与传播研究所,2003 年。

异,以及女性网络游戏行为中外差异进行了比较分析等。①

三、互联网使用的行为后果

互联网在全球范围内的迅速发展,给社会科学提出了大量亟待解决的重要问题。随着互联网的不断普及,人们的日常生活形态、行为方式和价值观念都在发生着明显的改变,由其所造成的社会后果和社会问题也正在不断凸显,以致许多学者强调,互联网在今天已经成为社会生活的一种隐喻与象征,它对人们的日常生活和现实行为发生着越来越明显的影响,正在逐渐形塑一个以内在期望、需求与恐惧为内涵的虚拟社会。② 对互联网迅速普及和广泛使用所造成的行为后果,尤其是其负面后果的分析,在今天也已经成为社会科学的热门研究话题。

(一)网络互动与社会关系网络

互联网对社会生活的一个重要影响,就是模糊了全球性与地方性的界限,从而为人们的沟通和互动提供了新途径和新场域。迄今为止,社会科学针对互联网对社会互动和社会关系的影响,做了大量的实证研究与理论分析。归纳起来,主要有两种观点:一种认为网络世界以新的电子关系的形式提高或补充了现实生活中面对面的互动,扩展和丰富了人们的社会网络;另一种观点则认为互联网只是增加了人们之间的间接互动,这反而增强了人们的自我隔绝,增强了社会的隔离与原子化,把社会变成了一个不完整的、没有人情味的世界。③ 克劳特(R. Kraut)等人通过对美国匹茨堡地区家庭网络使用的研究,发现使用网络越多的人,通常其社会网络规模越小,与家人和朋友的沟通也较少,而且容易感受到孤

---

① 黄育馥、刘霓:《e 时代的女性:中外比较研究》,社会科学文献出版社 2002 年版。

② 陈金英:《网路使用习性、网路交友期望与社交焦虑之分析》,《资讯社会研究》2004年第 7 期;J. B. Walther. Computer-mediated Communication:Impersonal,Interpersonal and Hyperpersonal Interaction. Communication Research,1996(1).

③ A. 吉登斯:《社会学》,赵旭东等译,北京大学出版社 2003 年版。

独、压力等消极情绪。① 斯坦福大学 SIQSS(The Stanford Institute for the Quantitative Study of Society)"网络与社会"课题组通过对 2689 个美国家庭的 4113 名成人的研究,认为互联网是一种导致社会疏离的技术,网民会因为沉溺于上网而减少与他人的接触与沟通。但加州大学洛杉矶分校的互联网研究项目的调查却显示,大部分人在家里上网后,与家人待在一起的时间并没有减少反而增加了。② 凯茨(J. E. Katz)等人的 Syntopia 计划也证明互联网扩展了人们的社群、信息和友谊网络,增加了在线甚至离线的互动,是一个增加社会资本的重要资源。③ 同时,有学者强调,由于互联网屏蔽了所有的身份识别标志,因此对女性或其他弱势群体特别有利,会激发这类人群的社会互动。④

(二)网络暴力

由互联网引发的网络暴力问题,是广受学界关注的热点问题。所谓网络暴力,是指那些对个体或群体的健康和安全产生持续伤害的在线行为,这种伤害包括肉体、心理和感情等层面。具体而言,学界将网络暴力行为区分为四种类型:由网络造成的现实伤害、网络攻击、在线困扰和网络色情。⑤ 有人认为,网络空间是一个匿名、可以自由发表言论且信息快速流通的虚拟世界,由于不知道彼此的真实身份,故不必害怕他人对自己的评价,亦无须担心自己的表现,因此在网络空间经常会发生言语冲突与怒火(flaming)。比起面对面的沟通,在网络空间有较多的言语侵犯、不避讳的言语论述与不适当的吵架行为。同时,由于网络空间的对

---

① R. Kraut, et al. Internet Paradox:A Social Technology that Reduces Social Involvement and Psychological Well-being? American Psychologist,1998(9).

② UCLA Center for Communication Policy. The UCLA Internet Report 2001:Surveying the Digital Future. http://ccp. ucla. edu/pages/internet-report,2001.

③ J. E. Katz & R. Rice. Syntopia:Access,Civic Involvement and Social Interaction on the Net. In:B. Wellman & C. Haythornthwaite (eds.). The Internet in Everyday Life. Oxford:Blackwell Publishers Ltd. ,2002.

④ 杨伯溆:《因特网与社会:论网络对当代西方社会及国际传播的影响》,华中科技大学出版社 2003 年版;E. Pascoe. Can a Sense of Community Flourish in Cyberspace? Guardian,2000(11).

⑤ S. C. Herring. The Rhetorical Dynamics of Gender Harassment Online. The Information Society,1999(3).

话常常是不假思索的即时响应，并且是一种无法抹掉的文字书写，由此网络容易让人走向极端，为了极力捍卫自己说过的话而变得固执己见，由此造成网络沟通中常常出现语言攻击行为。同时，由于网络空间缺乏作为社会控制基础的非言语线索，也使得肆无忌惮的行为更容易发生。①而青少年在网络游戏中的暴力行为及其可能引发的后果，尤其受人关注。有不少学者强调，青少年较多地接触暴力游戏后，他们的行为和话语会变得比较激烈、具有攻击性，并且会变得不愿意帮助他人；经常接触暴力游戏，会让青少年对暴力变得麻木，还会强化攻击信念，增强控制感，从而增大攻击行为发生的可能性。②

(三)网络成瘾

虽然互联网在全球范围内极大地扩展了人们的交往空间，提升了人们的信息、娱乐资源获取能力，但由于网络的高度可接近性、使用上的方便快捷和内容上的丰富性，从而潜在地存在着过度使用的可能性。伴随着互联网的日益普及，网络成瘾尤其是青少年的网络成瘾现象，已成为一个严重困扰人们的社会问题。对此，国内外学者分别从心理学、病理学、教育学、社会学等视角，做了大量的理论探讨和实证研究。综合来看，讨论主要集中在网络成瘾的概念和判定标准、青少年网络成瘾的原因以及矫正对策三个问题上。"网络成瘾"(IAD)最早是由美国纽约精神病医生依凡·金伯格(Ivan Goldberg)提出的，但实证性的研究则主要从匹兹堡大学心理学家金伯利·S.杨(Kimberly S. Young)开始，她将网络

---

① R. E. Rice & G. Love. Electronic Emotion: Socioemotional Content in a Computer-mediated Communication Network. Communication Research, 1987, 14(1); M. R. Parks & K. Floyd. Making Friends in Cyberspace. Journal of Communication, 1996, 46(1); B. Kolko & E. Reid. Dissolution and Fragmentation: Problems in Online Communities. In: S. G. Jones (eds.). Cybersociety 2.0: Revisiting Computer-mediated Communication and Community. London: Sage, 1998; A. Joinson. Causes and Implications of Disinhibited Behavior on the Internet. In: J. Gackenbach (eds.). Psychology and the Internet Intrapersonal, Interpersonal, and Transpersonal Implications. San Diego: Academic Press, 1998; M. Aiken & B. Waller. Flaming among First-time Group Support System Users. Information & Management, 2000 (37).

② 金荣泰：《中学生电子游戏经验与攻击行为、攻击信念之关系研究》，2001年台湾中正大学学位论文；陈怡安：《线上游戏的魅力：以重度玩家为例》，台湾复文出版社2003年版。

成瘾区分为五种基本类型,即色情网络成瘾(包括网上的色情音乐、图片和影像等)、网络交往成瘾(包括用 MUD、聊天室等在网上进行人际交流与沟通)、网络强迫行为(包括强迫性地参加网上赌博、网上拍卖或网上交易)、强迫信息收集(包括强迫性地从网上收集无用的、无关的或者不迫切需要的信息)、电脑成瘾(包括不可抑制地长时间玩网络游戏)。她还提出了判断网络成瘾的八项指标,认为网络的匿名性、方便性和逃避现实性(escape)特点,是造成青少年网络成瘾的重要因素。关于导致青少年网络成瘾行为的原因,国内学者还特别强调从青少年群体的身心发展特点、网络空间的互动性和内容丰富性、传统媒体的不恰当导向、网络管理尤其是对网吧缺乏有效的监控等角度进行分析的重要性。[1]

除此之外,社会科学界还从网络对公共领域与公共生活的影响[2]、网络对组织模式的改变[3]、网络对自我形貌的重新形塑[4]、黑客行为[5]及网络犯罪[6]等角度切入,对互联网崛起所造成的行为后果,进行了多层面的分析和探讨。

---

[1]　程亮:《青少年网络沉溺的心理机制及其矫治》,《当代教育科学》2003 年第 25 期;彭阳:《青少年网络沉溺的形成原因及预防对策》,《零陵学院学报》2003 年第 1 期;龙菲:《青少年上网沉溺的原因浅探》,《青少年犯罪问题》2003 年第 1 期。

[2]　哈贝马斯:《公共领域的结构转型》,曹卫东等译,学林出版社 1999 年版;J. 史列文:《网际网路与社会》,王乐成等译,弘智文化事业有限公司 2002 年版。

[3]　黄少华、翟本瑞:《网络社会学:学科定位与议题》,中国社会科学出版社 2006 年版。

[4]　S. 特克:《虚拟化身:网路世代的身份认同》,谭天、吴佳真译,远流出版事业股份有限公司 1998 年版。

[5]　赖晓黎:《资讯的共享与交换:黑客文化的历史、场景与社会意涵》,2002 年台湾大学学位论文。

[6]　文军等:《网络阴影:网络问题与对策》,贵州人民出版社 2002 年版;张彦:《计算机犯罪的多因素分析与犯罪社会学的发展》,《社会学研究》2003 年第 5 期。

国外网络道德行为研究述评[*]

以互联网为核心的数字化、信息化和全球化革命,正以极其迅捷的速度广泛影响着人们的社会生活,并全方位地改变着人类社会的面貌,改变着人类的娱乐方式、思考方式、行为方式及认同方式,为人们的社会交往、生活娱乐提供了极大的便利。但是,网络世界的匿名、流动、去中心、扁平、时空抽离特征,也引发了诸如黑客入侵、网络色情、网络诽谤、网络欺骗、网上侵权、流言传播、网络滥用、知识产权纠纷等网络伦理问题,挑战着网络社会赖以维系和发展的规则基础。面对种种网络道德失范现象,许多学者呼吁,"要使全球信息社会变得更好,当务之急是建立旨在促进社会正义的道德规范"①。20世纪下半叶以来,国外学界对网络道德进行了大量的研究,尤其是近年来,发表了不少针对网络道德行为的实证研究成果。本文尝试对国外学界在这一领域的研究成果,进行详细的梳理和分析。

一、网络伦理学的兴起与发展

狭义的网络伦理学(cyberethics, internet ethics),是关于网络空间

———————

* 原载《兰州大学学报》(社会科学版)2011年第4期,与袁梦遥、刘赛合作,收入本书时有修改。

① T. Carbo & M. M. Smith. Global Information Ethics: Intercultural Perspectives on Past and Future Research. Journal of the American Society for Information Science and Technology, 2008,59(7):1111-1123.

中的正当行为的伦理学探讨,这种探讨有助于我们对网络空间中的社会行为和道德议题进行道德评价。[①] 而广义的网络伦理学,则还包括探讨计算机伦理议题的计算机伦理学(computer ethics)和探讨信息伦理议题的信息伦理学(information ethics)。20 世纪 40 年代,著名控制论专家维纳(N. Wiener)首先提出研究计算机伦理问题的重要性。随着计算机技术应用的日益广泛,整个社会也越来越计算机化,从而导致计算机依赖和计算机滥用等新的伦理问题不断出现。为了更好地从理论上了解和把握这些新的伦理议题,曼纳(W. Maner)在 1976 年提出了"计算机伦理学"概念,旨在研究由计算机技术所造成或引发的独特伦理问题。[②] 而摩尔(J. H. Moor)在 1985 年发表的《什么是计算机伦理学》一文,则被视为计算机伦理学产生的理论标志。摩尔认为,由于计算机技术为人类行为提供了新的可能,由此造成了规范和政策的真空,计算机伦理学的主要议题,就是对这种由技术引发的规范和政策真空进行分析,并对形成新政策提供帮助。[③] 戴博拉·约翰逊(D. Johnson)也认为,计算机伦理学是探讨新的道德准则,以解决由计算机技术应用引发的道德难题的新伦理学研究领域。[④]

进入 20 世纪 90 年代后,由于互联网的快速扩张和网民数量的迅速增长,逐渐产生了种种网络失范行为。在面对这些新的伦理议题的过程中,计算机伦理学的研究领域也获得了新的扩展,学界开始提出信息伦理学(information ethics)、网络伦理学(internet ethics cyberethics)等概念以取代计算机伦理学概念。罗格森(S. Rogerson)认为,在信息时代,信息伦理是一个比计算机伦理更适合用来概括该研究领域的概念,因为计算机已经发展到了更大范围的形式,包括独立的信息设备、嵌入计算机芯片的设备,以及由大型计算机群组成的信息网络。[⑤]

---

① R. A. Spinello. Cyberethics:Morality and Law in Cyberspace. Boston:Jones & Bartlett Publishers,2003.

② W. Maner. Unique Ethical Problems in Information Technology. Science and Engineering Ethics,1996,2(2):137-154.

③ J. H. Moor. What is Computer Ethics. Metaphilosophy,1985,16(4):266-275.

④ D. G. Johson. Computer Ethics. New Jersey:Prentice Hall,1985.

⑤ S. Rogerson. Advances in Information Ethic. A European Review,1996,6(2):73-75.

　　关于网络伦理学的学科性质,泰万尼(H. T. Tavani)认为,网络伦理学是一门研究与网络技术相关的伦理、法律和社会议题的应用伦理学,旨在分析网络技术的社会、法律和伦理影响,同时评估由网络技术应用和发展引发的相关政策、规范和法律议题。① 也有学者认为,网络伦理学的研究,应侧重于对网络社会运行的价值和道德基础,以及网络空间中各种道德议题的哲学伦理学分析,包括对网络空间中的伦理主体、网络技术和网络行为规制、网络隐私和网络权利等议题的哲学伦理学讨论,旨在建构一种可行的网络伦理规范。② 而麦卡锡(R. McCarthy)等曾经根据效果论和义务论两种理论趋向,把有关 IT 道德的研究文献分为三类,即关注 IT 实践的社会影响、关注 IT 不道德行为的群体差异,以及关注 IT 对决策过程的影响。其中第一类倾向于理论性讨论,并且多采用效果论视角,而后两类则多为义务论视角下的实证研究。③ 此外,也有学者尝试超越现代伦理学的理性主义视角,运用女性主义等理论视角,从关怀伦理等概念出发,解释网络伦理两难情景下道德行为的性别差异。④ 在理论视野上,许多学者认为传统伦理学的概念和理论框架,仍是研究网络伦理议题的重要理论资源。例如斯皮内洛(R. Spinello)强调,现代伦理学的道德观,仍是评估和反思网络道德问题的有效理论分析工具,每一种伦理学理论,都代表了一种有价值的分析视角。他尝试综合运用效果论、义务论和权利论三大伦理学理论,建构一个面对网络社会道德问题的综合性分析架构。⑤

　　对于网络伦理学的研究议题,也有不少学者进行了具体的梳理。例

　　①　H. T. Tavani. Cyberethics as an Interdisciplinary Field of Applied Ethics:Key Concepts, Perspectives, and Methodological Frameworks. Journal of Information Ethics,2006,15(2):18-36.

　　②　B. Frohmann. Subjectivity and Information Ethics. Journal of the American Society for Information Science and Technology,2008,59(2):267-277.

　　③　R. V. McCarthy, L. Halawi & J. E. Aronson. Information Technology Ethics:A Research Framework. Issues in Information Systems,2005,6(2):64-69.

　　④　A. Adam & J. Ofori-Amanfo. Does Gender Matter in Computer Ethics. Ethics and Information Technology,2000(2):37-47.

　　⑤　R. A. Spinello. Cyberethics:Morality and Law in Cyberspace. Boston:Jones & Bartlett Publishers,2003:21-22.

如哈弗(C. Huff)和马丁(C. D. Martin)认为,计算机伦理学包括生活品质、权力使用、风险与可靠性、知识产权、隐私权、公平与近用、诚实与欺骗七大议题;①赫尔(J. A. Hall)和汉密尔顿(D. M. Hamilton)则认为,信息伦理学的研究议题包括:隐私、安全、财产所有权、种族问题、平等的使用权、信息环境、IT人员内部责任控制、计算机滥用、人工智能、失业和取代等。② 贝奈姆(T. W. Bynum)认为,信息伦理学的研究内容,包括职业责任、项目管理伦理、计算机安全、计算机隐私、电子商务、知识产权、工作场所的计算机伦理、全球信息伦理等。③ 斯皮内洛和泰万尼在《网络伦理学读本》一书中,则把网络伦理学的主要议题,归纳为言论自由与内容控制、知识产权、隐私权、安全问题、职业伦理和行为守则五个方面。④

二、网络道德行为的实证研究

近年来,除了对网络道德的哲学伦理学探讨外,国外学界开始有心理学、教育学、社会学、传播学、政治学等学科介入对网络道德议题的研究,尝试通过对网络道德行为、网络道德判断等议题在经验层面展开实证研究,描述和梳理各类社会群体的网络道德行为状况及其影响因素。

关于网络道德行为,国外学界并没有形成一致的定义。各种研究大多只关注一种或几种具体的不道德网络行为,如侵害知识产权(包括软件盗版、下载无授权的音乐和电影等)、侵害隐私、网络欺骗、损害安全、滥用网络、不当网络言论、网络学术不端、网络色情、网络暴力等。例如德万(B. Dwan)对黑客攻击、使用盗版软件和侵犯著作权三种不道德网络行为进行了实证研究,⑤而赫廉(S. Hallam)则主要对网络误用和滥用,

---

① C. Huff & C. D. Martin. Computing Consequences:A Framework for Teaching Ethical Computing. Communications of the ACM,1995,38(12):75-84.

② J. A. Hall & D. M. Hamilton. Integration of Ethical Issues into the MIS Curriculum. Journal of Computer Information Systems, 1992—1993(Winter):32-37.

③ T. W. Bynum. Computer Ethics:An Introduction. Cambridge:Blackwell,1999.

④ R. A. Spinello & H. T. Tavani. Readings in Cyberethics. Boston:Jones & Bartlett Publishers,2001.

⑤ B. Dwan. Internet Ethics. Computer Fraud & Security Bulletin,1995(2):14-17.

如网络诽谤、骚扰、知识产权等不道德网络行为展开了研究。[①]　其中网络欺骗、网络盗版、网络学术不端、网络滥用等议题尤其受到学者的关注。

(一)网络欺骗

网络交往的匿名性,为人们选择性地呈现自我身份提供了新的机会,从而在客观上导致了网上欺骗行为的增加。唐娜斯(J. S. Donath)将网上欺骗行为分为隐瞒身份、类别型欺骗、扮演他人、恶作剧四种类型。隐瞒身份是指有意地隐瞒、省略个人身份信息的行为;类别型欺骗指虚假提供某种特定类型的形象,如转换性别;扮演他人是指把自己装扮成另一个用户;恶作剧是指提出挑衅性问题或发表无意义的言论,干扰新闻组中的谈话。[②]

有些学者发现,在网上,欺骗行为非常普遍。如惠蒂(M. T. Whitty)通过对 320 名聊天室用户的研究,发现在这类群体中普遍存在着网络欺骗行为,61.5％的网民谎报年龄,49％的网民谎报职业,36％的网民谎报收入,23％的网民谎报性别。其中,男性多在有关个人社会经济地位方面的话题上说谎,而女性说谎则更多是出于安全考虑。[③]　康韦尔(B. Cornwell)和伦德格(D. C. Lundgern)的研究也发现,至少 50％的在线用户有过网络欺骗行为,其中 27.5％的被访在网络交往中故意夸大个人魅力,22.5％谎报年龄,17.5％谎报职业、居住情况、教育等个人资料,15％故意矫饰个人兴趣(如爱好或宗教)。[④]　但也有学者认为,网上欺骗只是少数人的行为。如罗塔德(R. J. Rotunda)指出,89％的网民在网络交往

①　S. Hallam. Misconduct on the Information Highway: Abuse and Misuse of the Internet. In: R. N. Stichler & R. Hauptman (eds.). Ethics, Information and Technology Readings. NC: McFarland and Company, Inc., Publishers, 1998.

②　J. S. Donath. Identity and Deception in the Virtual Community. In: M. A. Smith & P. Kollock (eds.). Communities in Cyberspace. London: Routledge, 1999.

③　M. T. Whitty. Liar, liar! An Examination of How Open, Supportive and Honest People are in Chat Rooms. Computers in Human Behavior, 2002, 18(4): 343-352.

④　B. Cornwell & D. C. Lundgren. Love on the Internet: Involvement and Misrepresentation in Romantic Relationships in Cyberspace vs. Realspace. Computers in Human Behaviour, 2001, 17(2): 197-211.

中，没有在自己的年龄、性别和工作上说谎；①卡斯帕（A. Caspi）等人通过对 257 名讨论组用户的在线调查则发现，虽然有 73% 的被访认为线上欺骗行为很多，但只有 29% 承认自己有过网上欺骗行为。②

　　在网络欺骗行为影响因素方面，已有研究发现，网络使用动机对网上欺骗行为有显著影响。例如，犹茨（S. Utz）要求被访者对三种常见的欺骗情景（性别矫饰、魅力欺骗以及隐瞒身份）的动机进行归因，发现欺骗与内在动机相关。魅力欺骗的意图主要是表现理想型的自我和角色；性别转换的意图主要是角色扮演；隐瞒身份的意图主要是对隐私的担忧及角色扮演。③ 而乔伊森（A. N. Joinson）和德兹-尤勒（B. Dietz-Uhler）通过对网上欺骗案例的分析，发现精神疾患、认同扮演和表达真实的自我，是引发网上欺骗行为的主要原因。④

　　另有研究发现，网络使用经验、人口统计变量以及网络媒介特征等，对网上欺骗行为也有显著影响。卡斯帕等发现，经常使用网络（每天上网 3 个小时以上）的网民，更容易发生网上欺骗行为，低龄用户更可能在网络交往中欺骗他人。⑤ 罗伯茨（L. D. Roberts）运用分层随机抽样调查方法，通过对 MOOs 用户的在线调查，发现与人口统计变量比较，对性别矫饰的态度及网络参与程度，能更好地解释性别矫饰行为。⑥ 康韦尔和伦德格则发现，网上浪漫关系的涉入程度与网络欺骗行为呈负相关，网

---

①　R. J. Rotunda, et al. Internet Use and Misuse: Preliminary Findings from a New Assessment Instrument. Behavior Modification,2003,27(4):484-504.

②　A. Caspi & P. Gorsky. Online Deception: Prevalence, Motivation, and Emotion. CyberPsychology & Behavior, 2006,9(1):54-59.

③　S. Utz. Types of Deception and Underlying Motivation What People Think. Social Science Computer Review,2005,23(1):49-56.

④　A. N. Joinson & B. Dietz-Uhler. Explanations for the Perpetration of and Reactions to Deception in a Virtual Community. Social Science Computer Review,2002,20(3):275-289.

⑤　A. Caspi & P. Gorsky. Online Deception: Prevalence, Motivation, and Emotion. CyberPsychology & Behavior, 2006,9(1):54-59.

⑥　L. D. Roberts. The Social Geography of Gender-switching in Virtual Environments on the Internet. Information,Communication & Society,1999, 2(4):521-540.

上浪漫关系涉入程度越高,发生网络欺骗行为的可能性越低。① 格兰赫(H. Galanxhi)等人通过实验室研究发现,网络媒介特征是影响网络欺骗行为的重要因素。网上欺骗者比说真话者更多采用提供虚拟化身技术支持的沟通媒介;同时,该研究还发现,在只有文本支持的聊天环境中,那些欺骗同伴的被试,比对同伴诚实的被试焦虑程度更高,而在提供虚拟化身技术支持的网络环境中,则并没有出现这种情形。②

(二)网络盗版

网络的匿名性和虚拟性特征,在一定程度上改变了人们的财产观念,从而引发盗版等网络不道德行为的发生。网络盗版主要是指借助互联网工具进行的数字盗版行为,即在没有获得版权所有者授权或没有支付版权转让费用的情况下,肆意拷贝数字产品、软件、文件、音频以及视频的行为。③ 国外学者对网络盗版的研究,主要以自我控制理论、社会学习理论、中和技术理论、去个性化理论等作为具体的理论视角。希金斯(G. E. Higgins)等人综合运用自我控制理论和社会学习理论,通过对338名大学生的调查,发现低水平的自我控制能力、结交有偏差行为的同辈群体,都对网上电影盗版意向有显著影响。④ 马林(J. Malin)等人对200名高中生的问卷调查,也有类似的发现,结交有偏差行为的同辈高中生,会强化对盗版的肯定态度,并且与未结交偏差同辈群体的学生差异显著;而自我控制水平则是对盗版态度影响最大的因素。⑤ 汉纳德亚(S.

① 　B. Cornwell & D. C. Lundgren. Love on the Internet:Involvement and Misrepresentation in Romantic Relationships in Cyberspace vs. Realspace. Computers in Human Behaviour,2001, 17(2):197-211.

② 　H. Galanxhi, et al. Deception in Cyberspace:A Comparison of Text-only vs. Avatar-supported Medium. International Journal of Human-computer Studies, 2007,65(9):770-783.

③ 　G. E. Higgins, et al. Digital Piracy:A Latent Class Analysis. Social Science Computer Review, 2009,27(1):24-40.

④ 　G. E. Higgins, et al. Low Self-control and Social Learning in Understanding Students' Intentions to Pirate Movies in the United States. Social Science Computer Review, 2007,25(3):339-357.

⑤ 　J. Malin & J. Fowers. Adolescent Self-control and Music and Movie Piracy. Computers in Human Behavior, 2009, 25(3):718-722.

Hinduja)运用中和技术理论对网上盗版行为的研究发现,否认侵害、高度效忠群体等中和技能,与网上软件盗版并不相关。① 而莫理斯(R. G. Morris)等人通过对585名大学生的问卷调查,却发现否认责任、否认伤害等中和技能,与数字盗版行为相关,而且与网上音乐盗版和网上视频盗版的相关程度,高于网上软件盗版行为。②

此外,马林等人对高中生的问卷调查发现,性别和网络使用熟练程度对网络盗版行为有显著影响。与女生相比,男生参与软件盗版行为的可能性更大;越能熟练使用网络的学生,越可能从事软件盗版活动;使用网络功能越多的学生,进行网络盗版的可能性也越大。③ 汉纳德亚对507名大学生的问卷调查也有类似发现,而且他们发现,使用宽带上网,会增加网络软件盗版行为发生的可能性。④

(三)网络学术不端

学术不端又被称为学术不诚实(academic dishonesty)。欣曼(L. M. Hinman)强调,网络的普及,对学术界的道德生活产生了重大影响,学生们很容易采用从网上复制粘贴等手段,拼凑论文甚至全文抄袭,从而对师生间的信任关系造成了严重的挑战。⑤ 具体而言,学术不诚实包括造假、歪曲、欺骗、抄袭、复制、忽略帮助、成果误用等行为。有学者强调,网络的普及,降低了学术不诚实行为的难度,而且学生能够通过搜索引擎,轻松地找到论文工厂,从而方便地购买论文。⑥

斯坎伦(P. M. Scanlon)等人使用自填式问卷对英国698名大学生的

---

① S. Hinduja. Neutralization Theory and Online Software Piracy: An Empirical Analysis. Ethics and Information Technology,2007,9(3):187-204.

② R. G. Morris & G. E. Higgins. Neutralizing Potential and Self-reported Digital Piracy. Criminal Justice Review, 2009,34(2):173-195.

③ J. Malin & J. Fowers. Adolescent Self-control and Music and Movie Piracy. Computers in Human Behavior, 2009, 25(3):718-722.

④ S. Hinduja. Correlates of Internet Software Piracy. Journal of Contemporary Criminal Justice, 2001, 17(4):369-382.

⑤ L. M. Hinman. The Impact of the Internet on Our Moral Lives in Academia. Ethics and Information Technology,2002(4):31-35.

⑥ M. Austin & L. D. Brown. Internet Plagiarism: Developing Strategies to Curb Student Academic Dishonesty. The Internet and Higher Education,1999,2(1):21-33.

研究发现,28.6％的被访者承认,曾经在未告知作者的情况下从网上复制和下载资料在自己的作业和论文中使用;分别有8.6％和9.1％的学生承认有过从网上复制整篇文章、从论文商那里购买论文等严重抄袭行为。同时,自我报告的网上抄袭行为,与行为态度及对学校惩罚力度的感知呈负相关。① 土耳其学者雅兹·阿克波卢特(Y. Akbulut)等编制了测量大学生网络学术不诚实的量表,并运用该量表对500名大学生进行了问卷调查。对量表的因子分析发现,网络学术不诚实行为主要包括欺骗、抄袭、造假、过失和未授权使用五种类型。而对做作业没有兴趣等个人因素、缺乏对学术不诚实行为的制裁等制度原因,以及向异性卖弄等同侪压力因素,是影响网络学术不诚实行为的主要因素,其中个人因素的解释力最强,而同侪压力因素的解释力较弱。② 卡里姆(N. S. A. Karim)等人对马来西亚国际伊斯兰大学四个院系学生的问卷调查发现,学生从事网络学术不诚实行为的比例较低,而且不同学院之间不存在明显差异。但是,人格特征对网络学术不诚实行为影响显著,具有随和性、严谨性和情绪稳定性人格特征的学生,参与网络学术不诚实行为的可能性较低。③ 但有学者认为,这一较乐观的研究结论,或许忽视了宗教因素的重要影响。

　　萨博(A. Szabo)等人对291名大学生的问卷调查发现,有超过50％的学生认为利用网络进行学术不诚实行为是可以接受的,其中男生和低年级学生比女生和高年级学生对学术不诚实行为的接受程度更高。④ 而塞尔温(N. Selwyn)通过对1222名大学生进行问卷调查发现,在最近12

---

① M. Scanlon & R. Neumann. Internet Plagiarism among College Students. Journal of College Student Development,2002,43(3):374-385.

② Y. Akbulut, et al. Exploring the Types and Reasons of Internet-triggered Academic Dishonesty among Turkish Undergraduate Students:Development of Internet-triggered Academic Dishonesty Scale (ITADS). Computers & Education, 2008, 51(1):463-473.

③ N. Karim, et al. Exploring the Relationship between Internet Ethics in University Students and the Big Five Model of Personality. Computers & Education, 2009, 53(1):86-93.

④ A. Szabo & J. Underwood. Cybercheats:Is Information and Communication Technology Fuelling Academic Dishonesty? Active Learning in Higher Education,2004,5(2):180-199.

个月中,男生有过从网上抄作业行为的比例高于女生。① 另外,有学者发现,大学生对网络媒介的广泛使用,改变了他们有关"正当使用"的观念,认为网络空间中的信息都是公共知识,从网上复制粘贴不算抄袭。②

(四)网络滥用

网络滥用,是指在工作和学习时间为了个人目的而使用网络的行为。互联网在工作和学习场所的普遍使用,一方面提高了工作和学习效率,但同时也导致了滥用行为的增多。工作和学习时滥用网络不仅会降低工作和学习效率,而且会造成资源浪费。计划行为理论、人际行为理论及中和技术理论是国外学者分析网络滥用问题的主要理论视角。皮厄(L. G. Pee)等人的研究发现,人际行为理论比计划行为理论能更好地解释工作场所的网络滥用行为。③

伍恩(I. Woon)等人发现,雇员的工作满意度与对网络滥用行为的接受水平呈正相关。同时,社会支持、对网络滥用的认可程度也与滥用网络的意图呈正相关;行为控制感知、网络行为习惯、网络使用的便利性以及网络滥用意图,则与网络滥用呈负相关。④ 而布兰查德(A. L. Blanchard)等人则发现,对同事和管理规则的感知,会降低网络滥用行为的发生。⑤ 加莱塔(D. F. Galletta)等人通过对 571 名新闻组用户的在线调查发现,同辈群体的文化支持和管理规则与滥用行为呈正相关,而行为控制感知与网络滥用呈负相关,工作满意度与网络滥用不相关。从人口统计变量来说,男性、计算机新手、在小公司工作的雇员,比女性、有更多电

---

① N. Selwyn. A Safe Haven for Misbehaving? An Investigation of Online Misbehavior among University Students. Social Science Computer Review,2008,26(4):446-465.

② P. Scanlon. Student Online Plagiarism. College Teaching,2003,51(4):161-165.

③ L. G. Pee, et al. Explaining Non-work-related Computing in the Workplace:A Comparison of Alternative Models. Information & Management,2008,45(2):120-130.

④ I. M. Y. Woon & L. G. Pee. Behavioral Factors Affecting Internet Abuse in the Workplace:An Empirical Investigation,SIGHCI 2004 Proceedings. http://sigs. aisnet. org/SIGHCI/Research/ICIS2004/ SIGHCI_2004_ Proceedings_paper_13. pdf.

⑤ A. L. Blanchard & C. A. Henle. Correlates of Different Forms of Cyberloafing:The Role of Norms and External Locus of Control. Computers in Human Behavior,2008,24(3):1067-1084.

脑使用经验、在大公司工作的雇员,更容易发生网络滥用行为。① 林(V. Lim)等人还发现,网络滥用者会采用正常化、最小化、超常目标概念,以及模糊工作与家庭的边界等方式,来为网络滥用行为寻找借口。②

综观国外学界对不道德网络行为及其影响因素的实证研究,可以发现以下几个基本特点:

第一,以理论为导向的实证研究。国外学界对不道德网络行为影响因素实证研究的一个重要策略,是基于相关理论,建立理论解释模型,提出研究假设,然后借助问卷调查收集数据,来检验研究假设,确定不道德网络行为的影响因素。如莱奥纳多等人基于 TPB 模型对网络道德困境下道德/不道德行为的实证研究,以及 Insung Jung 融合规范伦理学、元伦理学和描述伦理学视野,对大学生的道德观念对其网络道德判断和道德行为意向影响的研究。

第二,以议题为导向的综合研究。在对不道德网络行为影响因素的研究中,国外学者较为普遍的做法,是根据研究议题,综合运用个人特征变量、社会结构变量、网络情境变量及网络使用行为变量,对不道德网络行为的影响因素进行具体解释。如阿克波卢特、萨博、塞尔温等人对大学生网络学术不诚实行为影响因素的研究,加莱塔等人对新闻组用户网络滥用行为影响因素的研究,以及犹茨、乔伊逊、卡斯帕、格兰赫等人对网上欺骗行为影响因素的分析。

第三,关注现实因素的影响作用。关注现实因素对网络道德行为的影响,也是国外学者研究的一个重要特点。例如在对工作场所中的网络滥用行为、大学生网络学术不诚实行为的研究中,皮厄、伍恩、布兰查德、阿克波卢特等学者,分别关注了人际互动、工作满意度、社会支持、同侪和管理规则感知、对做作业的兴趣、想得到更高的分数、教师对学术不诚实行为的态度等现实因素的影响作用。

---

① D. F. Galletta & P. Polak. An Empirical Investigation of Antecedents of Internet Abuse in the Workplace, SIGHCI 2003 Proceedings. http://aisel. aisnet. org/sighci2003/14.

② V. K. G. Lim & T. S. H. Teo. Prevalence, Perceived Seriousness, Justification and Regulation of Cyberloafing in Singapore: An Exploratory Study. Information & Management,2005,42(8):1081-1093.

三、简要的评价

今天,互联网已经渗透到人们日常生活的各个方面,网络行为类型也日趋丰富。可以预见,网络生活将日益成为人类的基本生活方式。然而,网络社会在本质上是一个风险社会,网络在给人类生活提供了方便和快捷的同时,也凸显了包含道德风险在内的各种社会风险。对网络道德风险作出理论上的回应,是摆在网络时代伦理学面前的重要任务。通过对国外学术界网络道德研究的简要回顾和综述,我们不难发现,国外学者已在这一领域进行了大量的研究工作,提出了初步的理论模型、分析概念和研究工具,并已获得了一定的研究进展和知识积累。

第一,总体而言,国外学界对因计算机和互联网迅速崛起和普及引发的道德风险和道德困境反应迅速,而且能够随着计算机和网络技术的发展状况,及时拓展网络伦理学的研究领域。在研究方法上,理论探讨和实证研究并重,是国外学界网络道德研究的一个重要特征。理论层面的研究,主要立足于哲学伦理学视野,对有关网络伦理学的学科性质、理论视角、研究议题等进行系统的理论梳理和探讨,其中现代伦理学的道德观念,是学者评估和反思网络道德问题时借助的主要理论视角和概念工具。我们认为,这种研究取向,不仅有助于梳理网络道德现状,在新的社会情境下检验和评价现代道德理论,而且能够为建构网络伦理学的学科体系,拓展伦理学的研究视野,提供扎实的理论基础。

注重对网络道德行为的实证研究,是国外学界网络道德研究的一个重要特色。与哲学伦理学侧重从理论层面探讨网络道德的实质和基本概念不同,社会科学对网络道德的研究,主要围绕不道德网络行为、网络道德意识、网络道德判断等议题展开实证研究,借助实证研究描述和梳理各类社会群体的网络道德行为状况和网络道德观念;在具体研究工具上,国外学者比较注重采用量表等测量工具测量和梳理不道德网络行为的结构和类型,并借助多元回归分析等定量分析方法,对不道德网络行为的影响因素进行实证分析。这些变量测量方式和统计分析方法,对于准确测量网络使用者的道德态度和道德行为,梳理网络道德行为的影响因素,无疑是有帮助的,值得我们参考和借鉴。

　　第二,网络道德研究作为应用伦理学研究的重要议题,已呈现出了一个重要的学科特征,就是其跨学科合作和跨学科视野。由于网络道德议题涉及面广,因此不仅哲学伦理学,而且心理学、社会学、传播学、政治学、信息科学等社会科学和自然科学也参与其中。这种多科学广泛参与,虽然在研究之初似乎增加了研究领域的混乱和学科边界的模糊,但这种跨学科研究,无疑有助于我们深入了解网络道德议题的复杂性,突破单一学科视野的局限,而且也是达成最后共识的重要前提。①

　　第三,国外学界对不道德网络行为的研究,还有一个重要的特点,就是强调运用相关理论建构研究模型的重要性。毫无疑问,被不少国外研究者所注重的立足相关理论,提出研究变量,并通过定量分析求证变量之间关系的研究方法,无论在学术层面还是在实践层面,都有助于更深入地了解和把握网络道德议题。例如,分别有学者采用理性行动理论、计划行为理论、道德判断理论等理论视角,建构解释不道德网络使用行为的技术接受模型、伦理决策模型等研究模型,借助人口统计变量、主观规则、态度、道德判断、道德意向、道德环境等变量,对不道德网络行为背后的社会机制作出因果解释。这样的研究方式,不仅有助于我们了解网络道德现状,揭示网络道德现象背后的因果机制,而且对于促进网络伦理学分析的缜密程度,推动伦理学的元理论研究,都有积极的意义。

　　但毋庸讳言,国外学界对网络道德的研究,还远未成熟。首先,在理论层面,虽然网络道德议题已引起了多学科的关注,形成了初步的跨学科研究格局,但总体而言,已有的网络道德研究文献,反映出不同学科的学者仍主要局限在自己的学科视野和传统内讨论网络道德议题,不同学科之间尚缺乏有效的交流、互动和对话,更没有在此基础上形成学术共同体。例如,哲学伦理学者主要在效果论、义务论和权利论等视野下,探讨网络情境中隐私、欺骗、知识产权、职业道德等议题的变化和实质;心理学家则关注不道德网络行为量表的编制,考察人格等心理因素对不道德网络行为的影响;而社会学家更关注社会结构、社会制度等社会因素对不道德网络行为的影响。因此目前迫切需要展开不同学科之间的对

　　①　黄少华、袁梦遥、郁太维:《对网络社会的跨学科探索》,《兰州大学学报》(社会科学版)2010年第1期。

话,并在此基础上建构能恰当解释网络道德状况的理论模型及分析概念,以拓展网络道德研究的理论想象和解释空间,而且这样的研究取向,也有助于我们更有效地检验和评估现代伦理学的理论视角和研究思路对研究网络道德议题的适切性,并在此基础上反思现代伦理学的当代价值,拓展现代伦理学的理论视野。其次,在研究方法层面,国外社会科学领域的网络道德研究,广泛采用问卷调查收集资料,通过对问卷资料进行定量分析检验研究假设,但其中也有为数不少的研究,对变量的选择和设计,缺乏充足的理论依据,导致部分研究对不道德网络行为的解释,停留在讨论性别、年龄、职业、学历、人格、态度等变量的影响上,无法提供超越常识的解释,无法揭示现象背后的社会机制。因此在目前,对网络道德进行深入的定性研究,以获得第一手的丰富感性资料,然后结合恰当的理论视角,建构和发展更有解释力和想象空间的理论模型和分析概念,对于揭示网络道德行为和现象背后的社会机制,实现网络伦理学领域的知识积累,应是当务之急。

下篇

XIAPIAN

实证研究

青少年网民的网络交往结构[*]

一、问题的提出

社会交往是人与人之间在社会空间中的沟通与互动过程,即人与人之间传递信息、沟通思想、交流情感和交换资源的过程。交流、沟通、交换与互动是人之为人的一个基本特质,也是人类日常社会生活的重要面向。自古以来,人类便在不断追求沟通的最大化,而每一次通信技术的革命,都在客观上延伸了人们的交往能力。互联网的诞生,无疑是有史以来人类通信技术的最大突破,它形塑了一个经由互联网中介的全新人际沟通与互动场景,导致网络交往成为一种新的社会互动方式。网络对交往所造成的深刻变化,不仅体现在网络打破了时间、地域、社会分层等现实因素对交往的限制,而且更体现在网络创造了一个全新的交往空间,形塑了一种全新的社会交往模式。在网络空间,互动双方并不像在现实社会交往中那样,必须面对面地亲身参与沟通,而能够以一种"身体不在场"的方式展开互动;在网络空间,人们可以隐匿自己在现实世界中的部分甚至全部身份,重新选择和塑造自己的身份认同。而且与传统人际交往中媒介多半只是沟通的工具不同,网络空间不仅是一个互动媒介,同时也是一个自我呈现的媒介,它充分结合了人际交往的两大功能:

---

* 原载《兰州大学学报》(社会科学版)2009 年第 1 期。

互动性和自我呈现。① 而互联网的匿名性、时空压缩与时空伸延并存的特点，又非常适合弱关系(weak ties)的建立与滋长，能够让原本素不相识、地理距离和社会距离都很遥远的陌生人互相结识和交谈。可以说，网络交往是一场陌生人之间的互动游戏，凸显了公领域、弱关系、陌生人互动的特点。②

自互联网诞生以来，有关网络交往的特征及其对现实社会交往的影响，就一直是学界关注的焦点。一些学者强调，因为身体不在场和匿名，因此网络空间只不过是一个游戏性、挑战日常社会规范的虚拟场域而已。互联网是一种导致社会疏离的技术，借助互联网进行沟通会导致人们更多与陌生人谈话，形成肤浅关系，却减少与朋友和家人面对面的接触与沟通，从而导致社会资本的减少。换言之，网络互动只能建立一种暂时的、没有人情味的、充满言语冲突和怒火的、无责任感的社会关系，无法期望网络空间能够产生正常的社会关系。克劳特(R. Kraut)等人通过对美国匹茨堡地区家庭网络使用者的研究，发现使用网络越多的人，通常其社会网络规模越小，与家人和朋友的沟通也较少，而且容易感受孤独、压力等消极情绪。③ 而另一些学者则强调，网络世界超越了时间和空间对人际交往的限制，扩展和丰富了人们基于面对面互动建构的社会网络。在网络场境中，现实社会身份的隐匿，使网民无须担忧他们的真实身份会暴露，因而交往变得更自由、更无顾忌、更多自我揭露(self-disclosure)，这不仅有助于人们在交往中更真实地表达自己的想法和意见，而且有助于将人际关系扩展到日常生活中可能会有意避免的面向。威尔曼(B. Wellman)认为，假定人们花更多时间参与网络互动，必然导致参与现实社会互动的时间减少是没有依据的，网络互动和现实互动之间的关系并非"零和博弈"。④ 基斯勒(S. Kiesler)等人的研究也显示，大部分

---

① 吴筱玫：《解析 MUD 之空间与时间文化》，《新闻学研究》2003 年第 76 期。

② 傅仰止：《电脑网路中的人际关系：以电子邮件传递为例》，http://www.ios.sinica. edu. tw/ pages/seminar/infotec2/info2-9. htm.

③ R. Kraut, et al. Internet Paradox：A Social Technology that Reduces Social Involvement and Psychological Well-being? American Psychologist，1998(9).

④ B. Wellman & M. Gulia. Virtual Communities as Communities：Net Surfers Don't Ride Alone. In：M. A. Smith & P. Kollock (eds.). Communities in Cyberspace. London：Routledge,1999.

人在使用网络后,与家人和朋友的联系不仅没有减少反而增加了,而且网络交往扩展了远距离的社会交往圈子,以及与亲戚朋友的面对面互动。[①] 凯茨(J. E. Katz)等人的研究,同样证明互联网扩展了人们的社群、信息和友谊网络,增加了在线甚至离线的互动,是一个增加社会资本的重要资源。[②]

那么,网络对我国青少年网民的社会交往有什么样的影响? 为了回答这一问题,本研究采用"青少年网络行为研究"课题组对浙江、湖南和甘肃三省青少年网民的问卷资料,从网络交往方式、交往对象、交往规模、交往中的自我呈现、交往内容、交往语言等指标,对青少年网民的网络交往结构进行量化分析。本次调查于 2004 年 10—11 月在浙江、湖南和甘肃三省进行,调查对象为年龄在 13~24 岁的城市青少年。调查采用多阶段抽样方法,共发放问卷 2028 份,其中网络交往部分回收的有效样本为 1676 份,男性 995 人,占 59.4%,女性 681 人,占 40.6%。

二、网络交往方式

网络一经形成,就不只是一个信息交流空间,而且是一个可以进行沟通和互动的场域,人们可以在其中开展社会生活,进行社会互动,而不只是交换信息、查阅资料。正如雪莉·特克(Sherry Turkle)所说,在今天,"网路空间已成为日常生活中的例行公事之一。当我们透过电脑网路寄发电子邮件,在电子布告栏发表文章或预订机票,我们就身在网路空间。在网路空间中我们谈天说地、交换心得想法,并自创个性及身份。我们有机会建立新兴社区——亦即虚拟社区,在那里,我们和来自世界各地从未谋面的网友一起聊天,甚至建立亲密关系,一同参与这个社区。"[③]网民使用互联网的主要目的,并不仅仅是为了寻找信息,更主要的

① S. Kiesler, et al. Internet Evolution and Social Impact. IT & Society, 2002 (1).

② J. E. Katz & R. Rice. Syntopia: Access, Civic Involvement and Social Interaction on the Net. In: B. Wellman & C. Haythornthwaite (eds.). The Internet in Everyday Life. Oxford: Blackwell Publishers Ltd., 2002.

③ S. 特克:《虚拟化身:网路世代的身份认同》,谭天、吴佳真译,远流出版事业股份有限公司 1998 年版,第 3—4 页。

是为了寻找符合自己想象中的他人，以便与之进行互动。当具有一定数量和规模，并且有着共同兴趣，充满相当程度的情感的人们聚集在网络空间，借助 QQ、MSN、聊天室、BBS、在线游戏或其他虚拟社区，参与公开或私密的在线讨论，与他人沟通、交换和互动时，一种虚拟真实的网络社会关系便形成了。

对于人们展开虚拟真实互动的网络场域，华莱士(P. Wallace)曾经概括为万维网、电子邮件、电子公告牌、新闻组、聊天室、MUD 等面向，并且强调，在不同的网络场域进行的社会互动，会有不同的行为特点，例如在匿名程度不同的网络场域，人们的交往行为就会呈现出相应的差异。[①]而斯密斯(A. Smith)等人在《网络空间中的社群》一书中，则将网络交往场域区分为电子邮件和讨论组、USENET 和 BBS、文本聊天、MUD 和万维网等几种形式。[②] 我们把所有这些网络交往方式，区分为实时交往(同步交往)和非实时交往(非同步交往)两种基本类型。前者包括 QQ、MSN 等实时沟通工具，以及聊天室、网络游戏和新闻组等可以在同一时间进行一对一、一对多或多对多实时对话与互动的交往方式，而后者则包括如电子邮件、BBS 等不需要使用者同时在线，但仍可以进行信息、情感沟通和交流的交往方式。

在研究中我们发现，上网青少年基本上都有经常使用某一种甚至几种网络交往方式的经历，他们以各种方式，在网络空间结交朋友、展开互动。表 1 显示的是青少年经常使用的网络交往方式情况，其中借助实时聊天工具(如 QQ、MSN)展开社会互动的比例最高，占所有样本的73.4%，使用比例较高的还有通过电子邮件、聊天室或网络游戏进行社会互动，分别为 35.0%、30.3% 和 27.3%，另外还有 14.1% 的青少年主要借助 BBS 展开社会互动，而通过新闻组及其他方式进行网络互动的比例则很低，分别只占样本的 2.2% 和 1.9%。可见，实时交往尤其是借助像 QQ、MSN 等实时聊天工具进行的在线聊天，是青少年网络交往最主要的方式。相对而言，以其他方式进行交往的比例较低，尤其是像 BBS 和新闻组这些主题较为明确和公开的网络交往方式，青少年参与程度很

---

①　华莱士:《互联网心理学》，谢影等译，中国轻工业出版社 2001 年版。

②　A. Smith & P. Kollock (eds.). Communities in Cyberspace. London：Routledge. 1999.

低,说明青少年比较热衷于参与私密性较强的网络互动,而对参与讨论主题比较明确和公开的网络互动则兴趣较低。

表1　经常参与的网络交往方式(N=1676)

	频数	频率(%)
QQ、MSN 等实时聊天	1231	73.4
电子邮件	586	35.0
聊天室	507	30.3
网络游戏	457	27.3
BBS	236	14.1
新闻组	37	2.2
其他	32	1.9

三、网络交往对象

表2的调查数据显示,在青少年的网络交往对象中,比例最高的是"现实生活中熟悉的周围朋友",占58.3%,其次是"在外地学习和工作的朋友",占33.0%,接下来依次为"网上认识的朋友",也达到29.1%,"家人和亲戚",占13.8%,"在网上偶然碰到的陌生人",占7.7%。可见,网络空间的确方便了青少年超越时空限制与他人进行互动,扩展了他们的社会交往空间。借助互联网,一方面,青少年维持与熟人的联系,尤其是那些在现实社会中可能因为时空限制而被迫暂时中断甚至终止的朋友、熟人关系,使那些彼此从小时候就悉心培养起来的友谊或经历长时间历史考验的社会关系,不会因为外在客观因素的变动而被割断;另一方面,青少年还能够借助网络和那些与自己并不处于同一物理空间的陌生人展开互动,从而扩展自己的人际接触面,拓展社会交往对象的选择范围,创造出在现实生活中所没有的新社会关系。[①] 网络甚至能让人们建立及维持全球性的友谊。

---

① 黄少华、翟本瑞:《网络社会学:学科定位与议题》,中国社会科学出版社2006年版。

表 2　网络交往对象($N=1642$)

	频数	频率(%)
现实生活中熟悉的周围朋友	957	58.3
在外地学习或工作的朋友	542	33.0
网上认识的朋友	478	29.1
家人和亲戚	227	13.8
在网上偶然碰到的陌生人	126	7.7

　　在现实社会的人际交往中,人际社会关系的形成,受着外貌、能力、邻近、相似、互补、熟悉、互惠等因素的影响,那么,青少年在选择网络交往对象时最看重的因素有哪些呢? 表 3 的统计结果显示,"与自己的兴趣爱好相同"是青少年选择交往对象时最主要考虑的因素,占 46.3%,接下来依次为"说话幽默""性格好,容易接触""有学问,知识丰富",分别占 44.6%、41.3%和 32.9%,而对现实人际交往有着重要影响的年龄和性别,仅位于第 5 和第 8 位,分别占 28.2%和 24.5%。[1] 这意味着,在网络交往中,一些在现实人际交往中被青少年特别看重的因素,如年龄、性别等,已经不再是人际吸引的关键因素;而兴趣、爱好、性格、学识等个体内在特征对网络交往的影响力,则开始被凸显出来。正如葛温尼(Esther Gwinnell)所说:"我喜欢在网络上交朋友,就是因为你不知道对方的长相,而且对方也不知道你的长相,双方是靠灵魂和心灵进行交往,完全和肉体无关。我讨厌别人用外表来评断别人。我在网络上结交朋友,甚至已经爱上一个若是在舞会中,我可能不会再看一眼的人。我相信人会在网络上相爱,因为他们先认识对方的灵魂。人们会想上网用文字倾诉自己的感情、想法、梦想、恐惧,就是因为这是表现自己最好的方法。假如你把外貌当成是第一条件,你在任何关系中,都将错失最重要的东西。"[2]

---

　　① 在选择交往对象时看重年龄和性别的青少年网民,主要倾向于选择同龄网友和异性网友作为交往对象,分别占 76.1%和 72.9%。刘中起和风笑天对青少年 QQ 互动的研究也发现,在 QQ 互动时倾向于选择同龄网友和异性网友作为交往对象的比例分别为 79.0%和 71.2%。(刘中起、风笑天:《青少年基于 OICQ 网际互动的基本结构研究:对武汉、黄石、鄂州、赤壁四市的调查》,《社会》2003 年第 10 期)

　　② 葛温尼:《爱上电子情人》,何修宜译,商周出版社 1999 年版,第 49—50 页。

表3　选择网络交往对象的依据(N=1643)

	频数	频率(%)
与自己的兴趣爱好相同	761	46.3
说话幽默	732	44.6
性格好,容易接触	679	41.3
有学问,知识丰富	540	32.9
年龄	464	28.2
与自己对问题的看法相近	433	26.4
机智健谈	429	26.1
性别	402	24.5
网名好听	242	14.7
无所谓	176	10.7
其他	48	2.9

四、网络交往规模

本研究所说的网络交往规模,是指在过去三个月中每周至少借助网络互动一次以上的网友(包括现实生活中的朋友和通过网络结识的网友)的数量。由于网络空间具有既隔离又联结的特征,[1]因此它不仅是一个可以维持熟人之间关系的平台,同时也是一个能够结识陌生人的空间,网络使青少年能够在已有的熟人之间的社会关系基础上,将社会关系进一步向陌生人扩展。表4统计的是被访青少年在最近三个月中借助网络每周至少保持一次互动的交往对象的规模。从表4的统计数据可见,青少年的网络交往对象以16个以上所占比例最高,为28.1%,然后依次为有5个以下、6~10个和11~15个交往对象,分别占24.9%、23.3%和8.5%。值得注意的是,有15.2%的青少年表示自己在网络空间没有一个最近三个月中每周至少互动一次的交往对象。这意味着,一方面,多数青少年已经借助网络构建了规模不同的虚拟社会关系网络,

① 黄厚铭:《虚拟社区中的身份认同与信任》,2001年台湾大学学位论文。

对他们来说,网络已经成为其形塑社会关系网络的重要渠道;另一方面,也有部分青少年并没有在其网络交往中构建起比较稳定的社会关系网络,也就是说,其网络社会交往,基本上停留在浅交往层面。

表 4　网络交往规模(N=1653)

	频数	频率(%)
0 个	251	15.2
5 个以下	412	24.9
6~10 个	385	23.3
11~15 个	140	8.5
16 个以上	465	28.1

五、网络交往中的自我呈现

吉登斯非常强调媒介对现代社会中人们的自我认同的影响,他认为,在后传统的现代社会,由于时空的重新安排,地方和全球的关系获得重组,自我认同经历了巨大的变化。[①] 而互联网的身体不在场和匿名特征,使人们在网络空间的自我呈现比在现实世界更为自由。人们可以充分利用网络既隔离又连接的功能,隐匿部分甚至全部在现实世界里的真实身份,[②]根据自己的兴趣和喜好,在自己的知识结构和想象力所及范围内,自由选择自己呈现给他人的面貌,重新塑造与现实世界中的自我不同的另一个甚至几个在线自我,从而既隐匿又显露自己的自我认同。[③]与现实自我是以物理身体为基础不同的是,网络空间的自我是一种文本自我,许多人会在网络空间借助文本书写精心设计自己的化名,并进一步在与他人的互动中继续经营这个化名,使之与自己希望获得的自我认同相符。而且与现实社会不同,在网络空间,"自我不仅只是因时间、地

---

① A.吉登斯:《现代性与自我认同:现代晚期的自我与社会》,赵旭东等译,生活·读书·新知三联书店 1998 年版。

② 黄厚铭:《虚拟社区中的身份认同与信任》,2001 年台湾大学学位论文。

③ 黄少华、陈文江:《重塑自我的游戏:网络空间的人际交往》,兰州大学出版社 2002 年版。

点、情境差异而扮演各种角色……视窗所带来的世界是去中心的自我（decentered self），在同一个时段活在不同的世界并扮演各种角色。在传统剧场及现实的角色游戏中，人们出入于各种角色间。相对地，'泥巴'却让你同时拥有两种平行的身份及人生。这个平行、对应的感觉促使人们将网路与现实一视同仁。"①网络空间的自我呈现，在本质上是不确定、多重、流动和零散的。这种流动、多变的自我认同，充分凸显了网络生存的后现代状态与特征。"对于后现代生活中特有的自我建构与再建构，网际网路已成为一座重要的社会实验室。我们透过网路的虚拟实境可以进行自我塑造与自我创造。"②网络空间的崛起，使人们获得了一个能够更加充分、方便地展现多重自我的途径。在网络空间，由于身体不在场和匿名，凭借想象，人们可以化身为多重身份，并呈现出多种人格。

在网络空间，网民拥有多种呈现自我的方式，例如在 BBS 中的昵称和签名档，QQ 中的昵称、个性签名和个人说明等，而网名则是网民在网络空间最基本的自我呈现方式。统计结果显示，在所有被访青少年中，没有网名的只有 4.8%，而 95.2% 的青少年网民拥有自己的网名，其中拥有 2 个以上网名的有 50.7%（2～4 个占 39.3%，5～7 个占 5.0%，8 个以上占 6.4%）。可见，借助网名，在网络空间重新形塑自己的在线身份，重新形塑自己呈现给他人的形象，已是目前青少年十分普遍的网络行为。而青少年网民在网络空间呈现的自我面貌，往往是自己所期待，但在现实生活中由于各种限制而无法呈现的自我面向。

另外，有超过一半的网民有 2 个以上网名，说明不少青少年在网络空间呈现的自我认同，是一种平行、多元、差异、去中心和碎片化的自我认同。③ 而且有不少青少年的网名会随着心情的改变或时间的推移而改变。波斯特在分析网络交往不同于现实交往的特征时说，网络引入了对身份进行游戏的种种新可能，而最为重要的是，网络消解了主体，使其从

---

① S. 特克：《虚拟化身：网路世代的身份认同》，谭天、吴佳真译，远流出版事业股份有限公司 1998 年版，第 10 页。

② S. 特克：《虚拟化身：网路世代的身份认同》，谭天、吴佳真译，远流出版事业股份有限公司 1998 年版，第 245 页。

③ S. 特克：《虚拟化身：网路世代的身份认同》，谭天、吴佳真译，远流出版事业股份有限公司 1998 年版。

时间和空间上脱离了原位。[①] 在现实世界中,由于受角色的社会面貌的制约,人们要想重新塑造一个新的自我,有着各式各样的困难。但在网络交往中,人们可以不受性别、外貌、学历、地域、职业等物理身份和社会身份的限制,重新选择自己的社会身份甚至物理身份。正如特克所说:"因特网是试验你的身份的地方——既以肯定的方式,也以否定的方式。"[②]网络空间使青少年网民获得了一个可以超越现实社会规范,从而自由地进行自我呈现的舞台。同时,也正是青少年所塑造的种种网络自我之间的互动,才使网络空间真正具有了实在的社会意义。正如网络正在改变青少年的交往行为,青少年网民的网络交往行为也同时在改变着网络的社会面貌。

戈夫曼将自我呈现区分为刻意营造和自然流露两种基本类型。他认为,为了符合沟通情境和角色期望,人们在自我呈现时会刻意表现出符合情境的行为,表现出符合他人期待的形象,而网络空间的技术和社会特性,为青少年提供了刻意营造自我的机会。在网络空间刻意营造一个甚至是多个新的自我,已经是今天青少年网络行为中的普遍现象。陶慧娟将青少年在网络空间中的自我呈现,区分为三种基本类型:真实自我的转移、理想自我的呈现、呈现自我在现实中缺乏的一面。[③] 我们对青少年网名选择的调查结果显示(见表5),青少年在选择网名时最主要考虑的因素,是反映自己的内心欲望,其相对频率为 24.4%,其次是体现自己的个性和能力,相对频率为 22.5%,接下来依次为可爱好听、使用方便、没有什么特别的原因和新鲜有趣,相对频率分别为 18.1%、11.2%、11.2% 和 10.8%。这意味着,在身体不在场和匿名的网络空间,如何借助网名呈现自己的内心欲望,如何通过网名把自己的独特个性和能力呈现出来,是青少年选择网名时最主要考虑的因素;而选择可爱好听的网名,在相当程度上还是希望在社会交往中把自己理想的一面呈现出来。

---

① M.波斯特:《信息方式——后结构主义与社会语境》,范静晔译,商务印书馆 2000 年版。

② M.卡斯特、S.特克等:《因特网的未来:一切都将再次发生变化》,《国外社会科学文摘》2001 年第 2 期。

③ 陶慧娟:《网路交友互动分析:网路人际关系的虚幻与真实》,2004 年台湾世新大学学位论文。

也就是说,借助网名,在网络空间实现自己的理想人格呈现,从而达到人性释放和欲望满足的目的,是青少年选择网名的主要依据。而网络空间既隔离又连接的特性,为青少年追求自我实现、呈现个性特征和能力,提供了一个宽广自由的空间。在网络空间,青少年能够十分方便地呈现个性化、多元化的自我,或者呈现在现实中被压抑或隐藏的自我面向,甚至重新塑造一个理想化的自我。

表 5　确定网名的主要原因($N=1579$)

	相对频率(%)
反映自己的内心欲望	24.4
体现自己的个性和能力	22.5
可爱好听	18.1
使用方便	11.2
没有什么特别的原因	11.2
新鲜有趣	10.8
其他	1.8

六、网络交往内容

网络空间的社会交往,缺乏身体的实际接触,是一种身体不在场的匿名互动,这是网络交往与现实社会交往的一个实质性区别。在现实生活中,身体的实际嵌入,是维持连贯的自我认同与稳定的人际互动的基本途径。[①] 而在网络空间,由于身体不在场和匿名,人们可以在互动过程中避免身体的实际接触,因此无须像在现实交往中那样担心"规训权力"(disciplinary power)对身体造成伤害。由于这种匿名保护,人们在网络空间往往以一种更为开放、大胆的姿态投入到人际互动中去,把自己从各种现实束缚中解脱出来,根据自己的兴趣、爱好或动机,在网络空间与他人(甚至是陌生人)展开互动。这种以匿名面貌展开的社会互动,有可

---

① A.吉登斯:《现代性与自我认同:现代晚期的自我与社会》,赵旭东等译,生活·读书·新知三联书店 1998 年版。

能导致交往内容的改变。我们通过询问青少年在网络实时聊天和 BBS 互动过程中的主要话题,分别测量了青少年在这两种网络交往方式中的互动内容,数据统计结果分别见表 6 和表 7。

表 6　网络实时聊天的主要话题($N=1623$)

	相对频率(%)
自己感兴趣的问题,如音乐、足球等	24.3
没什么固定话题,无话不谈	22.8
学习或生活中遇到的各种问题	16.7
生活中的琐事	13.2
自己的理想或将来	11.7
生活中的情感或爱情	10.1
其他	1.2

　　从表 6 可见,在网络实时互动中,青少年聊天话题相对频率最高的是"自己感兴趣的问题,如音乐、足球等",占 24.3%,其次为"没什么固定话题,无话不谈",占 22.8%,接下来依次为"学习或生活中遇到的各种问题""生活中的琐事""自己的理想或将来"和"生活中的情感或爱情",相对频率分别为 16.7%、13.2%、11.7% 和 10.1%。而表 7 的统计结果则显示,在 BBS 互动中,青少年的互动话题以"就社会问题发表自己的意见"所占比例最高,为 40.1%,然后依次为"抒发个人心情""随便跟帖灌水""寻求别人帮助",所占比例分别为 31.1%、21.0% 和 7.8%。从青少年网民在实时聊天和 BBS 这两种不同网络互动场域中的话题差异可见,在不同的网络空间,青少年的互动行为有着不同的内容。比较而言,在实时聊天空间中,青少年主要谈论的话题是个人的兴趣爱好、生活、学习和情感,这意味着他们倾向于将聊天空间视为一个私人空间;而在 BBS 互动空间,青少年谈论较多的话题,既有社会问题也有个人情感问题,这意味着他们基本上把 BBS 视为了一个公私交织的空间。不过总体而言,这种差异背后所呈现的,是网络空间的一个共同趋向,即公共空间与私人空间之间的界限开始变得模糊,网络空间基本上是一个公私交织的新

空间。① 对于这一趋向所包含的社会意义,值得作进一步的深入思考。

表7　BBS互动的主要话题(N＝601)

	频数	频率(%)
就社会问题发表自己的意见	241	40.1
抒发个人心情	187	31.1
随便跟帖灌水	126	21.0
寻求别人的帮助	47	7.8

　　调查结果还说明,青少年在网络空间的人际交往是一种较少功利性,而更多基于兴趣的社会互动。很少有青少年借助网络从事功利性较强的交往行为,如通过网络空间寻求别人的帮助,而更多地从事的交往行为,是诸如谈论自己感兴趣的问题、聊学习或生活中遇到的各种问题、聊生活中的琐事等。也就是说,在网络交往中,共同兴趣已取代现实社会交往中的人际纽带,而成为一种新的人际纽带。同时,调查结果还显示,由于网络空间的身体不在场和匿名特征,青少年在网络交往中的话题比较广泛。例如在实时聊天中,青少年网民往往是无话不谈,甚至连自己在现实生活中与同学和朋友都不谈的个人秘密,也展露在陌生人面前,与不认识的人讨论与共享,从而达到放松心情、抒解在学习和生活中面临的各种压力的目的。

七、网络人际信任

　　人际信任是在人际交往中对交往对象的一种预期及信念。② 在现实社会生活中,人们之间的信任是建立在彼此熟悉和确信的基础之上的。③但是在网络空间,由于人们的交往更像是一场陌生人之间的互动游戏,

---

　　① 黄少华、陈文江:《重塑自我的游戏:网络空间的人际交往》,兰州大学出版社2002年版。

　　② 杨中芳、彭泗清:《中国人人际信任的概念化:一个人际关系的观点》,《社会学研究》1999年第2期。

　　③ N.卢曼:《信任:一个社会复杂性的简化机制》,瞿铁鹏等译,上海人民出版社2005年版,第27页。

从而在客观上增加了人际信任的风险。有人强调,网络空间作为一个虚拟社交场域所具有的身体不在场、匿名、缺乏社会线索、去边界、去地域等情境特征,使社会交往面临一系列不同于面对面交往的新风险。例如在网络交往中,人们会全部或部分地隐匿自己的社会身份,这种社会身份虚位的匿名交往,不只创造了自由交往的空间,同时也造成了交往中的信息缺乏和身份识别困难,从而使人际信任问题在网络交往中被凸显了出来。① 调查结果显示,有 46.0% 的青少年认为网络交往缺少信任,因而交往无法深入;42.6% 的青少年认为由于网络交往缺少表情和情绪信息,因此交往缺乏诚意;40.9% 的青少年认为在网上认识的朋友不可靠;27.6% 的青少年强调网络交友容易受到欺骗,因此不敢尝试在网上交友。这说明对网络空间的交往风险,青少年有着一定程度的感知。但值得注意的是,青少年网民同时对网络空间中因为匿名而带来的交往安全也有较高程度的认知,有 74.8% 的青少年觉得网络交往不会暴露自己的真实身份;72.8% 的青少年认为网络交往比较容易保护自己的个人空间;71.2% 的青少年强调网络交往可以不受时间和空间的限制;70.0% 的青少年觉得网上聊天比面对面交谈让自己更轻松自在;69.6% 的青少年强调借助网络能结交到志同道合的朋友。

那么,青少年在网络交往中的实际人际信任程度如何呢?在测量青少年网络人际信任时,我们考虑到网络交往既是熟人之间的互动,又是陌生人之间的交流,因此将人际信任的对象区分为熟人和陌生人两类;同时,考虑到青少年的网络行为包括工具性取向和情感性取向两个方面,因此在测量网络人际信任时,借助 6 个行为测量指标,分别对工具性人际信任和情感性人际信任进行测量。测量结果见表 8。

表 8　网络交往中的虚拟人际信任

	陌生人(N=1568)		熟人(N=1585)	
	频数	频率(%)	频数	频率(%)
寄钱给对方,让他帮自己买东西	232	14.8	580	36.6

① M. Poster. Postmodern Virtualities. In: M. Featherstone & R. Burrows (eds.). Cyberspace/Cyberbodies/Cyberpunk: Cultures of Technological Embodiment. London: Sage Publications,1995.

续表

	陌生人（N=1568）		熟人（N=1585）	
	频数	频率（%）	频数	频率（%）
把自己的游戏账号借给对方	324	20.7	700	44.2
向对方倾诉自己的烦恼或心事	356	22.7	996	62.8
接受对方的邀请与其见面	361	23.0	743	46.9
耐心回答对方的询问	608	38.8	1203	75.9
在对方情绪低落时倾听和安慰对方	693	44.2	1186	74.8

从表8可以看出，从行为内容来看，青少年在网络交往时从事"在对方情绪低落时倾听和安慰对方""向对方倾诉自己的烦恼或心事""耐心回答对方的询问"等情感性交往行为的频率较高，而从事"接受对方的邀请与其见面""把自己的游戏账号借给对方""寄钱给对方，让对方帮自己买东西"等涉及利益和安全的工具性行为的频率较低。从行为对象来看，所有六种涉及人际信任的行为，其参与程度都呈现出一个共同的趋势，即与熟人之间的互动频率，明显高于与陌生人之间的互动频率。这意味着，首先，青少年在网络交往中对熟人和陌生人的信任程度存在着明显差异。无论是情感性信任还是工具性信任，青少年网民对熟人的信任程度明显高于对陌生人的信任。其次，青少年网民的情感性信任水平和工具性信任水平存在着明显差异。青少年在工具性交往中对网友的信任程度，明显低于在情感性交往中对网友的信任程度。概括地说，青少年网络人际信任的基本特点是：就交往对象而言，更信任熟人；而就信任内容而言，则情感性信任水平高于工具性信任水平。

八、网络交往语言

网络交往是一种以身体不在场为基本特征的社会互动，人们在互动中缺乏身体的实际接触，这一方面让人们无须像现实交往中那样担心"规训权力"对身体造成伤害，从而能够根据自己的兴趣、爱好或动机，以一种更开放、大胆的姿态介入到社会互动中去；但另一方面，也增加了社会互动中的不确定感。有学者强调，这种不确定感不利于人们的情感交流,加之社会惩罚不在场,会导致敌意行为的增加,从而无法建立真正的社会互动。① 不过沃尔瑟(J. B. Walther)认为,网络作为一个社会互动场域,即使缺乏说话的腔调、口音和其他非口语化的肢体语言信息,如瞪眼、撇嘴、手势、点头等,从而无法了解参与者的年龄、性别、外貌、职业等社会线索,使用者也会利用语言、文字线索加以弥补,例如用表情符号、数字来表达情绪,从而促进人际互动的进行。② 由于网络空间是一个缺乏社会线索的场域,因此,人们在网络空间的各种社会行为,必须借助网络书写才能实现,这成就了网络语言在网络互动中的特殊地位。③ 瓦伦丁和霍尔韦认为,在网络空间,有些图标和文本已经被人们用来描述身体接触及其姿态,从而使网络使用者在网络交往中有一种与他人身体接触的感觉,这种感觉甚至被有些青少年进一步延伸到现实世界中。④ 波斯特(Mark Poster)甚至认为,网络语言的形成,在相当程度上改变了社会关系网络,并重新建构着新的社会关系及关系主体。⑤ 表9的统计结果显示,对于青少年网民来说,在网络互动过程中使用网络语言,已经是一种十分普遍的网络行为了,其中尤其是数字语言的使用频率最高,经常使用的占 57.2%,偶尔使用的占 33.3%,只有 9.5% 的青少年从来不用。其他如表情符号、英文缩写的使用频率也较高,分别为 67.1% 和 59.5%。

表 9   网络交往中网络语言使用状况($N = 1598$)

	经常使用		偶尔使用		从来不用	
	频数	频率(%)	频数	频率(%)	频数	频率(%)
数字符号(如 886、456)	914	57.2	532	33.3	152	9.5
表情符号(如^o^、、—^)	473	29.6	599	37.5	526	32.9

① M. R. Parks & K. Floyd. Making Friends in Cyberspace. Journal of Communication, 1996,46(1).

② J. B. Walther. Interpersonal Effects in Computer-mediated Interaction: A Relational Perspective. Communication Research,1992(19).

③ 黄少华、翟本瑞:《网络社会学:学科定位与议题》,中国社会科学出版社 2006 年版。

④ G. 瓦伦丁、S. L. 霍尔韦:《网络少年:青少年的网络和非网络世界》,《解读数字鸿沟:技术殖民与社会分化》,曹荣湘等译,上海三联书店 2003 年版。

⑤ M. 波斯特:《信息方式——后结构主义与社会语境》,范静哗译,商务印书馆 2000 年版。

续表

	经常使用		偶尔使用		从来不用	
	频数	频率(%)	频数	频率(%)	频数	频率(%)
英文缩写(如 3Q、GG)	345	21.6	606	37.9	647	40.5
网络用语(如恐龙、楼上)	251	15.7	498	31.2	849	53.1
谐音(如斑竹、偶)	250	15.6	479	30.0	869	54.4

口头语言和书面语言的二元交织,是网络语言的重要特征。作为一种口语化的书面语言,网络语言具有创新性和随意性强、个性化和人情味浓厚、娱乐性和时尚化凸显等特点。[①] 虽然调查数据显示,青少年对网络语言呈现出一种矛盾交织的心态(例如,对"网络语言是一种有活力的语言"的说法,分别有 62.6%、23.1%和 14.3%的青少年表示同意、说不清楚和不同意;但同时,又分别有 46.1%、25.7%和 28.2%的青少年对"网络语言会破坏语言的纯洁和规范"的说法表示同意、说不清楚和不同意),但在实际网络交往活动中,网络语言作为呈现、展示自己的个性,塑造自我形象,表达内心渴望的重要方式,被青少年大量使用,从而导致其交往行为呈现出一些新的特点。而从青少年的网络语言使用动机,我们可以大致窥见网络语言对青少年的吸引力所在。表 10 的统计结果显示,有 64.1%的青少年之所以在网络交往中使用网络语言,是因为网络语言简洁方便、灵活形象,而 46.4%的青少年则是因为使用网络语言沟通方便,25.7%的青少年是因为网络语言能够展现自己的个性,15.0%的青少年是因为网络语言时髦有趣,14.1%的青少年是希望借助网络语言表达自己内心的愿望,而有 12.0%的青少年是想借助网络语言塑造自己在网上的形象。可见,网络语言所具有的独特的灵活性、不确定、时尚、娱乐性魅力,使它成为了青少年实现互动、追寻自我、体验虚拟生活的一种全新方式。尤其是网络语言的简洁方便、灵活形象特征,方便青少年在网络交往中灵活地使用语言,通过转变词汇甚至句法,创造出新的语言沟通与互动策略,达到节省交往时间,压缩交往空间的效果,[②]这也是数

---

① 黄少华、陈文江:《重塑自我的游戏:网络空间的人际交往》,兰州大学出版社 2002年版。

② 叶玫君:《年轻族群行动文字简讯使用研究初探》,《资讯社会研究》2004 年第 6 期。

字语言、表情符号、英文缩写等各种网络语言被青少年网民广泛接受，并在网络交往中大量使用的原因所在。而有关的研究还显示，网络语言的大量使用，已经在相当程度上改变了人际互动的言谈结构和话轮转换规则。[①]

表 10   网络语言使用动机（N＝1653）

	频数	频率（%）
简洁方便，灵活形象	1060	64.1
与网友沟通方便	767	46.4
展现自己的个性	425	25.7
时髦有趣	248	15.0
表达自己内心的愿望	233	14.1
塑造自己在网上的形象	199	12.0
有人情味	147	8.9
标新立异	143	8.7
不用会被别人笑话	103	6.2
其他	49	3.0

九、结论与讨论

基于本文对青少年网络交往结构的量化分析，我们大致可以得出以下几点基本结论：

第一，互联网的出现，为人们提供了一种正在不断扩张的新交往与互动方式，网络空间是一个方便人们互动和寻找新朋友的场域。[②] 借助网络空间，人们不仅可以维持与延续现实生活中的社会交往，而且可以发展出新的与陌生人之间的社会互动。也就是说，网络交往既是维持熟

---

① 陈俞霖：《网路同侪对 N 世代青少年的意义：认同感的追寻》，台湾复文出版社 2003 年版。

② J. E. Katz & R. Rice. Syntopia：Access，Civic Involvement and Social Interaction on the Net. In：B. Wellman & C. Haythornthwaite（eds.）. The Internet in Everyday Life. Oxford：Blackwell Publishers Ltd.，2002.

人之间社会关系的途径,又是建构陌生人之间社会关系的新渠道。或者说,网络交往不仅有助于维系人们已有的社会关系网络,而且还能够进一步扩展人们的社会关系网络。布劳强调:"社会联系取决于社会接触的机会。"①网络空间的崛起,为青少年充分提供了这样的社会接触机会。不仅如此,网络交往所建构的社会互动网络,还能够为人们提供实质性的社会支持。威尔曼通过分析虚拟社区网络关系的交互性或对称性、联系强度与资源交换类型,发现网络空间的社会关系网络和真实社区网络一样,同样可以提供多种资源交换与情感支持,这些网络关系既可以是工具性支持与交换关系,也可以是情感性支持与交换关系。也就是说,在虚拟社区中,同样存在着和现实社区网络中一样的强关系和弱关系。不过与现实社区中的社会关系不同,虚拟社区中的大部分关系,是由陌生人互动发展出来的弱关系。网络空间的关系网络,比现实生活中的关系网络,显得更加多元、更大自由度,而且受现实社会结构的制约也较少,互动双方的关系也因此显得更加平等。② 我们的研究也在一定程度上证实了这一点。可以说,由互联网建构的互动关系网络,所提供的已不仅仅是信息沟通与交换,而且能够提供真实的情感互动和社会支持。

　　第二,青少年在网络交往中选择交往对象时,最看重的因素主要有"与自己的兴趣爱好相同""说话幽默""性格好,容易接触""有学问,知识丰富"等个人内在特征。这意味着,那些在现实人际交往中被人们特别看重的因素,如年龄、性别、社会地位等,已经不再是青少年网络交往中人际吸引的关键因素,兴趣、爱好、性格、学识等个体内在特征对网络交往的影响力,开始被凸显出来。而且无论是在像 QQ、MSN 等实时互动中,还是在像 BBS 这样的非实时互动中,青少年网民的网络交往都呈现出较少功利性,而更多基于兴趣互动的特点。很少有青少年借助网络从事功利性较强的交往行为,如通过网络空间寻求别人的帮助,而更多地从事的交往行为,是诸如谈论自己感兴趣的问题、聊学习或生活中遇到的各种困难、聊生活中的琐事等。也就是说,在网络交往中,共同的兴趣

---

① P. M. Blau. Inequality and Heterogeneity: A Primitive Theory of Social Structure. New York: Free Press, 1977: 281.

② B. Wellman. An Electronic Group is Virtually a Social Network. In: S. Kiesler (eds.). Culture of the Internet. Lawrence Erlbaum Associates, 1997.

或爱好,正在开始成为取代现实社会交往中的血缘、地域或利益等人际纽带的新纽带。从某种意义上可以说,网络人际互动是一种类似格兰诺维特(M. Granovetter)所说的弱关系。不过,与格兰诺维特发现弱关系的力量主要在于提供信息不同,在网络交往中,弱关系的力量更多体现在提供情感支持。因此也可以说,网络人际互动更类似于吉登斯所说的"纯粹关系"(pure relationship),即一种外在标准已被消解的内在参照关系,关系的存在仅仅是为了这种关系所能给予的酬赏本身。[①] 这同时也意味着,主导青少年在网络空间这一交往场域的基本互动原则,已不再是获得资源和收益,而是追求互动本身的快乐。因此可以说,网络的主要价值不在于扩展了人们的交往范围,而在于改变了人们的交往结构和交往规则。

第三,与传统人际交往中媒介多半只是沟通工具不同,网络空间不仅是一个互动媒介,而且是一个自我呈现的媒介,它充分结合了人际交往的两大功能:互动性和自我呈现。由于网络空间的结构性特征,在网络交往中,社会地点开始与物理地点相互脱钩,从而导致物理地点对交往行为的制约作用消失,[②]并且由此导致网络交往的结构转变。其中的一个重要转变是,网络交往使青少年能够更加开放、多元、弹性地呈现自我。在网络互动过程中,青少年借助网名,在隐匿自己的真实身份的同时,通过操控自我呈现,有选择地透露自己的个人信息,从而把自己希望展示而在现实生活中无法展示的自我面貌呈现出来,甚至通过这种展示和呈现,重新塑造一个新的自我。有不少青少年在网络交往过程中常常同时使用多个网名,他们不仅希望通过这些网名呈现自我的理想形象,呈现自己的内心欲望、个性和能力,而且这种呈现因为网络空间的场域特性而变得多元、流动和不确定。也就是说,青少年在网络空间呈现的自我面貌,是一种多元、平行、去中心、流动和碎片化的自我,而且网络介入程度越高,自我呈现的这种后现代特征体现得越充分。同时,我们在研究中还发现,这种自我呈现与网络语言的使用密切相关。青少年使用

---

① A.吉登斯:《亲密关系的变革:现代社会中的性、爱和爱欲》,陈永国等译,社会科学文献出版社 2001 年版。

② J.梅罗维茨:《消失的地域:电子媒介对社会行为的影响》,肖志军译,清华大学出版社 2002 年版。

网络语言的两个主要目的,就是方便人际互动与呈现自我面貌。网络语言对青少年展现自己的个性,重塑自己的形象,有着至关重要的作用,是青少年在网络空间形塑自我认同的基本途径和方式之一。

第四,网络交往中互动内容的变化,是构成青少年交往行为转变的一个重要方面。在网络空间,由于身体不在场和匿名,人们的表达会更直接和无所禁忌,更容易吐露个人内心的真实情感,表露自己的弱点和个人隐私,也就是说,高自我暴露(sclf disclose)水平是网络交往的一个重要特征,[①]这导致了青少年在网络交往中互动内容的变化。我们发现,青少年在网络互动中虽然无话不谈,但是谈论得最多的话题,则是有关个人的兴趣爱好、生活、学习和情感等这些较为私人性的话题,这导致青少年对像 BBS 这类以讨论公共话题为主的互动空间缺乏兴趣与热情,或者干脆将这一公共空间作私人化运用,在 BBS 场域抒发个人心情甚至只是简单灌水。这意味着,青少年在网络空间的社会互动,是以个人兴趣、感受和情感表达为主要内容的,网络交往实质上是一个陌生人之间个人兴趣、感受和情感的分享过程。网络交往在内容上的这一变化,反映了网络交往场域两个方面的结构性转变:一方面,以前只是作为私人话题的个人情感、内心感受,在网络空间却成为可以公开讨论的话题,而且这种公开已经不需要与共同在场联系在一起。这意味着,在网络交往中,私人空间与公共空间的界限已经开始变得非常模糊。另一方面,青少年在网络空间这一公开场域中谈论的主要话题,已经不再是传统的公共话题,而主要是私人话题,这同时又意味着公开场域与公共领域之间发生了结构性的分离。[②]

① J. B. Walther. Computer-mediated Communication: Impersonal, Interpersonal and Hyperpersonal Interaction. Communication Research,1996 (1);A. Joinson. Causes and Implications of Disinhibited Behavior on the Internet. In: J. Gackenbach (eds.). Psychology and the Internet Intrapersonal, Interpersonal, and Transpersonal Implications. San Diego:Academic Press,1998.

② 陈竞存、陈之虎:《从"青少年网上行为研究"看本地网上群组的形成》,《青年研究学报》1998 年第 2 期。

虚拟社区中的互动网络[*]

——以"广穆社区"为例

一、问题的提出

互联网的崛起,形塑了一种全新的社会互动方式,一种以"身体不在场"和匿名为基本特征,经由互联网媒体中介形成的在线互动。雪莉·特克(Sherry Turkle)认为,这种在线互动,正在形塑一种新的社区形式——虚拟社区。"网路空间已成为日常生活中的例行公事之一。当我们透过电脑网路寄发电子邮件,在电子布告栏发表文章或预订机票,我们就身在网路空间。在网路空间中我们谈天说地、交换心得想法,并自创个性及身份。我们有机会建立新兴社区——亦即虚拟社区,在那里,我们和来自世界各地从未谋面的网友一起聊天,甚至建立亲密关系,一同参与这个社区。"①尼葛洛庞帝(Nicholas Negropont)则强调:"网络真正的价值正越来越和信息无关,而和社区相关。信息高速公路不只代表了使用国会图书馆中每本藏书的捷径,而且正创造着一个崭新的、全球性的社会结构!"②

---

* 原载《淮阴师范学院学报》(哲学社会科学版)2010年第3期。

① S.特克:《虚拟化身:网路世代的身份认同》,谭天、吴佳真译,远流出版事业股份有限公司1998年版,第3—4页。

② N.尼葛洛庞帝:《数字化生存》,胡泳、范海燕译,海南出版社1996年版,第213—214页。

　　但是,对于在线互动的实质,社会科学界有两种截然不同的认识。一些学者强调,因为身体不在场和匿名,导致在线互动只能建立一种暂时、没有人情味、充满言语冲突和怒火、无责任感的社会关系,无法期望在网络空间产生正常的社会关系,网络空间只不过是一个游戏性、挑战日常社会规范的虚拟场域而已。例如,谢门特(J. Schement)在强调初级关系和次级关系是两种不同的关键社区因素的基础上,认为虚拟社区是一种"由次级关系构成的"社区,在虚拟社区中,人们只能在"单一或很少几个维度上"彼此了解,而在由初级关系构成的现实社区中,情况正好相反,人们可以在多个维度上彼此了解。卡尔霍恩(C. Calhoun)也认为,在线互动建构的只是一种间接关系,即以特殊兴趣或身份为纽带的在线关系。① 在这些学者看来,虚拟社区虽然可以很轻易地吸引那些兴趣相同但在地理位置上分布广泛的人,但它会削弱本地物理社区,对现实物理社区的意义造成损害。因此他们强调,互联网是一种导致社会疏离的技术,借助互联网进行沟通会导致人们更热衷于与陌生人交谈,形成肤浅关系,却减少与朋友和家人面对面的接触与沟通,从而导致人们沉溺虚拟世界而疏远现实的社会关系,导致社区的消失和社会资本的减少。克劳特(Robert E. Kraut)等人通过对美国匹茨堡地区家庭互联网用户使用行为的研究,发现使用互联网越多的人,通常其社会网络规模越小,与家人和朋友的沟通也较少,而且容易感受孤独、压力等消极情绪。这是因为,在线互动形成的只是一种弱社会关系,在线沟通者之间由于不能进行面对面接触这种强社会互动,因此无法借助在线互动获得真实的社会支持,在线社会关系因此也无法解决人们的孤独和压力问题。② 德国社会学家威瑞(Frank Weinreich)也认为,虽然互联网为人们提供了相互接触和联系的工具,人们能够通过互联网相互认识与交流,但这种互动并不能构成社区,因为在线互动并"不能替代人与人之间直接接触时的那种感官上的体验。信任、合作、友谊以及群体,它们是建立在感官世界相互接触基础之上的。你可以通过网络进行交流,但是你不可能生活在网

---

　　① J. E. 凯茨、R. E. 莱斯:《互联网使用的社会影响》,郝芳、刘长江译,商务印书馆 2007年版。

　　② R. Kraut, et al. Internet Paradox: A Social Technology That Reduces Social Involvement and Psychological Well-being? American Psychologist, 1998(9).

络里"①。

与上述观点不同,另一些学者强调,互联网并不会导致现实社区的消失,相反,借助互联网展开的社会互动,有助于形成一种新的社区形式即虚拟社区。例如莱茵戈德(Howard Rheingold)通过对旧金山 WELL 社区的研究,发现"身在虚拟社区的人们,习惯于借助屏幕上的文字来相互开玩笑及争论、进行学术讨论、从事商业活动、交流知识、分享情感支持、制订计划、集体讨论、闲谈、争吵、坠入情网、结识与失去朋友、玩游戏、打情骂俏、创造有一定水准的艺术作品,以及更多的闲聊。把肉体抛诸脑后,身在虚拟社区的人们所从事的,正是在现实社会中每个人都会做的事情"②。而威尔曼(Barry Wellman)则认为,互联网作为一个复合媒介,使人们在其中不只获得信息资源,而且能够同时获得情感支持、思想支持、工作支持和物质支持。网络使用者基于自己的真实兴趣和爱好加入虚拟社区,随着时间的流逝,通过持续互动而形成的在线关系,同样能够为人们提供实质上和情感上的"互惠"和"支持",并由此形塑一种真实的社区关系。威尔曼强调,互联网特别适合于发展多重弱关系。这些弱关系能够促使具有不同社会特征的人群相互连接,从而扩展了人们的社会交往,在一个日趋个人化及公民冷漠的社会里,互联网对扩展人们的社会交往大有裨益。③ 基斯勒(S. Kiesler)等人的研究也显示,大部分人在使用互联网后,与家人和朋友的联系并没有减少反而增加了,而且使用互联网还扩展了人们的远距离社会交往圈子,增加了与亲戚朋友的面对面互动。④ 凯茨(J. E. Katz)等人的研究同样证明,互联网扩展了人们的社群、信息和友谊网络,增加了在线甚至离线的互动,是一个增加社

① J. 诺顿:《互联网:从神话到现实》,朱萍、茅庆征、张雅珍译,江苏人民出版社 2001 年版,第 39 页。

② H. Rheingold. The Virtual Community: Homesteading on the Electronic Frontier. New York: Addison-Wesley. 1993, p. 3.

③ B. Wellman & M. Gulia. Virtual Communities as Communities: Net Surfers Don't Ride Alone. In: A. Smith & P. Kollosk (eds.). Communities in Cyberspace. London: Routledge, 1999.

④ S. Kiesler, et al. Internet Evolution and Social Impact. IT & Society, 2002, 1(1).

会资本的重要资源。① 而赖特（K. B. Wright）对网络空间所建构的社会支持网的研究发现，人们使用互联网的时间，与在线上获得的社会支持之间成正比。只要在线沟通的时间足够长，虽然缺乏像面对面互动那样的社会线索，网民仍然能够发展出虚拟社会关系，而且这种社会关系的密切程度，不亚于面对面互动所建构的社会关系。一些参与虚拟社区的互联网使用者，甚至感觉到他们最亲密的朋友，是来自于虚拟社区的网络同伴。② 这意味着，由互联网架构的虚拟社会网络，与现实社会网络一样，同样能为人们提供信息、情感和物质支持，并且能够增加人们的人际信任与社会资本。由互联网崛起而造成的虚拟社会关系网络的兴起与扩张，"标志着社会资本的革命性增长"③。

　　近年来，随着我国互联网基础设施的快速发展和网民数量的快速扩张，各种形式的虚拟社区也呈现出快速增长的态势，其中 BBS 是国内虚拟社区的主要形式之一。BBS 是一个功能强大的虚拟互动空间，用户可以根据自己的兴趣进入不同的讨论区，将自己的想法或信息张贴到分类讨论区中，或者通过回复主帖加入讨论，与他人进行沟通与交流，也可以只是潜水浏览帖子。有鉴于 BBS 是目前国内网民最重要的在线互动场域之一，本研究尝试以"广穆社区"为研究样本，探讨 BBS 虚拟社区中的互动网络的结构和类型。具体而言，本研究借助对"广穆社区"中由帖子互动构成的网络关系的定量分析，回答以下两个问题：（1）在 BBS 虚拟社区中，是否形成了一种新的社会互动网络？这种互动网络具有多大强度？（2）在 BBS 虚拟社区中，形成了哪些类型的互动网络？这些互动网络为社区参与者提供了什么样的社会支持？

---

　　① 　J. E. Katz & R. Rice. Syntopia: Access, Civic Involvement and Social Interaction on the Net. In: B. Wellman & C. Haythornthwaite (eds.). The Internet in Everyday Life. Oxford: Blackwell, 2002.

　　② 　K. B. Wright. Computer-mediated Social Support, Older Adults, and Coping. Journal of Communication, 2000, 50(3).

　　③ 　林南：《社会资本：关于社会结构与行动的理论》，张磊译，上海人民出版社 2005 年版，第 227 页。

二、样本与方法

"广穆社区"成立于 2002 年 7 月 10 日,是由一群在广州打工的穆斯林青年创办的 BBS 论坛,其成员最初以从事阿拉伯语和英语翻译的穆斯林青年为主,设有自由之音、解读信仰、经济论坛、原创文学、互助论坛、情感驿站、做客广穆、影音图片、广穆书屋等 9 个板块。2003 年 10 月 1 日,中国穆斯林网站在兰州开通,"广穆社区"并入中穆网,成为中穆 BBS 论坛地方社区板块中的一个栏目。合并前,"广穆社区"共发表主帖 2677 个,帖子总数 14536 个。[①] 合并后截至 2009 年 3 月 6 日,共发表主帖 4872 个,帖子总数 43200 个。

与现实社区不同,在 BBS 虚拟社区中,网民是借助书写文本(发帖)来呈现与表达自我,建构互动网络的。本文运用网络分析方法,通过对广穆 BBS 讨论区中由帖子构成的互动关系进行定量分析,来探讨虚拟社区中的互动网络。我们的研究样本是"广穆社区"2007 年 4 月 1 日 0 时至 4 月 15 日 24 时半个月内张贴的 265 个帖子。其中主帖 38 个,回帖 227 个,日均发帖量为 17.67 个。发帖的 ID 共有 92 个,平均每个 ID 发帖 2.88 个。帖子的编码和统计方法为:以统计日期内发表的主帖及其回帖构成的讨论串作为样本,其中包括少量在 2007 年 4 月 15 日以后张贴的针对统计日期内张贴的主帖的回帖,而剔除统计日期内针对 4 月 1 日以前张贴的主帖的回帖。

三、研究发现

(一)"广穆社区"中的互动网络

社群网络图是表达互动网络的形式化方法之一。图 1 以网络图的形式,呈现 2007 年 4 月 1 日至 4 月 15 日半个月内,"广穆社区"中由帖子互

---

① 马强:《流动的精神社区:人类学视野下的广州穆斯林哲麻提研究》,中国社会科学出版社 2006 年版。

动构成的互动网络。从图中可见,有一些参与者的互动网络较为广泛,其互动网络包含多个ID,例如编号1的"eauty2003"、编号2的"如梦"、编号3的"sarawong"、编号6的"阿.布.杜.拉"等;也有些参与者的互动网络较为单一,如编号78的"易天云"、编号87的"阿拉伯王子4254"等,基本上限于一对一的互动;编号22的"马明福"则没有与任何其他ID形成互动关系。

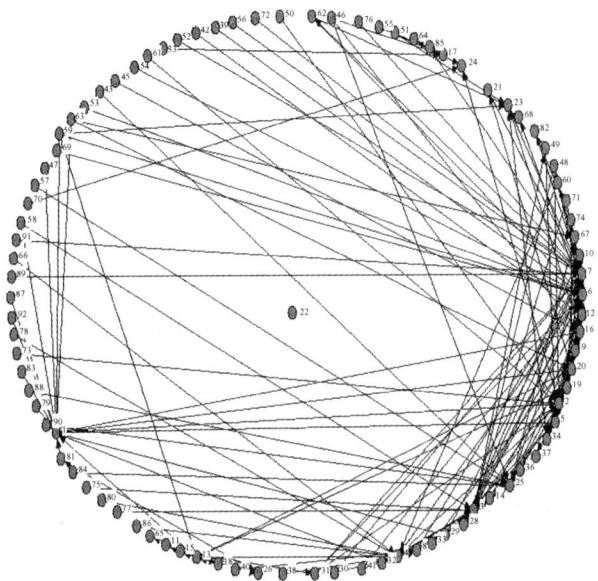

图1　"广穆社区"网络图

　　图1呈现的社群图包含38个讨论串。为了具体了解讨论串的网络规模及平均规模,我们以讨论串包含的ID数量作为指标,对38个讨论串进行了测量。从测量统计结果来看,在38个讨论串中,有近三分之一(31.6%)的讨论串只包含2个以下ID;有2个讨论串包含的ID数量较多,达到17个,占5.3%(见表1)。整体来看,"广穆社区"平均每个讨论串包含5.26个ID,标准差为4.53。这意味着,在"广穆社区"中,的确已经形成了一定规模的互动网络。

　　为了更深入地了解"广穆社区"的互动网络结构,我们借助点度、中心性、中介性和密度等指标,进行进一步的具体分析。

表 1　"广穆社区"讨论串包含的 ID 数量

ID 数(个)	频数	频率(%)
1	6	15.8
2	6	15.8
3	5	13.2
4	4	10.5
5	5	13.2
6	1	2.6
7	4	10.5
8	1	2.6
9	2	5.3
16	2	5.3
17	2	5.3

1. 点度(degree)

点度作为一个用来测量网络结构的重要指标,是指与一个点相连接的点的数量,也叫连接度或关联度。一个点的度数实际上就是与该点相连的线的条数,由于每条线都连接着两个点,因此,点的度数和是线数的2倍。从点度规模来看,"广穆社区"点度规模的最大值和最小值分别为26 和0,均值为3.41,标准差为4.65,方差为21.61。其中只与1个 ID 发生了互动关系的 ID,占到了互动网络中所有 ID 的近一半(48.9%),但也有近一成的 ID(9.8%)与12个以上的 ID 发生了互动关系(见表2)。这意味着,"广穆社区"不同成员之间的互动规模,存在着较大程度的个体差异。

表 2　"广穆社区"点度分布

互动 ID 数(个)	频数	频率(%)
0	1	1.1
1	45	48.9
2	14	15.2
3	9	9.8

续表

互动 ID 数(个)	频数	频率(%)
4	7	7.6
5	4	4.3
6	1	1.1
7	2	2.2
12 及以上	9	9.8

2. 点出度(out-degree)和点入度(in-degree)

在有向图中,点度可以区分为点出度和点入度。一个点的点出度是指该点所直接指向的其他点的总数,在 BBS 虚拟社区中,是指某个 ID 回复其他 ID 的数量,反映的是某个 ID 参与互动的程度;而点入度则是指直接指向该点的其他点的数量,在 BBS 虚拟社区中,是指回复某个 ID 的其他 ID 的数量,反映的是某个 ID 受人关注的程度。如果某个 ID 有着比较高的点出度和点入度,就说明这个 ID 在虚拟社区中不仅积极参与帖子互动,而且其帖子受到其他 ID 的积极回复,在文本互动关系网络中处于较为核心的地位。

具体分析"广穆社区"的点出度,可以发现,"广穆社区"成员在半个月中的平均点出度绝对值为 2.01,标准差为 2.04,方差为 4.16,说明社区成员的主动参与程度有限。虽然在半个月内没有给任何 ID 发过回帖的 ID 只有 6 个,占所有发帖 ID 的 6.5%,但是存在着大量互动程度较低的 ID,其中只给 1 个 ID 发过回帖的 ID 超过半数,而给 8 个以上 ID 发过回帖的 ID 只有 3 个,只占所有 ID 的 3.3%。其中发回帖最多的是编号 20 的"萨利",在半个月中给 11 个 ID 发过回帖。

进一步来看"广穆社区"在半个月中的点入度状况。其平均点入度绝对值为 2.01,标准差为 4.35,方差为 19.95,说明与点出相比,"广穆社区"的点入相对集中地指向少数 ID。具体而言,有多达 49 个 ID 在半个月中没有得到任何 ID 的回复,意味着他们的帖子没有能够吸引其他 ID 的关注和参与,占所有发帖 ID 的 53.3%,只得到 1 个 ID 回复的 ID 也占所有 ID 的 21.7%。而在半个月中得到了 8 个以上 ID 回帖的 ID 仅有 7 个,其中得到回帖最多的是编号 7 的"layla917",共得到 25 个 ID 的回帖。说明"广穆社区"的互动网络,主要是围绕少数核心 ID 形成的。

3. 中心性(centrality)

中心性也是分析网络结构的重要指标。中心性分为个体的点中心度和整体的图中心度,即点度中心度和点度中心势。前者测量的是谁在整体网络中占主要地位,后者测量的则是网络图的整体中心性。

从统计结果来看,"广穆社区"整体网络的标准化点出中心势和点入中心势值分别为9.99%和25.54%,说明整个互动网络的点入中心势高于点出中心势。具体分析"广穆社区"中不同ID的点度中心度,发现编号20的"萨利"点出度最大,在半个内给11个ID发过回帖;而编号7的"layla917"点入度最大,在半个月内得到了25个ID的回帖。我们还发现,有些ID的点出度和点入度都比较高,如编号6的"阿.布.杜.拉",其点出度为9,而点入度为18,意味着他在虚拟社区中的主动参与和被动参与程度都较高;但也有不少ID的点出度和点入度都是0,意味着他们在虚拟社区中没有与其他ID发生过实质性的互动;还有些ID点出度较低,但点入度很高,如编号7的"layla917",其点出度为3,而点入度为25,甚至有的ID点出度为0,却有着较高的点入度,如编号1的"eauty2003",其点出度为0,但点入度则为16,意味着他们在虚拟社区中的社会关系,主要是通过被其他ID回帖而被动建立起来的。

4. 中介性(betweenness)

中介性主要用于测量互动网络路径上媒介者的能力,即测量处在某一位置上的人在多大程度上能控制他人之间的交往。如果一个点的中介中心度为1,意味着该点能100%地控制他人的交往,"处于这种位置的个人可以通过控制或者曲解信息的传递而影响群体"[①];如果一个点的中介中心度为0,则意味着该点不能控制任何他人的交往,在互动网络中处于边缘位置。而整体中介性则是中介性最高的点的中介性与其他点的中介性之间的差距,差距越大,则中介中心势值越高,同时也表明该点在整个关系网络中的地位特别重要。

从统计结果来看,"广穆社区"整体网络的中介中心势为11.27%,其中中介中心性最高的ID为编号6的"阿.布.杜.拉"(其中介中心度为12.036),但它与其他ID的中介中性度差距并不显著,意味着在"广穆社

---

① 刘军:《社会网络分析导论》,社会科学文献出版社2004年版,第122页。

区"互动网络中,并不存在占据核心位置,能有效控制社区中不同 ID 之间互动的 ID。

5. 密度(density)

密度指的是一个网络图中各个点之间联系的紧密程度。一个网络图的密度,即该网络图实际存在的连线与最大可能拥有的连线数量之比。固定的点之间的连线越多,则密度值越大,意味着该网络图的密度越大,图中各个点之间的联系越紧密。一般而言,与现实社区相比,BBS虚拟社区由于具有话题众多、互动即时性强、存在着大量潜水 ID、社区成员流动性较大等特点,因此其互动网络的密度较低。通过计算,我们发现,"广穆社区"互动网络的密度为 0.022,说明网络密度不高,不少 ID 之间并没有形成直接的互动关系。

(二)"广穆社区"互动网络的类型

学界对于互动网络的类型虽然众说纷纭,但有一个基本的共识,就是将互动网络视为一个"多维度的构念"[①]。例如魁克哈特(David Krachkhardt)将关系网络区分为四种基本类型,即情感关系网、讨论关系网、情报关系网和信任关系网;范德普尔(van der Poel)把社会网络区分为情感性支持网络、工具性支持网络和社会交往网络三种类型;威尔曼基于对城市社会网的研究,提出了五种社会支持网络类型,包括情感支持网、服务网、伙伴关系网、财政支持网和工作或住房信息网。

为了具体分析"广穆社区"中互动网络的类型,我们分别请 2 位传播学专业研究生和 2 位社会学专业研究生仔细阅读帖子,依据帖子之间的互动内容,对帖子之间的关系类型进行编码,最后梳理出讨论关系、情感互动、信息交流和帮助关系四种关系类型。表 3 显示的是四类互动关系的整体网络规模和个体平均网络规模。从表中可见,在"广穆社区"中,讨论关系网的网络规模最大,共包含 53 个 ID;信息交流网的网络规模其次,包含 43 个 ID;个体网络的平均规模,则以情感互动网最大,平均网络规模为 2.40,讨论关系网其次,平均网络规模为 2.38。这意味着,"广穆

---

① 陈蓉萱:《在线社会支持类型初探:以即时通讯软体 MSN 为例》,http://ccs.nccu.edu.tw/history_paper_content.php? P_ID=122&P_YEAR=2005.

社区"是一个包含讨论关系、信息交流、情感互动和帮助关系,并以讨论关系和情感互动为主的虚拟网络社区。

表 3　"广穆社区"的网络类型及规模

网络类型	网络规模	平均网络规模
讨论关系网	53	2.38
信息交流网	43	1.86
情感互动网	35	2.40
帮助关系网	27	2.00

下面,我们借助点度、中心性、中介性和密度等指标,对"广穆社区"中讨论关系、情感互动、信息交流和帮助关系网的网络结构,进行具体分析。

1. 讨论关系网

BBS 虚拟社区是一个围绕话题,通过帖子互动建构起来的互动空间,在 BBS 社区,由针对某一话题交流意见和看法形成的讨论关系,是最基本的互动关系。在"广穆社区",我们发现,有关伊斯兰教法、教义、教规,以及与此相关的服饰、饮食、婚姻、仪式、朝觐、风俗等话题的讨论,占有相当重要的地位。我们将"广穆社区"成员围绕伊斯兰教义、教法,以及有关穆斯林族群日常生活、习俗、婚姻、教育、新闻、时事等话题讨论形成的网络,视为讨论关系网。

从统计结果来看,"广穆社区"讨论关系网的平均网络规模为 2.38,网络规模的相对均值为 4.57,说明讨论关系在"广穆社区"中是一种重要的互动关系。从点出度方差(0.88)和点入度方差(8.66)的差距来看,"广穆社区"的点出度指向的 ID 较为分散,而点入度则比较集中地指向少数 ID。进一步分析"广穆社区"讨论关系网的点度中心度和点度中心势,点出度最高的 ID 为编号 20 的"萨利",在半个月中给 5 个 ID 发过讨论帖,而点入度最高的 ID 则为编号 6 的"阿. 布. 杜. 拉",在半个月中得到 16 个 ID 的回帖。但在讨论关系网中,几乎找不到点出度和点入度都较高的 ID。整体来看,"广穆社区"讨论关系网的标准化点出中心势和点入中心势值分别为 7.43% 和 28.99%,说明讨论关系网的点出度中心势与点入度中心势之间有着较为明显的差异,意味着讨论话题经常由少数 ID 引发,如编号 6 的"阿. 布. 杜. 拉"和编号 4 的"kebin0036",而其他 ID 的回帖则较为明显地指向这些 ID,讨论关系具有一定程度的不对称性,某些核心 ID 对讨论话题与讨论关系的形成,具有较为明显的影响力。

进一步分析"广穆社区"讨论关系网的中介中心度,发现中介中心度最高的是编号 6 的"阿.布.杜.拉",其中介中心度为 1.43,整体网络中介中心势则只有 1.37%,意味着"广穆社区"讨论关系网成员之间的关系较为松散。这一结构特征也反映在讨论关系网的网络密度这一指标上(密度为 0.023)。

2. 情感互动网

获得情感的满足与愉悦,是许多网民使用互联网的重要动机,而且网络介入程度越高,情感性倾向的行为动机所占的比例也越高。[①] 莱斯(R. Rice)等人通过对网络空间医学论坛、新闻组、健康和心理互助群体、网络聊天、网络泥巴、在线约会等的大量个案研究,发现虚拟社区行动的一个重要特征,是具有明显的社会和情感特征,而不单纯是任务导向的,情感是行动的重要黏合剂。[②] 在"广穆社区",我们同样可以发现大量包含情感内容的帖子互动,例如回帖者对发帖者的看法或意见从情感上表示肯定、支持、认同和赞赏,或者从情感上表示质疑、否定甚至攻击,以及一些熟识的 ID 之间通过帖子相互问候、打招呼等情感交流活动。我们在对帖子之间的互动关系进行编码时,把这一类互动关系视为情感互动,由这种情感互动构成的网络,则界定为情感互动网。

从统计结果来看,"广穆社区"情感互动网的平均网络规模为 2.40,网络规模的相对均值为 7.06,说明情感互动在"广穆社区"中同样是一种重要的互动关系。从点出度方差(1.53)和点入度方差(3.65)的差距来看,"广穆社区"的点出度指向的 ID,与点入度指向的 ID 都较为分散。进一步分析"广穆社区"情感互动网的点度中心度和点度中心势,点出度最高的 ID 为编号 16 的"我是水"和编号 28 的"伊林",他们分别在半个月中给 5 个和 4 个 ID 发过情感互动帖;而点入度最高的 ID 则为编号 7 的"layla917"和编号 23 的"伊星-muslin",他们分别在半个月中得到 7 个和 6 个 ID 的情感互动帖。但在"广穆社区"情感互动网中,找不到点出度和

---

①　黄少华:《网络空间的社会行为:青少年网络行为研究》,人民出版社 2008 年版。

②　R. Rice & J. E. Katz. The Internet and Health Communication. Thousand Oaks: Sage, 2000.

点入度都较高的 ID。从整体来看,"广穆社区"情感互动网的标准化点出中心势和点入中心势值分别为 11.51% 和 17.56%,说明"广穆社区"情感互动网的整体中心性程度不高。

进一步分析"广穆社区"情感互动网的中介中心度,发现中介中心度最高的是编号 2 的"如梦",其中介中心度为 1.60,整体情感互动网的中介中心势为 1.53%,说明"广穆社区"情感互动网成员之间的关系较为松散。这一结构特征也反映在情感互动网的网络密度这一指标上(网络密度为 0.035)。

3. 信息交流网

查找信息、获取信息和传播信息,也是人们使用互联网的重要动机之一。在"广穆社区",通过帖子互动实现的交往,包含着大量实用信息,如旅游、饮食、商品信息、网址,以及 E-mail、QQ 等联系方式。我们在编码时,把这一类帖子之间构成的互动关系视为信息互动,由此而构建的网络,则视为信息交流网。

与讨论关系网和情感互动网相比,"广穆社区"信息交流网的网络规模相对较小,其平均网络规模为 1.86,相对均值为 0.93。而且不同 ID 之间的信息交流规模差异也不大,标准差为 1.10。从点出度方差(0.96)和点入度方差(1.97)的差距来看,"广穆社区"的点出度指向的 ID,与点入度指向的 ID 也较为分散。进一步分析"广穆社区"信息交流网的点度中心和点度中心势,点出度最高的 ID 为编号 6 的"阿.布.杜.拉",他在半个月中给 4 个 ID 发过信息交流帖;而点入度最高的 ID 则为编号 3 的"sarawong",他在半个月中得到 7 个 ID 的信息交流帖。从整体来看,"广穆社区"信息交流网的点出中心势和点入中心势值分别为 7.48% 和 14.80%,说明社区成员之间的信息互动关系较为松散。

对"广穆社区"信息交流网中介中心度的统计分析显示,中介中心度最高的是编号 12 的"yixu"和编号 6 的"阿.布.杜.拉",分别为 1.39 和 1.34,整体网络中介中心势为 1.30%,说明"广穆社区"信息交流网的整体结构较为松散。这一结构特征也反映在信息交流网的网络密度这一指标上(密度为 0.022)。

4. 帮助关系网

在网络交往中,不时会有网民在网上寻求他人的帮助,征询他人的意见,而对这种寻求帮助和咨询的帖子,常常会有一些网民回帖提供意见、建议或帮助。我们将这种咨询和提供建议或帮助之间的互动关系,理解为帮助关系,将由此而形塑的咨询和帮助关系网络,界定为帮助关系网。

在"广穆社区"的四类互动网络中,帮助关系网的网络规模最小,其网络规模为 27,平均网络规模为 2.00。从点出度方差(1.11)和点入度方差(2.74)的差距来看,"广穆社区"的点出度指向的 ID,与点入度指向的 ID,同样较为分散。而对"广穆社区"帮助关系网的点度中心度和点度中心势分析表明,点出度最高的 ID 为编号 3 的"sarawong",他在半个月中给 5 个 ID 发过回帖;而点入度最高的 ID 则为编号 6 的"阿.布.杜.拉",他在半个月中得到 8 个 ID 的回帖。同时,在"广穆社区"帮助关系网中,我们发现有一些点出度和点入度都较高的 ID,如编号 6 的"阿.布.杜.拉"(点出度为 2,点入度为 8)和编号 3 的"sarawong"(点出度为 5,点入度为 3)。而从整体来看,"广穆社区"帮助关系网的标准化点出中心势和点入中心势值分别为 15.24% 和 27.22%,在四类互动网络中相对最高,说明帮助关系主要存在于少数 ID 之间。

对"广穆社区"帮助关系网中介中心度的统计分析显示,某些 ID 如编号 6 的"阿.布.杜.拉"和编号 3 的"sarawong"的中介中心度较高,分别为 93.00 和 62.00,整体网络中介中心势为 13.47%,其中介中心势在四类互动网络中最高,网络密度也在四类互动网络中最高(密度为 0.046)。

四、结论与讨论

网络空间作为一个新的行为空间,具有匿名、跨地域、即时互动、去边界、去中心等特征。这些空间特性,客观上方便了人们展开远距、频繁和多元的社会互动,从而在一定程度上拓展和强化了人们之间的社会联系。本文运用网络分析方法,借助点度、点出度和点入度、点度中心性、中介中心性与网络密度等指标,具体分析和梳理了"广穆社区"中由帖子互动建构的互动网络,发现在"广穆社区"已经形成了一定规模的围绕某些核心 ID 和热门话题的互动网络。这些核心 ID,无论对互动话题的形成,还是对互动关系的形塑,都具有较为明显的影响力,从而成为虚拟社区中的"意见领袖"。但就整体网络而言,由于受 BBS 空间的匿名、跨地域、去边界等特性的影响,"广穆社区"互动网络的整体中心性并不高,整体关系仍较为松散和扁平,ID之间的互动频率与强度均不高,这也是导致虚拟社区网络密度较低的重要原因。这意味着,"广穆社区"中由帖子互动建构的关系网络,主要是一种弱关系网络。

对于在线互动能够形成什么样的社会关系,学界目前并未能够形成共识。例如琼斯(Q. Jones)认为,在线团体主要是一个信息交流网络,因此不能和网络社区(network community)混为一谈。他主张把网络集体活动空间称为"虚拟居留地(virtual settlement)",以区别于网络社区。[①] 布可曼(S. Bukatman)也认为,在线聚集的群体,只是因为受某种共同的兴趣或主题吸引而群聚的团体,团体成员之间未必能够建立和分享感情,因此应该以"网络主题乐园团体"概念来取代虚拟社区概念。[②] 但莱斯(R. Rice)等人通过对虚拟社区健康传播的个案研究,却发现许多社区行动并不只是以信息和任务为导向的,情感是这些活动的重要黏合剂。[③] 威尔曼(B. Wellman)也认为,人们在不同类型的电子网络中,不仅进行信息交流,而且获得社会的、身体的和情感的帮助;不仅寻找信息,而且也寻找友情、社会支持和归属感。他强调,在线发展的弱关系,比强关系更能够连接具有不同社会特征的人,从而扩展人们的社会交往。与强关系相比,虚拟社区所建立的弱关系可能提供更好、更多种类的社会资源。[④] 本研究通过对"广穆社区"互动网络的研究,也有类似的发现。作为一个以讨论关系和情感关系为主的虚拟社区,"广穆社区"的社区成员在参与社区互动的过程中,并不只是进行信息交流,而且也同时参与话题讨论,寻求友谊、归属感、情感支持、社会支持和物质支持。或者说,由帖子互动构成的在线关系,虽然是一种陌生人之间的弱关系,但这些关系正日益呈现出强关系的各种特征与功能,虚拟"广穆社区"也因此成为一个真实的互动社区。

---

① Q. Jones. Virtual-community, Virtual Settlements and Cyber-archaeology: A Theoretical Outline. Journal of Computer Mediated Communication, 1997, 3(3).

② S. Bukatman. Terminal Penetration. In: D. Bell & B. M. Kennedy (eds.). The Cybercultures Reader. London: Routledge, 2000.

③ R. Rice & J. E. Katz. The Internet and Health Communication, Thousand Oaks: Sage, 2000.

④ B. Wellman. The Persistence and Transformation of Community: From Neighbourhood Groups to Social Networks, http://www.chass.utoronto.ca/~wellman/publications/lawcomm/lawcomm7.PDF.

虚拟社区中的权力关系*
——以"中穆社区"为例

一、问题的提出

随着互联网的迅速发展,虚拟社区作为一种新的社区形式,引起了学者的广泛关注。对于虚拟社区的实质,莱因戈德(Howard Rheingold)认为,虚拟社区是指一群主要借助计算机网络沟通的人们,有某种程度的认同、分享某种程度的知识和信息、如同对待友人般彼此关怀,以此为基础所形成的在线团体。身在虚拟社区的人们,通过屏幕获取信息、相互开玩笑、进行学术讨论、从事商业活动、交流知识、分享情感支持、制订计划、集体讨论、闲谈、争吵、坠入情网、结识与失去朋友、玩游戏、打情骂俏、创造有一定水准的艺术作品,以及更多的闲聊,甚至形成亲密的认同团体。①同时,虚拟社区作为一个新的社会生活空间,也是一个权力争斗的场域。人们不仅在虚拟社区中塑造新的社会认同,也在其中展开争论、讨伐、申诉、斗争、控制等权力活动。一些学者强调,虚拟社区为弱势群体的赋权,提供了新的机会,在线互动降低了现实社会地位在权力关系中的重

---

　　*　原载《中共杭州市委党校学报》2010 年第 5 期,与沈洪成合作。

　　①　Howard Rheingold. The Virtual Community:Homesteading on the Electronic Frontier. New York:Addison-Wesley. 1993:3.

要性。①

"权力(power)"是现代社会学的核心概念和基础性议题。社会学对权力概念的理解,在相当程度上基于韦伯的定义,而福柯(Michel Foucault)对于现代社会权力运作机制的深入分析,进一步深化了社会科学对权力问题的认识。具体而言,前者主要将权力视为在遇到抵抗的情况下也能贯彻自己意志的能力,②而后者则强调权力的实质不在于"占有",而主要在于调度、计谋、策略、技术和运作。③ 基于这两种权力分析视野,西方社会科学在20世纪建构了异彩纷呈的权力理论,并对现实社会中的权力关系和权力模式,进行了深入研究。然而,由于网络空间二元交织的社会特性,网络空间中的权力运作模式与机制,已呈现出一种不同于工业社会的新社会特性,以致无法用我们已经习惯了的、用来思考工业社会的权力理论加以分析。面对网络空间的这种新权力机制,蒂姆·乔登(Tim Jordan)在《网络权力:网络空间与互联网的文化与政治》一书中提出了一个策略性的主张,即不去回答什么是网络权力的本质,取而代之的是将社会学的各种权力理论,视为分析网络权力的有用工具,综合运用多个关于权力的暂时性定义,分析网络空间中的权力关系和权力机制。具体而言,乔登运用韦伯、巴恩斯和福柯的权力理论,从个人、社会与想象三个层面梳理了网络权力的概念。④

有学者强调,在理解虚拟社区中的权力关系时,要特别注意虚拟社区参与者的身体不在场对权力机制的影响。在现实生活中,身体构成了个人在场背后的原则,它不仅维持着一个人的基本生命,而且构成了个人的身份、个性和自我认同的基础。⑤ 法律和道德都将身体认作一种绝对的边界,个人的隐私由它建立和保护。而在虚拟社区中,社区参与者

---

① Susan Bastani. Muslim Women Online. http://www. chass. utoronto. ca/~ wellman/publications/uslimwomen/MWN1. PDF.

② M. 韦伯:《经济与社会》,林荣远译,商务印书馆1997年版,第81页。

③ M. 福柯:《规训与惩罚》,刘北成等译,生活·读书·新知三联书店2003年版,第28页。

④ T. 乔登:《网际权力:网路空间与国际网路的文化与政治》,江静之译,韦伯文化事业出版社2001年版,第291页。

⑤ A. 吉登斯:《现代性与自我认同:现代晚期的自我与社会》,赵旭东等译,生活·读书·新知三联书店1998年版,第111页。

的身体在场被打上了括号,身体的直接性既可省略也可模拟,人们可以悬置或者重新创造自己在虚拟社区中的身体。因此在虚拟社区中,人们无须担心"规训权力(disciplinary power)"对身体的监视和剥夺,而一旦人们消除了对身体安全的基本顾虑,就可以尽情地、自由地扮演各种化身(avatar),随心所欲地重塑自我,从而使自己的身份呈现出一种流动、多重、不确定和零散的面貌。[①] 这意味着,虚拟社区让个人拥有了某种能力,让人们可以超越别人的抗拒,或者甚至使别人根本无法抗拒,接受自己在网络空间的化身。人们在虚拟社区中的这种身份流动,使得网络空间在本质上呈现出反阶层、去道德化的特征。那么,虚拟社区的这一特征,对社区中的权力关系有什么影响? 虚拟社区中的权力关系具有何种新的形式? 在身体不在场的情景下,虚拟社区成员会施行什么样的权力控制与反抗策略? 本研究尝试通过对"中穆社区"中由帖子互动建构的在线权力关系的分析,来回答上述问题。

二、样本与方法

"中穆社区"是中穆网设置的 BBS 在线论坛。中穆网(http://www.2muslim.com)于 2003 年 10 月在兰州开通,是一个以"网聚穆斯林,共享伊斯兰"为宗旨的穆斯林网站,其 BBS 在线论坛,旨在建设一个体现"中正、宽容、团结、友爱"的社区精神的汉语穆斯林社区。论坛共设有"清真寺""讨论区""地方社区""服务区"和"社区中心"5 个板块,其中以"讨论区"和"地方社区"中的互动最为活跃。中穆社区的创办,为中国穆斯林网友提供了一个在线互动空间和交流平台。截至 2007 年 10 月 27 日,中穆社区共有注册会员 25924 人,发表主帖 48874 篇,帖子总数 373145 篇。

与现实社区不同,在 BBS 虚拟社区中,网民是借助书写文本来呈现与表达自我、建构互动网络、形塑权力关系的。本研究尝试借助文本分析方法,通过对中穆 BBS 社区的版规,以及作为社区参与者的社区活动记录的文字材料(帖子)进行梳理和分析,揭示其背后所蕴含的权力关系

---

① 黄少华、翟本瑞:《网络社会学:学科定位与议题》,中国社会科学出版社 2006 年版,第 265 页。

的基本结构和形式。

三、虚拟社区中的权力关系

虚拟社区中的权力关系,是在围绕具体话题的讨论过程中,因为各种不同意见为了争夺话语权展开交锋而建构和发展起来的。在中穆BBS虚拟社区中,社区管理者根据社区版规,把所有网友依参与程度,划分为不同的等级,处在不同等级的网友,在社区中有着不同的权限。但是,由于虚拟社区中的社会互动,呈现的是一种以使用者为中心,多向、由下而上的模式,因此,其中的权力结构和权力生产,不仅由可见的社区管理层"决定",而且更由普通网友在意见争锋中建构。下面,我们基于对中穆社区中帖子互动的分析,从规则再造、意见争论与集体抵抗三个层面,来阐释虚拟社区中的权力策略、结构和形式。

(一)规则再造

在虚拟社区中,社区管理层所制订的社区规则,对规范社区参与者的互动行为,建构社区中的权力关系结构,起着重要的作用。中穆社区管理层同样试图通过制定相关版规,以实现权力分配、规范社区行为的目的。

1. 权力分配

中穆社区管理层借助社区基本法,制定了由社区主管、社区管理员、社区编辑和版主组成的金字塔式管理体系。其中社区主管负责社区发展规划、审批栏目、设置管理人员权限、对外交流、发布社区重要公告及协调社区管理团队工作等事务,拥有最大的社区权力;社区管理员负责社区内的事务解决、问题解答、版主审批及考核等工作,全面负责每一个分区内的事务;社区编辑监管社区内容;版主是从注册两个月以上,且符合自愿服务网友、接受监督、遵守社区规章制度等8项规定的网友中,通过竞聘选拔出来的,负责维护社区公共秩序、遴选精华文章、组织论坛活动等工作。普通网民则被分为新手上路、初级会员、中级会员、高级会员4个级别,每个级别在社区内拥有不同的权限。由此可见,中穆管理层试图在BBS社区中建构的,是一种金字塔式的权力结构,管理者和网民都依据一定的版规,被纳入一个"固定的职务等级制度之中"。

2. 权限设置

在中穆社区,社区管理层还试图借助社区基本法,设定社区参与者在社区中的基本权限。例如网友在注册时,注册程序会提示他们遵守社区基本法。完成注册程序即成为社区成员,并获得了基本的社区权力,包括言论自由权、申请社区各板块版主的权力、依申请流程开设社区新版的权力、发起对社区管理人员投诉的权力。通过不断参与社区中的活动,网友所拥有的权限还可以不断增加,直至获得参与社区管理的权力。

3. 处罚

中穆社区不仅有一个"进入"规则,还有一个"剔除"规则,即对违反社区规则的网友作出惩罚的措施。例如,中穆社区规定会员不得违反国家法律法规及社区各项规章制度、不得破坏公共安全、不得进行非法商业活动、不得破坏论坛公共秩序、不得利用社区 BUG 进行任何活动,否则将受到相应的处罚。社区中的惩罚措施包括限制发言、屏蔽帖子、关闭权限、删除 ID 等。

总之,在中穆社区中,我们可以发现社区管理层有一种科层化的冲动和努力,他们试图借助虚拟的规章、制度,以及现实法律的力量,建构一个自上而下的金字塔式权力结构。

(二)意见争论

对话语权的争夺是虚拟社区中权力运作的一个重要层面。我们以一个讨论串为例,来具体分析话题讨论过程中网民之间围绕话语权展开的权力争夺。2005 年 12 月 30 日,网友"马若欣"在兰州社区中发表了"可以和汉族通婚吗?"的帖子:

> 一个 23 岁的回族女孩,由于深受父母影响,发誓一定要找个回族男孩结婚。但后来公司中的一个汉族的新同事非常喜欢她,并表示愿意洗礼入教,可是女孩很困惑,因为父母从小就教诲说,汉族人入教是一时的。如果这件事发生在你的身上,你会怎么办?

这个帖子引起了激烈的争论,讨论一直延续至 2007 年 5 月 23 日,在一年半的时间里,共有 58 位网民发表了 80 个帖子,围绕"穆斯林能否与汉族通婚"这一话题,展开了持续的话语权争夺。

1. 支持

楼主"马若欣"讲述了故事并给出自己的意见,"相信爱情,相信信仰"。网友"倾城之恋"在帖子开头就用"坚决同意"表达了自己的意见,并再用"还同意"强化自己的态度,强调建立婚姻的基础是信仰而非民族身份,倡导只能在民族内通婚的人是在宣扬教门,而且回汉通婚也是让非穆斯林了解穆斯林的重要窗口。最后,该网友以富有激情的口吻说"加油!"。为了增强话语的分量,网友在发表意见时往往引用权威。"摆富军"摘录了《古兰经》中与通婚有关的两句话作为引子,强调《古兰经》并没有对婚姻作任何民族身份的限制,只要是发自内心地信仰伊斯兰教,就可以通婚。

2. 反对

反对回汉通婚的意见也通过引用权威抢夺话语权,不过他们主要引用的是世俗生活中的权威。"山雪"说,作为日常生活中的权威,"父母的话是金玉良言"。还有网友强调回汉通婚可能带来的生活困难,例如生活习俗、环境、亲戚朋友的信任,都可能因为回汉通婚带来困扰。在表达反对意见时,有些网友为了增强帖子的表达力,对帖子的语言进行了一系列的语言操作,例如网友"伊林南大寺"发布的帖子标题就极为醒目,"别啊!!!!!!!!! 千万",通过感叹词和感叹号的叠加使用,强烈地表达了自己的反对立场。

3. 戏谑

在网络讨论中,经常有网友为了强化自己话语的效果,采用戏谑的方式表达自己的意见。这在中穆社区也不例外。例如"Crazyboy1977"说:"宁愿做阿拉伯人的小老婆,也不能跟汉人结婚。"戏谑成为网民经常采用的话语表达方式,与社区成员"游戏者"的身份和心态密切相关。同时,戏谑文本往往可以引起阅读者的兴趣,吸引网友的附和及参与,从而达到控制话语权,排斥不同意见,实现权力控制,颠覆权威的目的和效果。

4. 逃避

在话语权争夺过程中,逃避也常常成为一些网友应对控制的权力策略。在上述讨论串中,"兰州狼图腾"发了一个包括 18 个段落近 2200 字的帖子,试图说明"阿拉伯世界为何落后"。这个帖子与讨论串的主题并没有直接关联，而且有着攻击穆斯林的意味，因而引起了穆斯林网友的激烈反驳。面对网友的批评声浪，在申辩无力的情况下，"兰州狼图腾"选择逃避，不再参与到该主题的讨论中。这实际上意味着，在虚拟社区中，当来自社区管理者或其他网友的权力操控实施时，被操控的一方并不会像现实社会中那样无法摆脱权力的操控，他们能够以各种方式逃避权力操控，包括出其不意、前后矛盾、突然中断、悄悄溜走等。

(三)集体抵抗

虚拟社区中参与者的身体不在场，既给集体行动的展开带来了困难，同时也为集体的塑造及抵抗提供了新的契机。BBS 中的网友，常常是一些现实社会身份模糊及团体归属不明确、不清晰的个体，一般因对参与讨论话题的意见不同，而在虚拟社区中暂时归属某一话语团体。但是，这并不妨碍网民在特定话题中团结起来结成临时团体并展开集体行动，进行话语权的争夺。

在中穆社区，每年 2 月 14 日前后，都会有不少穆斯林网友在网上展开对"情人节"的抵抗活动，很多帖子如"穆斯林不要过情人节！！！！""情人节不是穆斯林的节日""情人节是异端，无教法根据"等，都对情人节表现出强烈的抵抗情绪，而且这类帖子的跟帖也较多。其中有两篇文章多次被网友上传到中穆网，一篇讲述了情人节的历史及穆斯林拒绝过情人节的原因，另一篇是西亚伊斯兰妇女协商会议主席向妇女发出的警告。通过对这些帖子的深入分析，我们发现，在中穆 BBS 虚拟社区中，存在着一种包含时间筹划、建构边界、贬抑对方、召唤权威、重塑认同的内在集体抵抗逻辑。

1. 时间筹划

在集体抵抗中，时间的选择是一个非常重要的要素。对情人节的抵抗行动一般开始于 2 月初，这个时候，有关情人节的广告和商品开始陆续出现，节日氛围日益浓厚，有些节日广告甚至是用阿拉伯语书写的。有很多穆斯林青年也过这个节日，这让一些穆斯林网友深切感受到外来文化的侵袭，因此开始伸张自己的话语权，以抵抗西方文化的侵略。而情人节过后，这种抵抗就会显得不合时宜，也难以汇集众多网友的抵抗力量。在抵抗情人节的过程中，时间显然不再只是日历上的标志，而更是一种意象、氛围和文化符号,是调动网民参与讨论的魔杖,它激发出网民的不满和愤怒,让网民自发地聚集起来,在特定的时刻展开行动。就此而言,在虚拟社区中,时间已参与到了集体抵抗行动之中,成为虚拟权力施行的一种内在构成要素。

2. 建构边界

通过强调不同集体之间的社会边界,动员和集结集体力量进行抵抗,也是中穆社区中一些穆斯林网友进行集体动员的重要策略。"森林木"在"情人节不是穆斯林的节日"(2008-2-14)的帖子中强调:

> 西方国家每年 2 月 14 日的情人节,来源于古代罗马邪教的传说,后来演变成西方社会男女情爱的民俗,商业市场利用这个节日促销。虽然西风东侵,不明真相的穆斯林青年觉得有趣,但是大部分伊斯兰国家禁止这个节日,不许可商家为了挣钱对这个节日进行商业宣传和广告促销活动,因为,情人节的活动内涵和气氛对穆斯林的信仰和道德有腐蚀作用。

帖子通过强调伊斯兰世界与西方社会之间在情人节问题上的边界,在"我们"与"他们"之间划定了界限。这一权力动员策略借助强调"我们"与"他们"之间在宗教信仰、历史传统和习俗上的区分,使两者处于潜在的对抗状态中。其中"我们"就是进行抵抗的虚拟集体,"他们"则是抵抗的对象,"我们"与"他们"所面对的这个节日,就是权力对抗的战场。

3. 贬抑对方

涂尔干认为,神圣—污秽的区分,是族群区分的重要分类逻辑。王明珂在对羌族族群认同的研究中也发现,清洁与污秽常常被羌族用来作为区分"我群"与"他群"的尺度。这种清洁与污秽的隐喻,被广泛地应用于身体、性、饮食等多个面向。[①] 在对情人节的集体抵抗中,中穆网友遵循的也是这种类似的二元隐喻逻辑。借助这种二元隐喻逻辑,他们不仅在"我们"与"他们"之间作出区分,而且将"他们"置于污名化的境地。"森林木"在其帖子中建构了一个关于情人节的叙事:

---

① 王明珂:《羌在汉藏之间:一个华夏边缘的历史人类学研究》,联经出版事业股份有限公司 2003 年版,第 104 页。

情人节源于古代的罗马帝国,罗马城的奠基者被山谷洞穴的一只母狼精心抚养长大,每年的 2 月中旬,罗马人都会宰杀一条狗和一头羊向母狼奉献,年轻的妇女都喜欢挨上一鞭子,以求怀孕生子。后来,罗马帝国采用基督教为其精神信仰之后,对各种风俗习惯和陋习基本全部保留,情人节就是其中之一。今日的情人节已经成为西方世界普遍的节日,因为大家对原来就不可靠的神话和宗教传说都不以为然,宗教的礼仪和祭奠早已荡然无存。有些国家为情人节大做广告,旅游业和色情服务业抓住商机。西方社会借用情人节把堕落腐败的色情文化每年一次推向新的高潮。

埃利亚斯(Norbert Elias)认为,污名化过程是一个群体将人性的低劣强加在另一个群体之上并加以维持的过程,它反映了两个社会群体之间一种单向“命名”的权力关系。① 在污名化叙事中,事实是什么已经不再重要,重要的是如何叙述对方,让他们处于污名化的境地,丧失声誉和价值,从而动员人们远离、抛弃和排斥对方。中穆网友对情人节的抵抗,采用的正是这种污名化的叙事策略,通过污名化叙事,把情人节与肮脏、不洁和“罪恶”的性联系在一起,从而调动人们对情人节的厌恶情绪,达到集体抵抗情人节的目的。

4. 召唤权威

贬低“他们”总是与重申“我们”的价值相伴随。对穆斯林来说,《古兰经》和真主是最高的权威,它们不仅是族群凝聚力的依托,也是在虚拟社区中展开集体抵抗最为合理的依据。因此,许多中穆网友在进行集体抵抗动员时,常常引用《古兰经》和真主,以增强自身话语的权威:

《古兰经》说:“舍伊斯兰而寻求别的宗教的人,他所寻求的宗教,绝不被接受,他在后世,是亏折的。”(3∶85)先知穆圣警告他的弟子们,以后的伊斯兰发展,他们将遇到许多异教徒的风俗和陋习,他们以文化娱乐与兴趣爱好的方式诱引穆斯林逐渐偏离真主的正道,最后成为伊斯兰的叛逆者。现在看来,先知穆圣的预言得到了验证。伊斯兰的敌人利用他们多种热闹和欢乐的节日和礼仪吸引

---

① 孙立平:《城乡之间的新二元结构与农民工的流动》,李培林主编:《农民工:中国进城农民工的经济社会分析》,社会科学文献出版社 2003 年版。

穆斯林与他们同庆共欢,诱使真主的信士抛弃信仰的根本原则,做伊斯兰敌人的精神俘虏。

"森林木"引用《古兰经》警示穆斯林,不要偏离自己的宗教信仰,而去拥抱异教徒的风俗和陋习。这种借助权威的话语,动员信仰的力量,号召以集体的信念为个人的信念,以集体的敌人为个人的敌人,视投身敌人怀抱的人为叛徒的话语策略,试图通过把那些过情人节的人置于不利的境地,为权力抵抗行动提供权威的依据。

5. 重塑集体认同

中穆网友在虚拟社区中展开集体抵抗的重要目的,显然不只是发泄愤怒,更重要的是试图通过抵抗传递自身的价值诉求,重塑自己遭到侵袭的集体认同。[①] 在很多穆斯林网民看来,西方世界在经济和军事上处于支配地位,而西方的价值观则一直在压制和诋毁伊斯兰世界的价值,使他们处于被贬抑的处境之中。被贬抑者因此不得不召唤自己的权威,汇聚集体的力量,建立抵抗的战壕,重塑集体认同。

四、结语:流动权力

本研究以中穆社区中的帖子互动为例,探讨和梳理了虚拟社区中权力关系的结构和形式。从表层来看,虚拟社区的管理层有一种科层化的冲动和努力,他们试图借助虚拟的规章、制度,制定和分配社区的基本权力,建构一个自上而下的金字塔式权力结构。但是,由于虚拟社区的开放性、去中心和边界不确定性,社区管理层的虚拟权力常常遭遇其他社区参与者的抵抗,导致虚拟社区中的权力呈现出明显的多元性、不确定性和流动性特征。在虚拟社区中,每个网民都拥有话语表达的权利,他们相互制约、控制和反抗的活动,形塑了虚拟社区中以流动为基本特征的权力格局。虚拟社区是一个不同声音、意见、话语进行权力争夺的全新场域,在其中,每一种话语有其独特的力量,权力就在不同话语之间的力量对抗中被形塑和建构。在不同话语的角力过程中,具有相同意见的

---

① 黄少华:《网络空间中的族群认同:以中穆 BBS 虚拟社区的族群认同实践为例》,2008 年兰州大学学位论文。

网民结成暂时的联盟,进行支持或抵抗的斗争,一旦议题发生变化,已有的联盟可能会迅速消失,而在新的议题中重新结成新的联盟。在虚拟社区的权力格局中,重要的并不是"谁在说",而是"谁说了什么"。虚拟社区中权力格局的这种变化,导致权力主体、权力对象和权力方式呈现出明显的不确定性和流动性特征。

首先,由于身体不在场和匿名,虚拟社区中权力关系的主体处于隐匿和不确定的状态。借用鲍曼(Zygmunt Bauman)的说法,虚拟社区活动的参与者,既是"散步者""流浪者""旅游者""游戏者"和"游牧者",同时也是"朝圣者"。在虚拟社区中,现实生活中散布在不同地域的人们,通过网络连线聚集在一起。他们的网络身份可能与现实身份毫不相干,甚至可以在虚拟社区中同时拥有多个在线身份。"在网路空间中,人可以透过不断的自我再界定,以不同的化身出现在网路空间中,而使自己的身份呈现流动性……网路空间提供了一个空间,让人拥有某种能力,可以超越别人的抗拒,或使别人根本无法抗拒,接受自己不同的化身。"[1]

其次,在虚拟社区中,权力控制的对象不再是物理身体,而是信息、话题和意见。福柯认为,现代社会在本质上是一个由权力关系构成的"规训社会",而身体和性则是权力规训的对象。与此不同,在虚拟社区中,权力控制的对象,开始由身体和性,转向信息、话题和意见。权力控制对象的这一转变,加剧了虚拟社区中权力的不确定性和流动性,因为一方面,与身体和性不同,信息、话题和意见作为网民的心灵表达,并没有稳定的形态,而在本质上是不确定和流动的;另一方面,正如卡斯特(Manuel Castells)所说,在网络社会中,不仅网络编程和网络转换的能力形塑着权力结构,而且被编程和转换能力排除在外的兴趣、价值和规划的反抗,也同样形塑着权力的结构面貌,正是这种权力和反权力的交互作用,最终配置了网络空间的权力结构。[2]

再次,虚拟社区中的权力方式也具有多元、不确定和流动特征。虽然中穆社区管理者试图通过包括分配权力、设定权限以及制定处罚措施等手段,占有并分配虚拟社区权力,但是,由于身体不在场,通过设定身

---

①　李英明:《网络社会学》,扬智文化事业股份有限公司 2000 年版,第 114 页。

②　M. 卡斯特:《网络社会:跨文化的视角》,周凯译,社会科学文献出版社 2009 年版,第 38 页。

份来进行权力控制在虚拟社区中已变得不再可行。其他虚拟社区参与者,或者借助支持、反对、戏谑、逃避等话语策略,实现其虚拟权力,或者通过时间筹划、建构边界、贬抑对方、召唤权威、重塑认同等行动策略,进行集体抵抗。因此,在虚拟社区中,权力关系转变了形貌,权力为所有人所使用,又不为任何人所占有。

权力金字塔是 19 世纪末 20 世纪初韦伯对权力的想象,他描述了科层组织中的权力关系,这种权力的典型面貌体现在民族国家及其司法体系之中;而全景敞视主义则是福柯对现代权力的比喻,这一概念深刻地洞见了渗透在现代社会中的微观权力的秘密。从韦伯到福柯,权力概念的含义已经由关注集中走向了强调多元和分散,微观的权力让我们得以窥见日常生活场景中的控制技术。而由网民在匿名的情境下创造的流动权力,再一次改变了权力的面貌,在虚拟社区中,权力运作的关键策略既不是赋予身份,也不是安排固定的位置,而是呈现为一种包含监控、排斥、逃避、戏谑、时间筹划、建构边界、贬抑对方、集体抵抗等多重含义的多元、不确定和流动面貌。同样,在虚拟社区中也不是没有权威,但权威生产的逻辑已经改变,而且权威开始变得不稳定,处于流动(flowing)状态。换言之,网络改变了权力的形貌,权力变得灵活多变、漂泊不定、难以捉摸、短暂易逝。正如鲍曼所说,权力是自由流动的,世界也必须是没有藩篱、没有障碍、没有边界和边境检查站的。① 在虚拟社区中,流动的权力挣脱了固定边界的限制,可以实时扩散,不断地改变形貌,按照具体的网络情境放大或缩小。因此可以说,虚拟社区中的网络权力,在本质上是一种流动权力。

---

① 齐格蒙特·鲍曼:《流动的现代性》,欧阳景根译,上海三联书店 2002 年版,第 16—17 页。

网络互动对族群认同的影响*

——以中穆 BBS 社区为例

一、研究背景

卡斯特(Manuel Castells)认为,以网络技术和基因技术为核心的信息技术革命,诱发了一种新的社会形式即网络社会的凸显,这一新社会形式的主要特征是:"战略决策性经济活动的全球化、组织形式的网络化、工作的弹性与不稳定性、劳动的个体化、由一种无处不在的纵横交错的变化多端的媒体系统所构筑的现实虚拟的文化(culture of real virtuality),以及通过形成一种由占主导地位的活动和占支配地位的精英所表达出来的流动的空间(space of flows)和无时间的时间(timeless time),而造成的生活、时间和空间的物质基础的转变。"但卡斯特同时强调,伴随着这一新社会形式的崛起,以神、民族、种族、家庭和地域等为基础的集体认同也正在营造抵抗的战壕。"伴随着技术革命、资本主义转型、国家主义让位,我们在过去的 25 年里经历了集体认同强烈表达的漫天烽火。这些集体认同为了捍卫文化的特殊性,为了保证人们对自己的生活和环境加以控制,而对全球化和世界主义(cosmopolitanism)提出了挑战。它们的表达是多元的、高度分化的,因每一种文化的轮廓和每一种认同形成的历史根源不同而不同。"① 这些认同包括性别、宗教、民族、种

---

*　原载《中国传媒报告》2013 年第 1 期。

①　M.卡斯特:《认同的力量》,曹荣湘译,社会科学文献出版社 2006 年版,第 1 页。

族、地域、社会—生物等方面。而且值得注意的是,互联网这种具有全球性、互动性特征的新技术媒介,正在被各种集体认同力量所运用,以增强和加剧他们的抗争力量。在今天,各种宗教原教旨主义、民族主义、种族动员、女性主义、反全球化运动、环境主义等,都已经把互联网作为一种新的抗争工具。卡斯特强调,在信息化、网络化时代,全球化和集体认同两股力量的交汇,构成了新社会浮现的基本张力,形塑着今日世界的基本面貌和明日世界的基本走向。"我们的世界,我们的生活,正在被全球化和认同的对立趋势所塑造。"①因此,分析和梳理网络空间中的族群认同实践,对于理解网络社会的基本特征,有着十分重要的现实意义,也是网络时代社会科学研究必须面对的一个重要议题。

不少学者强调,社会互动媒介对于族群认同的建构,有着十分重要的作用。安德森(Benedict Anderson)认为,西方近代民族意识的起源,正是得益于印刷语言媒介的兴起。印刷语言以三种方式奠定了民族意识的基础。首先,印刷语言在口语方言之上创造了统一的交流和传播领域,使原来操各种不同语言,彼此根本无法交谈的人们,通过印刷文字的中介,变得可以相互理解了;其次,印刷语言具有一种新的固定性,这种固定性有助于塑造"主观的民族理念";最后,印刷语言创造了一种新权力语言。这三者的重合,"使得一个新形式的想象共同体成为可能"。在安德森看来,这种新的共同体,正是现代民族的雏形。②

在今天,互联网已深刻而密切地融入了人们的日常生活之中,成为一种对日常社会生活具有重要影响力的社会技术。面对互联网对日常行为的影响,吉登斯(Anthony Giddens)强调,互联网极大地拓展了社会行为的时空跨度,"使在场和缺场纠缠在一起,让远距离的社会事件和社会关系与地方性场景交织在一起"③,远距事件侵入日常的生活和意识之中。互联网不仅降低了物理地点对社会生活和社会行为的影响,创造了一种新的无地点的行为场景,而且将社会互动的前台场域与后台场域、

---

① M.卡斯特:《认同的力量》,曹荣湘译,社会科学文献出版社 2006 年版,第 2 页。

② B.安德森:《想象的共同体:民族主义的起源与散布》,吴叡人译,上海人民出版社 2003 年版,第 46—55 页。

③ A.吉登斯:《现代性与自我认同:现代晚期的自我与社会》,赵旭东等译,生活·读书·新知三联书店 1998 年版,第 23 页。

个人空间与公共空间融合交织在了一起，从而导致了不同生活场景和行为模式的融合。互联网的这种时—空特性，对于人们的自我认同和社会认同，有着十分重要的影响。正如魏特罕（Margaret Wertheim）所说，空间概念的每次转变，都会导致人类自我概念和认同概念的改变，因为"空间构念和自我概念是相互响应的"①。互联网的崛起，导致了一个更加开放的社会空间的形成，它正在逐渐消除现实生活中的各种传统的社会边界，从而为人们表达甚至重塑自我认同与社会认同，提供一个比现实社会更加广阔、更加开放、更加自由的场域。作为影响社会认同的一个全新变量，"虚拟社群提供了戏剧性的新脉络，让人可以在互联网的年代思索人类认同"②。

　　面对网络空间这一新的社会认同形塑场域，已有不少学者致力于分析网络空间崛起对自我认同与集体认同的影响。例如，卡斯特对网络社会崛起对集体认同建构和表达影响的研究，③特克（Sherry Turkle）对MUD 游戏中的多元身份认同的研究，④伯克哈特（Byron Burkhalter）对在网络新闻组这一虚拟情景下种族认同模式与特点的探讨⑤，洛扎达（Eribertl P. Lozada）对全球化背景下网络空间客家社区重新定义自我认同的研究，⑥Madhavi Mallapragada 对生活在美国的印度移民借助网

---

　　①　M.魏特罕:《空间地图:从但丁的空间到网路的空间》,薛绚译,台湾"商务印书馆"1999 年版,第 253 页。

　　②　M.卡斯特:《网络社会的崛起》,夏铸九等译,社会科学文献出版社 2003 年版,第443 页。

　　③　M.卡斯特:《认同的力量》,曹荣湘译,社会科学文献出版社 2006 年版。

　　④　S.特克:《虚拟化身:网络世代的身份认同》,谭天、吴佳真译,远流出版事业股份有限公司 1998 年版。

　　⑤　B. Burkhalter. Reading Race Online:Discovering Racial Identity in Usenet Discussions. In:A. Smith & P. Kollock (eds.). Communities in Cyberspace. London:Routledge,1999:60-75.

　　⑥　Eribertl P. Lozada. A Hakka Community in Cyberspace:Diasporic Ethnicity and the Internet. In:Sydney C. H. Cheng (eds.). On the South China Track:Perspectives on Anthropological Research and Teaching. Hong Kong:The Chinese University of Hong Kong Press,1998:149-182.

络社区形塑身份认同的分析,①王雯君对虚拟客家社区中社群认同建构想象元素的梳理,②廖经庭借助族群想象和集体记忆视角对 BBS 空间客家族群认同形塑与建构的研究,③曾武清通过对台湾大学"不良牛牧场"龙版的个案研究,对台湾味全龙棒球队球迷在网络空间借助集体记忆建构集体认同的研究,④刘华芹对天涯虚拟社区中的认同意识的分析,⑤等等,都为我们分析和阐释网络空间中社会认同的建构与表达,提供了有价值的研究基础。

二、文献回顾

学界对于网络空间崛起对社会认同影响的研究,目前主要存在着以下三种基本视角:第一种视角立足于社会结构转型,强调互联网崛起引发的社会结构转型,是分析网络时代社会认同的基本背景。卡斯特强调,对社会认同的研究,必须与社会语境相关联,而目前我们正面临着一个特殊的语境,这就是网络社会的崛起。在卡斯特看来,网络社会的崛起,为集体认同的建构和表达,提供了新的全球化社会场景。"对大部分个人和社会团体而言,网络社会是以地方和全球的系统的分裂(disjunction)为基础的……也是以权力与经验在不同时空架构中的分离为基础的。"⑥面对这种新社会语境,新的认同正在被重新建构。具体而言,工具性交换的全球网络,正按照能否满足网络所处理的目标,而在策略性决策的无情流动中,选择性地接通或切断着个体、群体、区域甚至国家,从而导致抽象普遍的工具主义和有历史根源的排他性认同之间的根本分裂。"在这个过程里,社会的片断化(fragmentation)愈加扩展,认同变得

---

① M. Mallapragada:《美国印度人社区与网络》,《网络研究:数字化时代媒介研究的重新定向》,彭兰等译,新华出版社 2004 年版,第 299—308 页。

② 王雯君:《从网际网路看客家社群的想象建构》,《资讯社会研究》2005 年第 9 期。

③ 廖经庭:《BBS 站的客家族群认同建构》,《资讯社会研究》2007 年第 13 期。

④ 曾武清:《虚拟社群的集体记忆与仪式互动:一个关于"龙魂不灭"的初探性研究》,《资讯社会研究》2004 年第 6 期。

⑤ 刘华芹:《天涯虚拟社区:互联网上基于文本的社会互动研究》,民族出版社 2005 年版。

⑥ M. 卡斯特:《认同的力量》,曹荣湘译,社会科学文献出版社 2006 年版,第 10 页。

更为特殊，日渐难以分享。"①因此在网络时代，抗拒性认同是需要我们加以特别关注的社会认同形式。而穆尔（J. de Mul）则强调，互联网是一个异质性的平台，在网络空间中，传统的社会边界如真实和虚拟、个人与公众之间的边界正在趋于消失，原先判然有别的媒介与叙事形式正在互相糅合，这一异质性平台为人们的自我认同和社会认同表达提供了机遇，使认同以再语境化的新形式得以发展，在变动不居的使用语境中重新塑形。当网民通过电子化的文本进行沟通与互动时，可以重新塑造自己的社会认同，建构在现实生活中前所未有的社会认同，甚至是多元的社会认同。"后现代人类陷入的关系网比以往任何时候都更复杂，更具流变性……身份不再被视为一种事实，而是一项从未完成的任务。后现代社会更像是一个汇聚了各种生活方式的超级市场，在里面，每一个人都有望在逛商店的过程中找到一种认同。"②

　　第二种视角则强调集体记忆对族群认同的建构意义。按照这一视角，族群作为想象的共同体，其建构和维系主要依赖集体记忆。主张这一观点的学者强调：其一，集体记忆是人们基于现实的经济与政治利益考量而对过去所发生的历史事实的重组与再造，是一种对历史的选择性认识。"传统与过往历史的关联性是'人工'接合的，简言之，被创造的传统是对新时局的反应，却以旧情怀相关的形式出现。"③不过，这种重组、再造和选择，并非完全是虚构的，历史有其延续性的一面。其二，"记忆是一种集体行为，现实的社会组织或群体（如家庭、家族、国家、民族，或一个公司、机关）都有其对应的集体记忆。我们的许多社会活动，经常是为了强调某些集体记忆，以强化某一人群组合的凝聚"④。集体记忆不仅能够维系群体，而且能够营造族群归属感，是一种强化族群认同的基本策略。其三，由于集体记忆是一种选择性记忆，因此在集体记忆的建构

---

① M. 卡斯特：《网络社会的崛起》，夏铸九等译，社会科学文献出版社 2003 年版，第4 页。

② J. D. 穆尔：《赛博空间的奥德赛：走向虚拟本体论与人类学》，麦永雄译，广西师范大学出版社 2007 年版，第 159 页。

③ 曾武清：《网路媒介与集体记忆：从台湾棒球史中的"龙魂不灭"谈起》，2004 年台湾交通大学学位论文，第 38 页。

④ 王明珂：《华夏边缘：历史记忆与族群认同》，社会科学文献出版社 2006 年版，第24 页。

过程中,集体记忆和"结构性失忆"便构成了集体记忆的两种基本力量,族群认同正是在这两种力量的形成和变迁中建构的。其四,集体记忆的保存和流传,是借由文献、口述、仪式(各种庆典、节日、纪念仪式等)与形象化物体(如建筑、塑像,以及与记忆有关的地形、地貌等)为媒介的。这其中,康纳顿(P. Connerton)特别强调纪念仪式(commemorative ceremonies)和身体习惯(bodily practices)对集体记忆传播和延续的重要性。[①]而在今天,网络更是成为集体记忆延续和建构最为重要的媒介。[②]

　　第三种视角则更为强调社会互动对族群认同的影响。与社会结构视角及集体记忆视角不同,社会互动视角强调从行动者的互动行为切入分析族群认同的建构过程。在互动论者看来,社会结构最终是由人们的社会互动建构的,对作为微观过程的社会互动的研究,对于理解族群认同建构有着重要的意义。有学者认为,社会互动的非同步性、中介性、匿名性、低承诺性等特点,使社会交往变得更自由、更无顾忌、更多自我揭露(self-disclosure)、更多营造自我认同的机会,这不仅有助于人们在网络互动中更真实地表达自己的想法和意见,而且有助于族群认同的建构。同时,由于互联网屏蔽了各种身份识别标志,因此有助于推动女性和其他弱势群体更深入地参与社会互动,并且通过网络互动激发自我认同意识的自觉与表达,从而更加自觉地凝聚他们的集体认同。[③]但也有学者强调,由于BBS互动是以文本互动的形式展开的,而网络文本在实质上是一种超文本,超文本常常使参与讨论的ID陷入"掐头去尾""断章取义"式的互动之中。这种碎片化、断裂式的互动,加上虚拟社群中的互动偏向同质性,容易导致族群认同的多元化、流动性、零散化和碎片化,甚至陷入一种"群体极化(group polarization)"的状态。[④]

　　在上述三种解释视角中,第一种视角倾向于从宏观层面解释网络空

① P. 康纳顿:《社会如何记忆》,纳日碧力戈译,上海人民出版社2000年版。

② 王雯君:《从网际网路看客家社群的想象建构》,《资讯社会研究》2005年第9期;廖经庭:《BBS站的客家族群认同建构》,《资讯社会研究》2007年第13期;曾武清:《虚拟社群的集体记忆与仪式互动:一个关于"龙魂不灭"的初探性研究》,《资讯社会研究》2004年第6期。

③ 黄少华:《网络空间中的族群认同:一个分析架构》,《淮阴师范学院学报》(哲学社会科学版)2011年第2期。

④ C. 桑斯坦:《网络共和国:网络社会中的民主问题》,黄维明译,上海人民出版社2003年版,第47页。

间中族群认同的影响因素,但因为缺少中间变量,因此并不能很好地解释网络空间与族群认同之间的因果关系。后两种视角虽然试图致力于揭示影响网络空间中族群认同形塑的微观机制,但由于相关研究基本停留在理论分析层面,而缺乏扎实的实证研究支撑,因此尚需进行细致的实证研究。有鉴于此,本研究尝试运用实证研究方法,从上述第三种视角切入,定量分析网络互动对族群认同的影响,以揭示网络空间族群认同建构的微观机制。

三、研究设计

(一)研究假设

本研究着重探讨网络互动对族群认同的影响。基于学界已有的研究成果,我们提出以下假设:网络互动对族群认同有强化作用,网络互动程度越高,族群认同表达越强烈。

(二)变量测量方法

1. 族群认同

族群认同是行动者对自己的族群身份的定位,是对自己所属族群的认知和情感依附。对于族群的实质,学界并没有形成统一的看法。族群客观特征论认为,族群是一群有着共同体质、语言、文化、生活习惯和社会组织的人群,或者是一群有着共同的日常行为模式和特征的人群;族群主观认同论则强调,构成族群基础的并非体质、语言、文化、生活习惯和社会组织等客观特征,而是体现在族群互动中的族群边界,族群在实质上是一种主观认同群体。而对于族群认同的基础,有的学者强调族群认同主要来自于根基性的情感联系,这种被称为根基论的看法认为,构成族群认同基础的根基性情感,来自于某些由亲戚传承而获得的"既定资赋"(givens)或者说"根基性联系"(primordial ties);与此相反,工具论或情境论者主张族群认同基于资源的选择和利用,强调族群是一种政治、社会或经济现象,族群的形成、维持与变迁,关键在于政治与经济资源的竞争与分配,因此族群认同是多重的,会随着社会情境的变化而变化。本研究尝试采用族群认同论视角,以在"穆青广场"和"广穆社区"发帖的 ID 为分析单位,通过仔细分析这些 ID 的族群认同表达,将中穆社区中的族群认同区分为以下五种类型:穆斯林认同、回族认同、回族穆斯林认同、其他族群认同、无明确族群认同。并在此基础上,以穆斯林认同为例,对族群认同强度进行测量。我们以发帖 ID 在帖子中明确表达穆斯林认同的次数,作为穆斯林认同强度的测量指标。

2. 网络互动

互联网的诞生,形塑了一个经由互联网中介的全新沟通与互动场景。网络对社会互动所造成的深刻影响,不仅体现在网络打破了时空、地域、社会分层等现实因素对互动的限制,而且更体现在网络创造了一个全新的互动空间,形塑了一种新的社会互动形式。在网络空间,行动者并不需要像现实社会交往中那样面对面地亲身参与沟通,而能够以一种"身体不在场"的方式展开互动,因而人们可以隐匿自己在现实世界中的部分甚至全部身份,重新选择和塑造自己的身份认同。为了具体分析网络互动对族群认同的影响,本研究借助社会网分析方法,将网络互动操作化为点出度和中介度两个指标。

(三)数据收集方法

本研究以中穆网的 BBS 论坛(http://www.2muslim.com/bbs)为例,探讨网络互动对族群认同的影响。BBS 是一个功能强大的虚拟互动空间,其特点是以主题为导向,开设不同的分类讨论区(论坛),如时事、历史、读书、文学、艺术、技术、园艺、游戏、休闲、运动、环境、宠物、互助和志愿服务等。用户可以根据自己的兴趣进入不同的讨论区,将自己的想法或信息张贴到分类讨论区中,或者通过回复主帖加入讨论,与他人进行沟通与交流,也可以只是潜水浏览帖子。事实上,一个 BBS 讨论区(论坛),就是一个虚拟社区,一个互动空间,而话题、角色和帖子,则是 BBS 互动的结构性构成要素。①

作为本文研究对象的中穆网,开通于 2003 年 10 月 1 日,其最初定位是建设一个综合性穆斯林门户网站。经过多次改版,中穆网逐步定位于穆

---

① 何明升:《叩开网络化生存之门》,中国社会科学出版社 2005 年版,第 122—124 页。

斯林虚拟网络社区和穆斯林公益平台建设,以实现"网聚穆斯林"的宗旨。"网站通过建设大型穆斯林网络社区为穆斯林与穆斯林、穆斯林与非穆斯林提供交流平台,通过建设地方网友群体(Jamat)推动穆斯林公益网络的发展,以'中正、宽容、团结、友爱'的精神网聚穆民成一家。"①网站下设的BBS论坛共有"资料区""资讯区""生活区""服务区""版务区""专题区"和"地方社区"等板块,共包括109个分类讨论区(论坛)。截至2012年6月25日,社区共有注册会员136135人,注册会员共发帖2853632个。

与现实社区不同,在BBS虚拟社区中,网民是借助书写文本(发帖)来呈现与表达自我,建构互动网络的。本研究尝试通过对中穆BBS讨论区中由帖子构成的互动关系的定量分析,来探讨网络互动对族群认同的影响。我们的研究样本分别为"穆青广场"2007年1月17日0时至1月31日24时半个月内发帖的197个ID(这197个ID在半个月内共发帖1039个,其中主帖98个,回帖941个,日均发帖量为69.27个),以及"广穆社区"2007年4月1日0时至4月15日24时半个月内发帖的92个ID(这92个ID在半个月内共发帖265个,其中主帖38个,回帖227个,日均发帖量为17.67个)。

四、研究结果

(一)变量测量结果

1. 因变量:族群认同

在中穆BBS社区中,有大量帖子在讨论族群认同(回族认同或穆斯林认同)问题,而且这些帖子的回复和点击率颇高,争论也颇为激烈。例如讨论串"我是回族,却不敢妄称穆斯林",在主帖张贴之后的短短20天时间,就有74个回帖参与讨论。而有些讨论串的讨论延续时间非常之长,例如围绕主帖"汉语穆斯林"的讨论延续了8年之久。通过对相关讨论串的梳理,我们发现,在中穆BBS社区中,有相当数量的帖子都明确表达了某种族群认同意识。通过仔细归类,我们把中穆BBS社区中的族群认同表达,概括为以下几种类型:穆斯林认同、回族认同、回族穆斯林认同以及

---

① http://www.2muslim.com/。

其他族群认同,而把没有明确表达族群认同的 ID 均归入无明确认同。

为了梳理上述几类族群认同在中穆 BBS 社区中的比例,我们以"穆青广场"2007 年 1 月 17 日 0 时至 1 月 31 日 24 时,以及"广穆社区"2007 年 4 月 1 日 0 时至 4 月 15 日 24 时发帖的 ID 为样本,分别统计分析了"穆青广场"和"广穆社区"的族群认同状况,具体结果见表 1。

表 1   中穆 BBS 社区中的族群认同

	"穆青广场"		"广穆社区"	
	频数	频率(%)	频数	频率(%)
穆斯林认同	89	45.2	57	62.0
回族认同	11	5.6	—	—
回族穆斯林认同	12	6.1	4	4.3
其他认同	28	14.2	3	3.3
无明确认同	57	28.9	28	30.4

从表 1 可见,在中穆 BBS 社区中,坚持穆斯林认同的 ID 数量最多,其中"穆青广场"有 89 个,占这一时段所有在"穆青广场"发帖 ID 的 45.2%,"广穆社区"57 个,占这一时段在"广穆社区"发帖 ID 的 62.0%。其次是没有明确表达族群认同的 ID,分别占 28.9% 和 30.4%。而坚持回族认同、回族穆斯林认同或其他族群认同的 ID 数量都相对较少。这意味着,无论是在"穆青广场"还是在"广穆社区",穆斯林认同都占有明显的主导地位。换言之,中穆 BBS 社区是一个穆斯林认同占主导地位的虚拟信仰社区,这意味着,一种基于穆斯林民间传统,不同于民族—国家架构下民族(回族)认同的穆斯林族群认同,正在中穆 BBS 社区中凸显出来。

本研究以穆斯林认同强度作为因变量,具体分析网络互动对族群认同的影响。在具体测量中,我们以发帖 ID 在帖子中明确表达穆斯林认同的次数,作为穆斯林认同强度的测量指标。测量结果见表 2。

表 2   中穆 BBS 社区穆斯林认同强度

	"穆青广场"($N=89$)	"广穆社区"($N=57$)
均值	2.76	2.40
标准差	1.76	1.85
最小值	1.00	1.00
最大值	5.00	5.00

2. 自变量:网络互动

本研究对中穆 BBS 社区中网络互动的测量,采用点出度和中介度两个指标。点出度是指互动网络中某一点所直接指向的其他点的总数,在 BBS 社区中,即是指某个 ID 回复其他 ID 的数量,反映的是某个 ID 参与互动的程度。如果某个 ID 有着比较高的点出度,就说明这个 ID 在虚拟社区中积极参与帖子互动,在文本互动关系网络中有较高的主动参与度。具体分析"穆青广场"和"广穆社区"的点出度,我们发现,"穆青广场"和"广穆社区"的用户主动参与程度均有限,存在着大量互动程度较低的 ID,其中只给 1 个 ID 发过回帖的 ID 超过半数("穆青广场"只给 1 个 ID 发过回帖的 ID 占 51.3%,"广穆社区"则为 54.3%)。从平均点出度来看,"穆青广场"成员半个月内的平均点出度绝对值为 2.655(标准差为 3.679),而"广穆社区"成员半个月内的平均点出度绝对值为 2.011(标准差为 2.0403)。

中介度主要用于测量交往网络路径上媒介者的能力或者说权力,即测量处在某一位置上的人在多大程度上能控制他人之间的交往。如果一个点的中介度为 1,意味着该点能 100% 地控制他人的交往,"处于这种位置的个人可以通过控制或者曲解信息的传递而影响群体"[①];如果一个点的中介度为 0,则意味着该点不能控制任何他人的交往,在网络中处于边缘位置。而整体中介度则是中介度最高的点的中介度与其他点的中介度之间的差距,差距越大,则中介中心势的值越高,表明该点在整个网络中的地位特别重要。在"穆青广场"和"广穆社区"中,虽然都存在个别中介度相对较高的 ID,但就整个网络来说,其中介中心势程度并不高,其中"穆青广场"的整体中介中心势为 7.43%,而"广穆社区"的整体中介中心势为 11.27%。

3. 控制变量:网络参与度

考虑到网络参与度可能会对族群认同有显著影响,因此为了更准确地测量网络互动对族群认同的影响,我们把网络参与度作为控制变量引入模型,并以发帖数量作为网络参与度的测量指标。测量发现,"穆青广场"的网络参与度均值为 5.38,"广穆社区"的网络参与度均值为 3.05;在

---

① 刘军:《社会网络分析导论》,社会科学文献出版社 2004 年版,第 122 页。

此基础上,我们进一步以族群认同类型作为分类标准,分析了五类 ID 的平均网络参与度,具体测量结果见表 3。

表 3   中穆社区网民的网络参与度

	"穆青广场"			"广穆社区"		
	频数	均值	标准差	频数	均值	标准差
穆斯林认同	89	4.56	6.672	57	3.91	4.302
回族认同	11	2.18	1.328	—	—	—
回族穆斯林认同	12	19.67	22.995	4	5.50	5.745
其他认同	28	11.00	13.984	3	2.00	1.000
无明确认同	57	1.51	1.182	28	1.07	0.262
Total	197	5.38	9.967	92	3.05	3.807

(二)网络互动对族群认同的影响

为了检验本研究提出的研究假设,我们以穆斯林认同强度为因变量,以网络点出度和中介度为自变量,同时引入参与度作为控制变量,进行多元回归分析。从表 4 的统计分析结果可见,自变量点出度和中介度对因变量族群认同强度均有正向影响,而且除"广穆社区"点出度对族群认同影响不显著外,其余变量均影响显著(在"穆青广场",点出度影响更大,而在"广穆社区",则中介度影响更为显著),说明中穆社区成员在 BBS 中通过帖子互动而形成的社会互动关系,对穆斯林认同强度,有着显著的影响。控制变量网络参与度同样影响显著。两个模型的削减误差比例分别为"穆青广场"87.0%,"广穆社区"79.6%,说明模型有较强的解释力。研究假设通过了统计检验。

表 4   穆斯林认同强度 OLS 模型

	"穆青广场"($N=89$)		"广穆社区"($N=57$)	
	B	Beta	B	Beta
自变量				
点出度	0.355**	0.336	0.116	0.126
中介度	0.001*	0.145	0.003*	0.267

续表

	"穆青广场"(N=89)		"广穆社区"(N=57)	
	B	Beta	B	Beta
控制变量				
参与度	0.500***	1.115	0.274**	0.543
（常数）	1.012***		0.688**	
F	188.927***		68.996***	
R^2	0.870		0.796	

* P<0.05, ** P<0.01, *** P<0.001。

五、结论与讨论

本研究以中穆 BBS 社区为例，运用定量研究方法，探讨了虚拟社区中借助帖子互动展开的网络互动对族群认同的影响。研究发现，在中穆 BBS 社区中，存在着多元族群认同之间的对话与对峙，而且族群认同的强度，受到网络互动程度的显著影响。虚拟社区中 ID 的网络点出度和中介度越高，族群认同的强度也越高。那么，这种影响背后的社会机制是什么？已有的研究认为，网络互动之所以会影响族群认同，是因为网络空间的空间特性，使网民在网络空间中的社会行为，变得更自由、更无顾忌、更多自我揭露(self-disclosure)和更多营造自我认同的机会，从而有助于人们在网络互动中更真实地表达自己的族群认同，而虚拟社区中偏向同质性的碎片化、断裂式互动，则容易导致族群认同的多元化和"极化"。这一解释逻辑在本研究中得到了较好的验证。

为了更好地理解虚拟社区互动的特点及其对族群认同的影响，我们以中穆社区中一个历时 8 年 4 个月的讨论串①为例，作进一步的具体分析。这一讨论串从 2004 年 3 月 12 日"戴三个表"发帖引发"小马阿哥"回帖开始，一直延续到 2012 年 5 月 11 日，其间共发帖 82 个，参与讨论的 ID 共有 55 个，但多数 ID 只发帖一个，发帖最多的 ID 是"亚伯拉罕"和

---

　　① http://www.2muslim.com/forum.php? mod = viewthread&.tid = 5142&.extra = &.page=1。

"穆斯林 ysuf",各发帖 8 个。讨论主要包括四个阶段:第一阶段从 2004 年 3 月 12 日到 2004 年 5 月 10 日,共发帖 30 个;第二阶段从 2005 年 2 月 7 日到 2005 年 4 月 20 日,共发帖 20 个;第三阶段从 2009 年 8 月 22 日到 2009 年 9 月 27 日,共发帖 19 个;第四阶段从 2012 年 4 月 10 日到 2012 年 5 月 11 日,共发帖 13 个。2004 年 3 月 12 日,"戴三个表"发帖批驳"汉族穆斯林"的说法,认为这一说法抹杀了回族的存在,会使回族内部分裂,从而剪除伊斯兰在中国的影响。帖子立即引发"小马阿哥"的批评,认为"戴三个表"是让民族之爱蒙蔽了眼睛,不以安拉的标准为标准,而是以"民族"两个字为标准。"小马阿哥"的帖子很快得到了几个跟帖的响应。在随后的讨论中,两种观点针锋相对,各不相让。通过仔细阅读这个讨论串,我们发现,在中穆 BBS 社区中,借助帖子互动而展开的社会互动,呈现出一些不同于现实社会互动的新特征。与传统以地缘和情感为纽带的现实社区不同,中穆社区中的互动关系,是一种以话题为纽带而建立起来的文本互动关系,这种互动关系所呈现的网络结构,是一种较为松散的弱关系结构。从理论上讲,网络空间为人们提供了更广泛的社会接触和互动机会,但事实上,身体不在场和论坛较高的流动性,导致借助帖子互动展开的文本互动关系,具有不确定、偶然、易断裂和一次性互动的特点,互动缺乏持续性。即使围绕某一话题的讨论有可能经历较长时间,但绝大多数 ID 在短时间参与互动后,会很快退出,后来参与文本互动的已经是另一些 ID 了。同时,在互动过程中,虽然也有一些 ID 之间互动频率较高,但具体分析这些帖子之间的互动内容就会发现,这些互动频率较高的 ID 之间的关系,多是一种互相攻击的口水战。

由于 BBS 互动是以文本互动的形式展开的,而网络文本在实质上是一种超文本,这种超文本使参与讨论的 ID 不需要阅读所有的讨论文字就能参与讨论,从而导致互动过程中经常出现"掐头去尾""断章取义"的摘录与回应。这种断裂式的互动关系,往往容易造成误解,甚至使讨论演变成为意气之争。同时,由于不同 ID 关注的重点不同,因此在帖子互动过程中,常常出现讨论话题凌乱、节外生枝、打断已有讨论、讨论话题不断转向等现象。我们把具有上述特点的互动结构,概括为"超文本"式的互动结构。这种超文本式互动结构对族群认同的影响,首先体现在引发族群认同的多元化、碎片化和极化上。无论是有着相同族群认同的 ID

之间的对话,还是有着不同族群认同的 ID 之间的对峙,其结果往往相同,均会强化已有的族群认同,从而使不同族群认同之间的社会边界变得更加清晰和尖锐,甚至导致桑斯坦(C. Sunstein)所说的"群体极化(group polarization)"现象的凸显。"群体极化的定义极其简单:团体成员一开始即有某些偏向,在商议后,人们朝偏向的方向继续移动,最后形成极端的观点。"[①]在中穆 BBS 社区中,这种极化现象主要体现在两个方面:一是不同观点之间争论激烈,在讨论中泾渭分明,批评对方时言词激烈,甚至相互攻击,而相同观点则形成共鸣,相互激励,从而推动相互对立的观点进一步走向极端;二是讨论的结果往往不是达成共识,反而是导致不同观点之间更加分化。网络互动中的这种群体极化现象,其结果是进一步强化原有的族群认同。

---

① C.桑斯坦:《网络共和国:网络社会中的民主问题》,黄维明译,上海人民出版社 2003 年版,第 47 页。

青少年网络信息行为研究*

一、研究背景

互联网在其刚出现时,主要被视为一种信息沟通和传播工具,甚至直到 20 世纪 90 年代中期,人们仍然主要将互联网视为一个开放的信息空间,一个巨大的数据库和一个高效的信息传播平台。[①]不过,无论网络介入人们的日常生活达到什么程度,直至有一天上网成为所有人日常生活的例行活动,依然把网络空间首先视为一个信息行为场域,应该也是没有问题的。在一定意义上可以说,互联网的崛起,为人类的信息和知识活动形塑了一个新的场域,这是一个以时—空压缩与时—空伸延并存为基本特征的信息和知识场域。而网络空间的这种新的场域特性,会对人们的知识活动发生实质性的影响。正如利奥塔(J.-F. Lyotard)所说,在这种新的知识场域中,知识的性质不会依然如故,知识只有转译为信息才能成为可操作的。[②]网络空间让所有的经验与知识都融合在了同一个数字化媒介中,并由此而混淆了行为与场域的制度性分离,模糊了行

---

　*　原载《淮阴师范学院学报》(哲学社会科学版)2008 年第 5 期,收入本书时有修改。

　①　L. Sproull & S. Faraj. Atheism, Sex, and Databases:The Net as a Social Technology. In: S. Kiesler (eds.). Culture of the Internet. Lawrence Erlbaum Associates, 1997.

　②　J.-F. 利奥塔:《后现代状态:关于知识的报告》,车槿山译,生活·读书·新知三联书店 1997 年版。

为的符码意义,以致我们再也无法清晰地区分真实与虚拟、身体与心灵、公共空间与私人空间、前台与后台及主体与客体之间的界限,一切皆处于一种二元交织或者鲍德里亚所说的"内爆"(implosion)状态,从而导致作为一种新的社会行为方式的网络信息行为,呈现出不同于传统信息行为的社会特性。麦克卢汉(M. McLuhan)认为,在现代社会,随着文字、纸张及印刷技术的发明,书面文字逐渐取代口语词而成为生活的主宰。文字作为现代人信息行为的基本媒介,同时也成了现代人的价值观念和权力关系的基础,甚至成为了现代文明延续的依据。而书面文字所具有的围绕某一主题、依循一定的路径不断延续的线性特征,也早就成了现代人所熟悉的生活方式和生存状态的基本特征。然而,随着互联网的崛起,多媒体、超文本、数据库、电子文档等,成为了取代纸张,超越文字的信息行为媒介,从而引发了人们的阅读、书写等信息行为模式的结构性转变。与此相应,体现在这种信息行为中的超文本和网络化逻辑,也正在逐渐成为支配和控制人们的社会生活的基本逻辑,正在日益广泛而深刻地重塑着人们的价值观念和权力关系,改变着人们的思维方式和话语逻辑。

国外学界从 20 世纪 80 年代开始,就有学者采用问卷调查、用户观察、访谈、小组讨论、出声思考法、实验和系统日志分析等多种方法,对网络信息行为进行研究,探讨各类网络用户信息搜寻行为的表现、策略及影响因素,并尝试构建专门的网络信息搜寻行为模式。[①] 综合来看,国内外学界迄今有关网络信息行为的研究,主要集中在以下几个方面。

(一)网络信息空间的空间特性

利维(P. Levy)认为,网络空间作为一个新的知识空间,改变了现代线性且结构僵硬的知识空间,建构了一个开放、易变和动态的新知识空间。这是一个信息泛滥或者说信息超载的空间,它拓展了人类的认知能力,建构了一种复杂的知识关系。[②] 曾国屏等认为,网络信息空间是一个由可以编码化信息构成的知识空间,它促进了言传知识或客观知识的存储、处理和传播,而那些无法进行信息编码的知识,即默会知识则无法受

---

① 曹树金、胡岷:《国外网络信息查寻行为研究进展》,《国家图书馆学刊》2002 年第 2 期。

② P. Levy. Cyberculture. Paris:Editions Odile Jacob,1997.

益于网络空间。也就是说,网络空间是一个言传知识合法的空间。① 而黄少华等则认为,网络信息空间并非一个单纯置放网页、文字和图像的技术空间,它在本质上是一个具体的社会空间,是一个由读者和作者在共同的创作与链接中所形塑和书写的流动空间。② 正如卡斯特所说:"互联网的使用者也是生产者,既提供了内容,也塑造了网络。"③网络空间作为一个场所移动、意义不确定的流动信息空间,具有去中心、无疆界、主客体交织、弹性和不确定性等后现代特征。

(二)网络信息行为的界定与类型

国内外学界关于网络信息行为的界定,并没有实质性的差异,基本上倾向于把网络信息行为定义为网络用户在信息需求和思想动机的支配下,利用网络工具进行网络信息查询、选择、吸收、利用、交流和发布的活动。④ 也就是说,在网络空间进行的所有与信息搜寻、使用和传播相关的行为,都属于网络信息行为。目前,人们对网络信息行为的探讨主要集中在网络信息检索和网络信息浏览两个方面。网络信息检索行为是指具有明确信息需求的网络用户借助专门信息检索工具和使用信息检索语言获取所需信息的活动,属于基于提问(quering)的信息检索行为;而网络信息浏览行为是指缺乏明确信息需求目标的用户利用超文本链接方式获取信息的活动,属于基于浏览(browsing)的检索行为。迄今国内外学界针对此一议题的研究主要有:Catledge 和 Pitkow 通过收集网络用户浏览器的使用日志,对用户的网络浏览行为进行了研究;⑤Huber-

---

① 曾国屏、李正风等:《赛博空间的哲学探索》,清华大学出版社 2002 年版。

② 黄少华、翟本瑞:《网络社会学:学科定位与议题》,中国社会科学出版社 2006 年版。

③ M.卡斯特:《网络社会的崛起》,夏铸九等译,社会科学文献出版社 2003 年版,第 43 页。

④ 曹树金、胡岷:《国外网络信息查寻行为研究进展》,《国家图书馆学刊》2002 年第 2 期;巢乃鹏:《网络受众心理行为研究:一种信息查寻的研究范式》,新华出版社 2002 年版;白海燕、赵丽辉:《网络环境下的用户信息行为分析》,《燕山大学学报》2002 年第 2 期;李书宁:《网络用户信息行为研究》,《图书馆学研究》2004 年第 7 期;曹双喜、邓小昭:《网络用户信息行为研究述略》,《情报杂志》2006 年第 2 期。

⑤ L. D. Catledge & J. E. Pitkow. Characterizing Browsing Strategies in the World-Wide Web. http://www.igd.fhg.de/archive/1995_www95/papers/80/userpatterns/UserPatterns.Paper4.formatted.html.

man 等人利用美国在线（American Online）提供的代理服务器日志，记录统计了网络使用者的在线浏览行为；[①]林珊如通过对图书馆情境中网络使用者浏览行为的实证研究，提出了一个分析网络浏览行为的多面向概念架构，梳理了网络浏览行为的影响因素；[②]巢乃鹏则对网络信息搜寻行为的特点和影响因素，进行了较为详细的理论梳理和初步的实证分析；[③]邓小昭对学界有关网络信息浏览行为的方式、目的、优点与局限进行了初步的归纳和总结。[④] 此外，林珊如、翟本瑞、张郁蔚、黄少华、Shen 等学者对网络超文本阅读行为的非线性、超媒体等特征，网络空间的场境特征对阅读行为的影响，网络阅读对认知和理解的影响等，从不同的理论视角分别进行了探讨。

(三)网络信息行为的影响因素

对网络信息行为影响因素的研究，一直是网络信息行为研究的重点之一。早在 20 世纪 80 年代初，Fidel 和 Soergel 就对在线数据库信息检索行为的影响因素进行过研究。他们认为，影响在线检索行为的因素包括环境、信息需求者的背景和检索经验、检索问题、数据库结构、检索系统、检索者特征及检索过程等。[⑤] 目前，人们一般侧重从个人特质和网络环境入手探讨网络信息行为的影响因素。具体而言，对个人特质因素的讨论包括人口特质、人格特质、信息需求、信息动机、信息意识、查寻经验和认知形态等方面；而对网络信息环境因素的讨论则包括网络信息资源

---

① W. C. Choo，et al. Information Seeking on the Web: An Integrated Model of Browsing and Searching. http://www.firstmonday.dk/issues/issue5_2/choo.

② 林珊如:《大学教师网路阅读行为之初探》,《图书资讯学刊》2003 年第 1 期。

③ 巢乃鹏:《网络受众心理行为研究：一种信息查寻的研究范式》,新华出版社 2002 年版。

④ 邓小昭:《因特网用户信息检索与浏览行为研究》,《情报杂志》2003 年第 6 期。

⑤ R. Fidel, & D. Soergel. Factors Affecting Online Bibliographic Retrieval: A Conceptual Framework for Research. Journal of the American Society for Information Science,1983, 34(4).

和网络信息表征、网络工具和网络设施等方面。① 例如,林珊如将影响网络浏览行为的因素,区分为目标、知识、经验、兴趣、期望、好奇心等个人因素,以及信息组织、时间、邻近性、回馈机制等情境因素。②

　　综观学界对网络信息行为的研究,目前仍主要集中在图书情报学、心理学和传播学等学科,鲜有社会学涉足这一领域。本研究的主要目的,是从社会学视角,对青少年网络信息搜寻、浏览和表达行为,进行初步的实证分析。

二、数据来源

　　本研究的数据来自兰州大学"青少年网络行为研究"课题组于 2004 年 10—11 月在浙江、湖南和甘肃三省进行的问卷调查。此次调查的对象为年龄在 13～24 岁的城市青少年。调查采用多阶段抽样方法,先按社会经济发展水平、人文发展指数(Human Development Index, HDI)和互联网普及程度,将我国区分为东部、中部和西部三个地区,并按照简单随机原则分别从每一地区抽取省会城市一座,分别为杭州、长沙和兰州,然后再按照同样原则分别从这三个城市所在的省份,抽取地级城市各一座,分别为舟山、岳阳和天水。接下来的抽样分为两部分:一部分在每个抽取的城市中,按照分层抽样方法分别抽取大学、高中、初中各 3 所(如果所在城市大学不足 3 所,则抽取所有大学;初中和高中的抽样框仅限于城区学校),再按照简单随机原则在每所抽中的学校抽取 32 人(如果所在城市大学不足 3 所,则以样本总数 96 人相应分配每所学校的样本数)。另一部分则按照简单随机原则,在每个抽中的城市抽取 2 个街道,每个街道抽取 5 个网吧,再从每个抽中的网吧抽取符合样本要求(13～24 岁)的样本

---

　　① 巢乃鹏:《网络受众心理行为研究:一种信息查寻的研究范式》,新华出版社 2002 年版;曹树金、胡岷:《国外网络信息查寻行为研究进展》,《国家图书馆学刊》2002 年第 2 期;李书宁:《网络用户信息行为研究》,《图书馆学研究》2004 年第 7 期;曹双喜、邓小昭:《网络用户信息行为研究述略》,《情报杂志》2006 年第 2 期;A. Light. The Influence of Context on Users' Response to Websites. The New Review of Information Behaviour Research, 2001(2).

　　② 林珊如:《图书馆使用者浏览行为之研究:浏览结果及影响因素之分析》,《图书资讯学刊》2000 年第 15 期。

5 份。为避免与学校样本重叠,在编码时若发现网吧样本来自我们抽取学校样本的学校,则剔除该样本。调查采用抽取受访者后集中填答(学校样本)或个别访问(网吧样本)的资料收集方式,最后获得有效样本1681 个,其中符合本文数据分析要求的样本 1652 个,其中男性 981 人,占 59.4%,女性 671 人,占 40.6%。

三、数据分析结果

(一)网络信息搜寻行为

今天,网络在青少年的信息搜寻行为中,扮演着一个十分重要的角色。甚至在某种程度上可以说,网络在青少年那里几乎成了信息的代名词,我们常常会从青少年嘴里听到"Google 了没有""百度一下"这样的说法。那么,网络在青少年的信息搜寻活动中,究竟占有什么样的地位呢?为了对此有一个大致的了解,我们设计了"你最经常使用哪种方式查找资料"一题。表 1 的统计结果显示,网络的确已经成为青少年搜寻信息的最主要方式,以 57.2% 的比例位居各种主要的信息搜寻方式之首,比占第二位的"咨询朋友、老师或同学"高出将近 40%。

表 1　信息搜寻的主要方式($N=1339$)

	频数	频率(%)
上网查找	765	57.2
咨询朋友、老师或同学	244	18.2
去图书馆查找	204	15.2
查书或查杂志、报纸	126	9.4

通过访谈,我们发现,青少年之所以选择网络作为主要的信息搜寻方式,主要原因是因为使用网络查找方便,而且信息全面。与去图书馆查资料相比较,网络的优势在于方便和快捷。"现在当然是上网,现在网络比较方便,东西多而且比较全……在网上找只需要坐着敲敲键盘,移动鼠标就 OK,到图书馆还得找,而且图书馆的东西有限,更新也不快。虽然网上可能信息太多了,不好找,但总比去图书馆方便啊,去了图书馆

也不好找啊。网络可以搜索,随心所欲。书本受限制多。"(女,19岁,大学生,网龄4年)当然,在访谈中也有人强调,网络上的信息太过分散,但这并不会影响他们将网络作为搜寻信息的主要渠道。

Navarro-Prieto等人在分析人们在互联网搜寻信息时经常会迷路的原因时,对新手和有经验的信息搜寻者的行为差别进行了分析。他们认为,在搜寻策略上,新手一般不是从搜寻计划开始,而是依赖于网页上的分类目录进行被动的搜寻,而有经验的搜寻者则会有搜寻计划,并且比较偏好从搜索引擎开始,能够根据所需信息以及网络的结构随时调整自己的搜寻策略,包括改变问题陈述、转换到其他搜索引擎查询、重新检查历史记录等。[①] 也就是说,不同的网络使用者,在利用网络搜寻信息时,其搜寻途径和策略是会有所不同的。为了具体了解青少年的网络信息搜寻方式,我们进一步询问了青少年在上网查找信息时主要使用的搜寻方式。表2的统计结果表明,搜索引擎是青少年使用最多的信息搜寻方式,占46.0%;其次是从自己熟悉的网站链接,占27.3%;没有相对固定的搜寻方式,会尝试各种方法的占14.1%,使用门户网站分类表的占11.1%,分别位居第三和第四;利用在线数据库查寻信息的青少年则很少,只有1.5%。

表2   网络信息搜寻的主要方式($N=1480$)

	频数	频率(%)
搜索引擎	681	46.0
从自己熟悉的网站链接	404	27.3
不一定,会尝试各种方法	208	14.1
门户网站分类表	165	11.1
在线数据库	22	1.5

我们在访谈中发现,搜索引擎之所以成为青少年最常用的信息搜寻方式,主要还是因为其具有使用方便、快捷的特点。"一般都是用引擎搜,像baidu,Google,了解得比较熟了嘛,用起来方便些,一般不用其他的

---

① R. Navarro-Prieto, M. Scaife & Y. Rogers. Cognitive Strategies in Web Searching. Presented at the 5th Conference of Human Factors & the Web. http://zing.ncsl.nist.gov/hfweb/proceedings/navarro-prieto/index.html.

方式了,除非我知道那个资料在哪里……方便,怎么说呢,就是速度快,内容多,比较全面,基本上想找的都能找到,输入关键词,他就把你想要的东西给弄出来了,关键词正确的话,就比较好找了,不过有时候找了半天就是找不到自己想要的东西,网上东西太杂了么,有时候找到太多的相关东西觉得太繁琐了,可能和自己想要的还是有差距的,电脑么,又不是人脑。"(男,20 岁,大学生,网龄 5 年)另外有人谈到,利用搜索引擎搜寻信息,有时会有意外的发现,获得原来不知道也不会主动去寻找的信息,从而拓展了自己的视野。"用搜索引擎主要是因为方便,网上东西那么多,一个一个找多麻烦,用搜索引擎一搜就出来了,多方便啊,而且,因为搜的时候用的是关键词,会搜出来好多东西,有可能把原来没想到的东西也给搜出来了,有时候也算是开阔眼界了吧,不把目光老集中在一个领域了。"(女,17 岁,高中生,网龄 3 年)

为了进一步了解青少年网络信息搜寻方式的性别和年龄差异,我们对青少年的性别和年龄与网络信息搜寻方式进行了交互分析。从表 3 可以发现,与男性青少年相比,女性青少年利用搜索引擎和在线数据库的比例更高,卡方检验 X^2 值为 24.076($P<0.001$),说明青少年信息搜寻方式存在显著的性别差异;在年龄上,18～24 岁青少年利用搜索引擎、门户网站分类表和在线数据库搜寻信息的比例,高于 13～17 岁青少年,卡方检验 X^2 值为 67.510($P<0.001$),说明青少年信息搜寻方式的年龄差异显著。

表 3　网络信息搜寻方式的性别和年龄差异　　(单位:%)

	性别		年龄	
	男($N=884$)	女($N=596$)	13～17 岁($N=852$)	18～24 岁($N=628$)
搜索引擎	41.7	52.3	38.4	56.4
网站链接	28.1	26.2	32.9	19.7
不一定	16.2	10.9	17.3	9.7
网站分类	12.9	8.6	10.6	11.9
数据库	1.1	2.0	0.9	2.2

(二)网络信息浏览行为

有研究者指出,由于网络空间的崛起,浏览作为一种探索性的信息行为,其重要性正在与日俱增。网络空间的场域特征,导致人们的信息搜寻行为,开始从以有目的地解决问题的工具性行为为主,转变为工具性行为和强调休闲娱乐的非工具性行为并存,但以非工具性行为为主。在工具性行为情形下,搜索引擎是最主要的信息搜寻方式,而非工具性行为则更多以浏览方式为主。有的研究者也将这两类信息搜寻行为分别称为基于提问(quering)的信息检索和基于浏览(browsing)的信息检索,并且认为,随着网络超文本的出现,基于浏览的信息搜寻行为越来越受到重视,而单一的基于提问的信息搜寻行为则越来越少。[①] 考虑到网络空间在实质上是一个由超文本所形塑的非线性话语空间(discursive space),因此我们在调查中侧重于对青少年借助超文本浏览查找信息的行为进行测量。

超文本是尼尔森(Theodore Holm Nelson)在 1965 年提出来的一个术语,用以指称一种与传统印刷文本不同,并以比印刷文本更为灵活的方式进行的新型写作,即"用户自由运动的非顺序的写作方式"。与传统印刷文本相比,超文本最大的特点,是其非连续性或者说非线性。人们在进行超文本浏览时,不必按照某个既定的顺序进行,而是可以跟随链接实现文本间的跳跃。[②] 从理论上讲,由于超文本结构是建构网络空间的基本逻辑,[③]因此,借助超文本浏览进行信息查找应该是网络使用者普遍使用的一种信息搜寻方式。然而我们的调查数据却显示,经常使用超文本浏览进行信息搜寻活动的青少年还不到被访的一半,只有 44.5%,有 41.5% 的青少年只是偶尔使用,而有 14.0% 的青少年则从来不借助超文本浏览进行信息搜寻。国内学者的相关调查也得到大致类似的结果。例如巢乃鹏在 2001 年对网络信息查寻行为的调查中,发现经常利用超文本链接查寻信息的网民只有 22%,而有 30% 的网民从不使用超文本链接,另外有 48% 的网民会偶尔使用超文本链接。

进一步分析青少年超文本浏览的使用状况与性别和年龄的关系,可以发现(见表 4),在性别上,男性使用超文本浏览的比例高于女性,卡方

---

① 林珊如:《网路使用者特性与资讯行为研究趋势之探讨》,《图书资讯学刊》2002 年第17 期。

② M. 海姆:《从界面到网络空间:虚拟实在的形而上学》,金吾伦等译,上海科技教育出版社 2000 年版。

③ T. 伯纳斯-李:《编织万维网》,张宇宏等译,上海译文出版社 1999 年版。

检验 X^2 值为 6.881($P<0.05$),差异显著;在年龄上,18～24 岁青少年使用超文本浏览的比例高于 13～17 岁,卡方检验 X^2 值为 17.044($P<0.001$),差异显著。

表 4　超文本浏览行为的性别和年龄差异　　　　　(单位:%)

	性别		年龄	
	男($N=895$)	女($N=628$)	13～17 岁($N=845$)	18～24 岁($N=678$)
经常使用	48.4	41.7	41.9	46.5
偶尔使用	38.2	43.8	40.0	42.7
从来不用	13.4	14.5	18.1	10.8

那么,青少年利用网络浏览的主要是些什么样的信息呢? 考虑到网络作为一个复合媒介,它所包含的信息复杂多样,直接测量较为困难,因此我们借助于询问青少年经常访问的网站类型,来测量青少年主要搜寻和浏览的信息类型。之所以采取这一策略,是因为不同类型的网站所包含的信息类型有着基本的区别。例如作为新闻媒体网站的人民网,其包含的内容与游戏网站有着明显的区别。表5 显示的是青少年经常浏览的网站类型统计结果。

表 5　经常浏览的网站($N=1652$)

	频数	频率(%)
影视娱乐网站	658	39.8
游戏网站	623	37.7
搜索引擎	596	36.1
校园网	497	30.1
门户网站(如新浪、网易)	365	22.1
聊天交友网站	361	21.9
体育网站	356	21.5
软件下载网站	332	20.1
星座血型算命网站	230	13.9
新闻媒体网站(如人民网)	220	13.3
青少年教育网站	162	9.8

续表

	频数	频率（%）
个人网站	151	9.1
旅游网站	104	6.3
购物网站	81	4.9
女性网站	79	4.8
成人网站	64	3.9
政府的公共服务网站	48	2.9
其他	46	2.8

从表5的统计结果可见，青少年经常浏览的网站主要是影视娱乐网站、游戏网站和搜索引擎网站，分别占39.8%、37.7%和36.1%，接下来依次为校园网30.1%，门户网站22.1%，聊天交友网站21.9%，体育网站21.5%，软件下载网站20.1%，星座血型算命网站13.9%和新闻媒体网站13.3%。而其他诸如青少年教育网站、旅游网站、购物网站、女性网站、政府的公共服务网站等的比例均不到10%。也就是说，青少年最经常浏览的信息，主要是影视娱乐信息、网络游戏信息等休闲娱乐信息；其次是借助搜索引擎、校园网等浏览一些与自己的日常生活、学习相关的实用信息。

网络浏览的一个重要价值，在于常常会在浏览过程中获得意想不到的信息，从而使人们的思维更加开放和发散，但同时，由于网络空间信息太多太杂，因此会给浏览者造成信息超载和信息鉴别困难等负面影响。而迷失方向或者说迷路，正是超文本浏览中经常会遇到的问题之一。所谓迷路（disorientation），简单地说，就是指信息浏览者在浏览信息的过程中，因为超文本的非线性链接而导致偏离主题的状况。统计结果显示，有9.1%的青少年在网络超文本浏览中经常出现迷路现象，64.2%偶尔出现迷路现象，仅有26.8%的被访青少年没有在超文本浏览过程中发生过迷路现象。这意味着，青少年在网络浏览行为中发生迷路，是一个较为普遍的现象。

当青少年在网络空间搜寻和浏览信息中遇到像类似迷路这样的困难时，会采取什么样的对策呢？调查结果表明，有35.6%的青少年选择继续在网上查找,26.0%选择转而寻求现实生活中朋友、老师或同学的帮助,20.6%选择向网友求助,10.3%选择查书或者去图书馆查找,只有7.6%选择停止所有查找活动。可见,有56.1%的青少年在查找信息遇到困难时的反应是继续求助网络,而有36.3%则转而求助现实生活中的熟人,或者通过图书馆等传统的信息搜寻渠道继续查找。

(三)网络信息表达行为

有学者强调,网络空间不仅是一个像百科全书一样的信息空间,为人们提供各种信息来源,而且是一个新的有价值的信息表达渠道和公共话语空间(discursive space),为人们提供了一个可以自由发表自己意见和思想的公共空间,人们可以在其中表达和交换信息,实现与他人的信息共享。也就是说,网络空间不仅是一个能让我们进行观察、浏览和搜寻答案的世界,而且是一个能让我们生存在其中,进行提问、提供答案等信息创造活动的世界,而信息和知识表达正是这种创造活动的最基本形式。有学者甚至强调,这是一个类似哈贝马斯所说的"公共领域"的理想话语空间,它允许任何个体进行平等、理性的意见表达。[①] 而 BBS 则被许多学者视为公共理性话语空间甚至公共领域的代表,在这里人们可以自由发表言论,并进行平等的讨论。因此,我们以 BBS 为例,询问了青少年在 BBS 空间的信息表达行为。虽然分别有70.2%、67.5%和64.3%的青少年认为在 BBS 空间能无所顾忌地畅所欲言、能方便找到兴趣爱好相同的讨论者,以及有助于对问题进行深入讨论,而仅有35.9%认为 BBS 制造了大量的垃圾信息,但是,表6的统计数据却表明,很多青少年只是会偶尔去浏览一下 BBS(37.9%),经常浏览但从不发言的青少年也占到了21.7%,而仅有17.0%的青少年会以注册名在 BBS 发言,但经常发言的仅占6.4%,另外有23.3%的青少年会偶尔以游客身份在 BBS 发言。这意味着,青少年在 BBS 空间表达自己意见和思想的愿望并不强烈,BBS 对青少年来说更多还只是一种信息载体,他们参与 BBS 很大程度上

---

① D. 温伯格:《小块松散组合》,李坤等译,中信出版社2003年版;彭兰:《中国网络媒体的第一个十年》,清华大学出版社2005年版;T. 乔登:《网际权力:网路空间与网际网路的文化与政治》,江静之译,韦伯文化事业出版社2001年版;G. Graham:《网路的哲学省思》,江淑琳译,韦伯文化国际出版有限公司2003年版。

只是为了获取信息。

表 6   BBS 空间中的行为方式（N＝1491）

	频数	频率（%）
偶尔浏览	565	37.9
偶尔以游客身份发言	348	23.3
经常浏览但不发言	324	21.7
偶尔以注册名发言	158	10.6
经常以注册名发言	96	6.4

那么，那些曾经在 BBS 参与发言的青少年最经常表达的是哪些言论呢？从表 7 的调查数据来看，"就社会问题发表自己的意见"所占比例最高，为 40.1%，其次是"抒发个人心情"，占 31.1%，"随便跟帖灌水"的占 21.0%，比例最低的是"寻求别人帮助"，占 7.8%。可见，真正将 BBS 空间视为表达意见和思想场域的青少年，只占在 BBS 空间发言青少年的 40.1%，更只占所有参与 BBS 空间活动青少年的 16.2%。这意味着，对于多数被访青少年来说，BBS 还没有成为他们的有效话语表达空间，更别说是理性的公共话语表达空间了。

表 7   BBS 发言的主要话题（N＝601）

	频数	频率（%）
就社会问题发表自己的意见	241	40.1
抒发个人心情	187	31.1
随便跟帖灌水	126	21.0
寻求别人的帮助	47	7.8

从访谈来看，对于 BBS 作为信息和话语表达空间的作用，有两种截然相反的理解。有一部分青少年认为 BBS 并不是一个理想的话语空间，也较少参与。"BBS 很久以前去过，现在不去了，没的意思，就是一堆人没事干胡说，没甚么用……有个人说句话，其他人跟着乱骂，差不多就是这样，也不规范，像整天说的在那上头言论自由了，我也没啥感觉，反正你就是有什么反映出来了也没人管。不过，可能还是会有点用的吧，总让人有地方发泄了不是？……"（男，23 岁，本科毕业，中学教师，网龄 6

年)与此不同,另一部分青少年则较为肯定 BBS 对信息和话语表达的作用,这部分青少年往往有较高的 BBS 参与程度。"哦,BBS 我还是经常去的,主要就是去看看别人对一个问题的想法,思考别人的观点,看看别人的故事,当然有时候也会发表一些自己的看法,感觉上就是说话比平时要自由许多,平时不敢随便骂人,到那上就敢,我看谁说的什么不爽我就可以和他对骂,想说什么尽管说……嗯,就是自由啊,不过如果你的发言不被别人关注,那感觉就不好了,无论是批判的还是赞同的,就怕没有人理你……那上头什么都有,也挺好玩的,心情不好了,就上去发个帖子骂一顿,挺爽的。"(男,18 岁,高中生,网龄 3 年)不过可惜的是,像这位中学生所理解的那样,我们在访谈中接触到的多数被访所理解的在 BBS 空间的表达自由,更多是情感表达自由,而并非像某些学者希望的那样,是理性表达自由。我们发现,从表面上看对 BBS 态度截然不同的两类青少年,其实至少在有一点上是相同的,就是他们都更多地把 BBS 视为一个情绪释放、调节和发泄的空间。从这一角度而言,BBS 距离成为理性的话语表达空间,甚至发展出客观的公共领域,还有相当长的路要走。[①]

四、结　论

借助网络获取信息,已经是青少年信息搜寻的最重要渠道。网络的方便、快捷和信息全面,是吸引青少年将网络作为信息搜寻渠道的最主要原因。与图书馆等传统的信息渠道相比较,网络的最大优势就在于能方便和快捷地获得信息。而借助搜索引擎和超文本浏览,是青少年在网络空间获取信息的主要方式。就信息内容而言,青少年在网络空间最经常搜寻和浏览的信息,主要是休闲娱乐信息。林珊如在梳理国内外学界对网络信息搜寻行为研究成果的基础上,认为随着网络的不断普及,人们的信息行为发生了明显的转变,其中最为重要的转变,就是信息搜寻从以解决问题为目的的工具性使用,转向同时强调休闲娱乐目的的非工

---

① 彭兰:《中国网络媒体的第一个十年》,清华大学出版社 2005 年版;黄少华、翟本瑞:《网络社会学:学科定位与议题》,中国社会科学出版社 2006 年版。

具性使用,信息搜寻不再单纯以解决问题为导向。[①] 本研究也发现,青少年在网络空间的信息行为,开始从与学习或任务相关的主动查询,转向同时重视随意浏览及被动获得信息,传统基于问题的信息检索和随意浏览之间的界限正在消失。借助搜索引擎获得信息与借助超文本浏览获得信息,也因此成为网络信息搜寻的两种最基本的行为方式。但是,与林珊如等人的研究结论不同,本研究发现,青少年在网络空间的信息行为,仍以搜寻行为为主,浏览并没有超过搜寻成为网络信息查找的最重要方式。不过,本研究证实了林珊如等人关于传统基于问题的信息检索和随意浏览之间的界限正在变得模糊的说法。

有不少学者把 BBS 视为一个理性、自由地表达意见和思想的公共领域,但我们通过对青少年 BBS 行为的研究,却发现青少年更多地把 BBS 视为一个情绪释放、调节和发泄的空间,所谓的自由表达,在他们那里,主要是情感的自由表达和自由发泄。这意味着,BBS 距离成为某些学者期望的理性话语表达空间,并且借助这种理性话语表达建构客观的公共领域,还有相当长的路要走。

上述研究发现意味着,对人类知识活动来说,网络空间的意义,并非只是增加了另一种信息搜寻工具,它创造了一种全新的信息生产、阅读、传播和消费场域。这一新的信息场域,已经对人类的信息活动发生了深刻影响。正如海姆(Michael Heim)所说:"当我们用计算机读写时,我们的整个心灵架构(psychic framework)也随之改变……就像开车兜风一样,超文本具有一种动感的魅力。但是,如此高速的旅行需要付出代价。正如计算机的搜索能力扩大了我们的知识面但同时却缩小了我们的注意力一样。"[②]网络空间的崛起,对青少年的信息行为,存在着多重的影响:第一,网络空间作为青少年获取信息的重要渠道,不仅有可能使青少年在搜寻信息的过程中,意外获得其他非预期、有价值的信息,从而拓展青少年的信息视野和知识空间,而且有助于培养青少年的开放式和发散式思维。第二,网络空间也有可能导致青少年网民在信息搜寻活动中的

---

① 林珊如:《网路使用者特性与资讯行为研究趋势之探讨》,《图书资讯学刊》2002 年第 17 期。

② M.海姆:《从界面到网络空间:虚拟实在的形而上学》,金吾伦等译,上海科技教育出版社 2000 年版,前言。

主体性地位的消解,造成信息搜寻活动丧失方向感与历史感,从而导致青少年知识结构的扁平化与思维架构的弱化。[①] 第三,网络空间为青少年提供了一个可以自由表达、自由发声的场域,但目前青少年在网络空间中的自由表达,主要局限于情感的自由表达和自由发泄,而并非理性的自由表达。

　　[①]　黄少华、翟本瑞:《网络社会学:学科定位与议题》,中国社会科学出版社 2006 年版,第 240—246 页。

青少年网络游戏行为研究[*]

一、问题的提出

根据 CNNIC《第 17 次中国互联网络发展状况统计报告》的数据，在 2005 年年底，我国参与网络游戏的用户占所有 1.11 亿上网用户的 33.2%。而据上海艾瑞市场咨询有限公司 2005 年年底发布的"17173 第五届中国网络游戏市场调查报告"，国内网络游戏玩家的平均年龄为 24 岁，其中 25 岁以下的网络游戏用户占所有网络游戏用户的 67.84%，在校学生占所有网络游戏用户的 15.88%。如此可见，青少年是国内网络游戏玩家的主体，对于相当数量的青少年网民来说，玩网络游戏已经成为他们网络生活最重要的内容之一。但是，今天的主流社会，却对网络游戏持有一种高度焦虑的心态，似乎网络游戏带给青少年的，只有暴力、欺骗、沉溺等负面影响。人们普遍担心，青少年过度参与到网络游戏之中，会造成许多新的社会风险。一些较为悲观的学者认为，网络游戏会引发青少年的网络成瘾，从而造成由于长期过度使用网络而对身体健康产生影响，或排挤其他日常活动及正常休闲活动等不良影响；网络游戏中所充斥的暴力情节与性别刻板印象，也容易对长期浸淫其中又正值模仿期的青少年产生负面影响。国外甚至有学者认为，玩网络游戏在 21 世

---

* 原载《淮阴师范学院学报》（哲学社会科学版）2008 年第 1 期。

纪可能是比吸毒和酗酒更危险和严重的社会问题。①

　　但是,也有一些学者指出,这些对网络游戏的负面解读,弱智化了游戏玩家。因此,他们试图通过对青少年网络游戏动机的探讨,来把握网络游戏的真实面貌。张玄桥通过对台湾网络游戏玩家的调查,发现这一群体参与网络游戏的主要动机包括角色扮演、人际互动、自我认同、休闲娱乐及匿名爱情。他还发现,主要的网络游戏玩家都是男性,年龄则集中在16~25岁之间,学历以大专为主,职业则主要是学生,网络游戏经验以1~3年为主,他们通常对网络游戏有较高的黏着度,参与频率也相当高。② 而郑朝诚通过质性访谈,发现网络游戏玩家参与游戏的主要动机,包括自我实现、社交、便利及经济利益四个方面。但他同时发现,网络游戏玩家普遍有沉迷经历,会投入相当多的时间与精力在游戏中,花大量时间练功升级,以达到竞争、社交、探索游戏及获取经济利益等目的。③

　　网络游戏中的社会互动和自我认同建构,是网络游戏研究中最为引人关注的重要内容。Manninen认为,网络游戏不同于传统游戏的地方,在于它可以让许多玩家同时在线参与游戏,并且在游戏中展开互动行为。他以哈贝马斯的交往行为理论作为分析骨架,分析了网络游戏中多个玩家之间的各种互动方式,他们在网络游戏中的相互影响、交流和合作。④ 林鹤玲和郑芳芳通过对青少年网络游戏玩家血盟参与的研究,对网络游戏中的合作行为进行了分析,由此梳理了青少年游戏玩家在网络游戏过程中发展出来的复杂互动机制,说明了网络游戏对青少年游戏玩家社会网络建构的意义。⑤ 特克通过对MUD游戏的田野研究,指出网络游戏对游戏玩家建构平行、多元、去中心化、片断化的后现代自我认同的意义。⑥ 而穆尔认为,网络游戏具有嬉戏的维度,玩家有很大自由来决

　　① B.德米克:《网吧,21世纪的"大烟馆"》,《参考消息》2005年9月1日。

　　② 张玄桥:《角色扮演在线游戏玩家型态之研究》,2004年台湾文化大学学位论文。

　　③ 郑朝诚:《在线游戏玩家的游戏行动与意义》,2003年台湾世新大学学位论文。

　　④ T. Manninen. Interaction Forms and Communicative Actions in Multiplayer Games. International Journal of Computer Game Research. 2003,3(1).

　　⑤ 林鹤玲、郑芳芳:《在线游戏合作行为与社会组织:以青少年玩家之血盟参与为例》,http://tsa. sinica. edu. tw/Imform/file1/2004meeting/paper/C4-1. pdf.

　　⑥ S.特克:《虚拟化身:网路世代的身份认同》,谭天、吴佳真译,远流出版事业股份有限公司1998年版。

定自己的行为,因此游戏必然是多线性的,这会导致不同类型的自我建构。在网络游戏世界中,玩家对游戏展示的各种可能性空间的认同,可能会被反思性地运用于自身,从而改变玩家的认同。而嬉戏的自我建构的最大特点,是形塑一个介于统一的自我与多重人格异常两个极端之间的弹性自我。①

随着青少年参与网络游戏比例的不断扩张,他们的社会交往、自我认同和社会生活将发生什么变化,是我们迫切需要面对的一个新社会事实。当青少年在网络游戏中尽情地释放自我,自由地进行沟通,享受网络游戏所带来的无限欢娱时,他们既可能娱乐其中,也可能沉迷其中,既可能遨游其中,也可能迷失其中。面对网络游戏,我们需要回答:网络游戏吸引青少年的地方到底在哪里,为什么会有如此之多的青少年热衷于网络游戏? 网络游戏对青少年的意义究竟是什么? 网络游戏是否对青少年的学习和生活只有负面影响,而没有任何正面的意义? 要回答这些问题,我们必须首先通过实证研究,梳理和描述青少年参与网络游戏的基本状况,本研究尝试借助问卷调查,对此进行基本的梳理和分析。

二、数 据 来 源

本研究的数据来自"青少年网络行为研究"课题组于 2004 年 10—11 月在浙江、湖南和甘肃三省进行的问卷调查。此次调查的对象为年龄在 13~24 岁的城市青少年。调查采用多阶段抽样方法,先按社会经济发展水平、人文发展指数(Human Development Index,HDI)和互联网普及程度,将我国区分为东部、中部和西部三个地区,并按照简单随机原则分别从每一地区抽取省会城市一座,分别为杭州、长沙和兰州,然后再按照同样原则分别从这三个城市所在的省份,抽取地级城市各一座,分别为舟山、岳阳和天水。接下来的抽样分为两部分:一部分在每个抽取的城市中,按照分层抽样方法分别抽取大学、高中、初中各 3 所(如果所在城市大学不足 3 所,则抽取所有大学;初中和高中的抽样框仅限于城区学校),再

---

① J.穆尔:《从叙事的到超媒体的同一性:在游戏机时代解读狄尔泰和利科》,《学术月刊》2006 年第 5 期。

按照简单随机原则在每所抽中的学校抽取 32 人(如果所在城市大学不足 3 所,则以样本总数 96 人相应分配每所学校的样本数)。另一部分则按照简单随机原则,在每个抽中的城市抽取 2 个街道,每个街道抽取 5 个网吧,再从每个抽中的网吧抽取符合样本要求(13～24 岁)的样本 5 份。为避免与学校样本重叠,在编码时若发现网吧样本来自我们抽取学校样本的学校,则剔除该样本。考虑到问卷内容较多且有个别初中学生可能不易理解的问题,因此调查采用抽取受访者后集中填答(学校样本)或个别访问(网吧样本)的资料收集方式,以便在受访者遇到问题时,能给予指导和帮助,以提高问卷的填答质量。调查最后获得有效样本 1633 份,其中男性 975 人,占 59.7%,女性 658 人,占 40.3%。从地区分布来看,三省样本大致平衡,分别为浙江 532 人,占 32.6%,湖南 595 人,占 36.4%,甘肃 506 人,占 31.0%。

三、研究结果

(一)青少年网络游戏参与状况

在本研究中,我们把网络游戏定义为以网络空间为依托,既可以一人进行也可以多人同时参与的所有在线游戏项目。网络游戏的兴起,使游戏从单一的休闲娱乐活动,逐渐扩展为包括聊天、角色扮演、虚拟会议、虚拟社区等多种功能的综合性社会行为。网络游戏为人们创造了一个具有时空压缩、无边界、开放、自由、匿名等特征的虚实交织的想象世界,让人们能够在其中从事探险、交往、竞争、互动、建构认同等社会行为。正是网络游戏这种丰富的多元化功能,吸引着越来越多的人,尤其是青少年投身其中,尽情玩乐。与传统游戏相比,网络游戏具有强烈的互动性、娱乐性、耐玩性、探索性、不确定性等特点。不同于传统游戏,网络游戏没有固定的程序与确定的结果,游戏玩家可以把自己的喜怒哀乐投射到游戏角色身上,通过提升自己的游戏技能和等级,影响游戏的进程,并且在游戏过程中与其他游戏玩家进行实时互动,从中获得精神上的快乐与感官上的满足。在今天,玩网络游戏已经成为许多青少年宣泄情绪、缓解压力、娱乐身心、塑造自我、实现自我的一种重要方式和途径,这也是网络游戏之所以会广受青少年青睐和欢迎的一个重要原因。为了对青少年参与网络游戏的比例有一个基本的了解,我们以最近三个月是否玩过网络游戏为指标,询问了青少年的网络游戏参与状况。结果显示,在本次调查所有被访青少年中,有1466人曾经在最近三个月内不同程度地玩过网络游戏,占所有有效样本的89.8%,其中男性926人,占63.2%,女性540人,占36.8%。

表1显示的是青少年参与不同类型网络游戏的状况。从表1可见,青少年玩得最多的网络游戏,是休闲对战类游戏(如棋牌游戏),占73.5%,其次是即时战略类游戏(如CS),占67.5%,接下来依次为角色扮演类游戏(如传奇),占59.1%,模拟经营类游戏(如大富翁),占46.9%,其他网络游戏,占20.7%。

表1　青少年网络游戏参与状况($N=1466$)

	频数	频率(%)
角色扮演类(如传奇、奇迹)	866	59.1
即时战略类(如CS、帝国、红警)	990	67.5
模拟经营类(如大富翁)	688	46.9
休闲对战类(如棋牌游戏)	1077	73.5
其他	304	20.7

(二)网络游戏行为动机

为了了解青少年参与网络游戏的内在动机,我们分别从网络游戏的吸引力和青少年的动机需要两个层面入手进行了测量:

首先,我们询问在青少年眼里,网络游戏的魅力在哪里,网络游戏最吸引他们的地方是什么。在问卷中,我们要求青少年在所有列举的选项中选择三项并按重要程度排列,表2中的相对频率是经过加权处理后获得的统计结果。如表所示,在青少年眼里,网络游戏最重要的吸引力在于:富有挑战性和刺激性(22.1%)、可以在虚拟世界做任何自己想做的事情(16.3%)、具有团队合作和团队竞争的乐趣(14.9%)、能与别人实时互动(13.6%)等。也就是说,网络游戏之所以对青少年有吸引力,首先是因为游戏所具有的流动、不确定、没有终结、匿名、即时互动特性,让青少年能够充分感受网络游戏的挑战性和刺激性,并且同时也让他们获得了一个安全多元的自我展示、自我实现和情感释放空间,让他们平时受到压抑的情感、无法实现的愿望,能够借助游戏充分地释放和发挥出来。其次,网络游戏之所以能够吸引青少年,还因为它为青少年提供了一个能够聚集在一起的虚拟世界,青少年能够在其中与他人实时互动,一起分享游戏的乐趣,自由交流游戏经验。

表 2　网络游戏的吸引力($N=1466$)

	相对频率(%)
富有挑战性和刺激性	22.1
可以在虚拟世界做任何自己想做的事情	16.3
具有团队合作和团队竞争的乐趣	14.9
能与别人实时互动	13.6
参加团队冒险活动	11.7
对抗性较强	11.3
可以充分享受掌握自己命运的快感	8.3
其他	1.8

　　为了更深入地了解网络游戏对青少年的吸引力,我们进一步询问了青少年在选择具体玩某一款网络游戏时考虑的主要因素。在问卷中,我们同样将题目设计为限选三项并要求受访者按重要程度进行排序,经过加权处理,计算出每个选项的相对频率。表 3 的统计数据显示,青少年在具体选择玩某一款网络游戏时,最主要考虑的因素依次为:游戏的好玩程度(25.9%)、有朋友一起玩(17.8%)、朋友推荐(16.8%)、游戏画面和音乐漂亮(13.6%)。这意味着,影响青少年选择网络游戏的因素主要有两个:一是游戏本身的好玩程度和游戏制作是否精美,如跌宕起伏的情节、唯美的游戏画面、悦耳动听的音乐等,都是网络游戏能否吸引青少年的关键因素;二是同辈群体的影响,有朋友一起玩或者因为朋友的推荐,常常是青少年选择某款网络游戏的重要原因。值得注意的是,不少青少年表示,在与朋友一起玩网络游戏的过程中,常常能够感受到许多在家里单独玩游戏时感受不到的乐趣,而且自己的交往关系网络,有相当一部分是在网络游戏过程中建立起来的。在有些青少年那里,能够在网络

游戏过程中与同辈群体进行社会互动,甚至是比游戏本身更重要的吸引他们参与游戏的因素。

表3　影响青少年选择网络游戏的因素($N=1429$)

	相对频率(%)
游戏的好玩程度	25.9
有朋友一起玩	17.8
朋友推荐	16.8
游戏画面和音乐漂亮	13.6
游戏服务器容易登录并且稳定	6.6
游戏的故事性强	5.9
操作简单	5.7
游戏的价格便宜	3.5
客户服务质量高	2.3
游戏的安全程度高	1.3
其他	0.6

最后,我们从青少年的心理需要入手,询问了他们参与网络游戏的内在动机。按照马斯洛(A. H. Maslow)的需要层次理论,人的需要从低到高包括生理需要、安全需要、爱与归属的需要、尊重的需要和自我实现的需要五个层次。而动机作为行为的内在驱力,促使人们朝向某一目标前进,以满足这些生理或心理上的需要。马斯洛认为,动机大致可以分为三个部分:匮乏的动机、成长的动机和超越的动机。这三种不同的动机,对应着人们的不同需要。与匮乏的动机相对应的需要,包括生理需要、安全需要、爱与归属的需要和尊重的需要,与成长的动机相对应的需要,包括自我实现的需要、知识与理解的需要和审美需要,与超越的动机相对应的则是对高峰体验、高原经验等最高精神价值的追求。[①]　参照马斯洛的这种需要动机理论,我们设计了一题,询问青少年参与网络游戏的主要动机。表4呈现的是经过加权处理后的相对频率。如表4所示,休闲娱乐、忘掉学习压力和消磨时间是引发青少年玩网络游戏的主要动

---

① A. H. 马斯洛:《动机与人格》,许金声等译,中国人民大学出版社2007年版。

机,这意味着,青少年主要把网络游戏视为休闲娱乐的工具,通过网络游戏寻求的是一种情感上的满足与慰藉,或者把网络游戏作为逃避学习压力和消磨时间的方式。也就是说,从青少年网络游戏动机所体现出来的需要,主要是马斯洛所说的低层次需要,即与匮乏的动机相对应的需要。同时,与他人交往与实现自我,也是一部分青少年参与网络游戏的动机。网络游戏所具有的特性,在客观上为青少年提供了一个与同辈群体互动,以及展现在现实中不能展现的自我面向的平台,游戏能够让青少年在虚拟世界中感受到在现实生活中被压抑的自我价值和成就感。

表4　青少年参与网络游戏的动机($N=1417$)

	相对频率(%)
休闲娱乐	30.4
忘掉学习压力	20.3
消磨时间	14.9
结交朋友	8.5
获得社交经验与技巧	4.5
寻找精神寄托	4.6
满足自我实现的愿望	4.6
成为游戏高手,受到别人尊重	4.0
发泄过剩的精力	3.4
追赶时尚	1.9
逃避现实	1.0
出售虚拟物品或高级别 ID 挣钱	1.2
其他	0.6

(三)青少年网络游戏行为类型

从青少年的网络游戏动机可知,青少年参与网络游戏,主要是为了休闲娱乐、忘掉学习压力、消磨时间、参与社会交往和实现自我,那么,青少年在玩网络游戏的过程中是通过怎样的行为方式,来达到这些目的的呢?陈怡安曾经根据深度访谈,将青少年在网络游戏中的行为类型区分为社交型使用行为、自我肯定型使用行为和逃避型使用行为(陈怡安,

2003)。我们根据前期的文献探讨和对青少年网络游戏玩家的访谈,列出了 14 个题项,作为具体考察青少年网络游戏行为的指标(见表 5)。在这 14 项网络游戏行为中,参与频率较高的分别为"通过练级提高自己在游戏中的等级"(74.1%)、"在游戏过程中和玩友聊天"(73.8%)、"与朋友一起打装备"(68.2%)、"加入或组建游戏团队"(64.6%)、"不断地尝试游戏的各种新玩法"(66.6%)和"送给团队中的其他玩友游戏币或装备"(59.5%);而参与频率较低的分别为"同时加入敌对双方的组织"(26.4%)、"和异性角色产生感情"(26.3%),以及"盗取别人的 ID 或装备达到升级的目的"(19.1%)。

表 5　青少年的网络游戏行为(N＝1466)

	经常(%)	偶尔(%)	从不(%)
通过练级提高自己在游戏中的等级	42.6	31.5	25.9
与朋友一起打装备	35.6	32.6	31.8
在游戏过程中和玩友聊天	35.5	38.3	26.3
加入或组建游戏团队	29.9	34.7	35.5
不断地尝试游戏的各种新玩法	27.2	39.4	33.4
送给团队中的其他玩友游戏币或装备	22.9	36.6	40.5
为获得好装备 PK	21.1	29.8	49.0
和网络游戏中结识的朋友见面	17.9	8.0	74.1
为所属团队的利益牺牲自己	17.3	39.2	43.5
用欺骗或暴力对付游戏中的仇家	11.3	22.4	66.4
频繁更换所属团队	10.9	29.9	59.1
同时加入敌对双方的组织	8.9	17.5	73.6
和异性角色产生感情	7.5	18.8	73.7
盗取别人的 ID 或装备达到升级的目的	5.9	13.2	81.0

为了简化青少年网络游戏行为的测量指标,我们尝试通过因子分析方法,提取出有概括力的新因子。因子分析采用主成分分析法,以特征值大于 1 作为选择因子的标准,因子旋转采用正交旋转法中的最大方差旋转法。在进行因子分析之前,我们先计算出所有题项的相关矩阵,分析各题项间的相关关系,并对变量是否适用因子分析进行检验。经计算

发现,14 种网络游戏行为之间有着较强的相关关系,经 KMO 检验,其 KMO 值为 0.922,Bartlett's 球状检验卡方值为 7612.449,自由度为 91,在 0.000(Sig. ＝0.000)水平上统计检验显著,说明适合进行因子分析。通过因子分析,我们将青少年网络游戏行为的 14 种不同形式,简化为两个因子。两个因子的方差贡献率分别为 31.707％和 20.298％,累积方差贡献率为 52.006％,共同度多数超过或接近 0.5,基本达到了因子分析的要求(见表 6)。

表 6　青少年网络游戏行为因子负荷矩阵

	因子 1	因子 2	共同度
与朋友一起打装备	0.806	0.158	0.675
通过练级提高自己在游戏中的等级	0.790	0.151	0.646
送给团队中的其他玩友游戏币或装备	0.758	0.185	0.609
加入或组建游戏团队	0.758	0.164	0.602
在游戏过程中和玩友聊天	0.722	0.098	0.531
不断地尝试游戏的各种新玩法	0.633	0.214	0.447
为获得好装备 PK	0.630	0.371	0.535
为所属团队的利益牺牲自己	0.610	0.265	0.442
盗取别人的 ID 或装备达到升级的目的	0.000	0.760	0.578
同时加入敌对双方的组织	0.181	0.700	0.522
和异性角色产生感情	0.231	0.631	0.452
和网络游戏中结识的朋友见面	0.109	0.623	0.401
用欺骗或暴力对付游戏中的仇家	0.330	0.576	0.440
频繁更换所属团队	0.342	0.532	0.400
旋转后特征值	4.439	2.842	
方差解释率(％)	31.707	20.298	
累积方差解释率(％)	31.707	52.006	

然后,我们根据因子的共性,分别为两个因子命名。命名因子 1 为亲社会行为因子,包括"与朋友一起打装备""通过练级提高自己在游戏中的等级"等 8 个题项,主要描述青少年在网络游戏中的人际交往和自我实现活动;命名因子 2 为偏差行为因子,包括"盗取别人的 ID 或装备达到升

级的目的""同时加入敌对双方的组织"等 6 个题项,主要描述青少年在网络游戏中的暴力、欺骗和逃避行为。这两个因子,大致涉及了青少年网络游戏中的人际互动、自我实现、暴力、欺骗和逃避等行为面向,具有一定的概括性。

在简化了青少年网络游戏行为结构后,我们以因子值系数为权数,计算出各因子的因子值。为便于分析,我们把青少年网络游戏行为的因子得分转换为 1~100 之间的指数(见表 7)。

表 7　网络游戏行为的均值、中位值、众值与标准差

	亲社会行为	偏差行为
均值	48.893	29.167
中位值	49.406	20.808
众值	11.620	20.810
标准差	24.371	19.408

从表 7 显示的青少年网络游戏行为因子得分来看,亲社会行为的均值(48.893)明显高于偏差行为的均值(29.167),说明总体而言,青少年在网络游戏中的主要行为取向,是通过游戏进行社会交往,探寻和塑造自我的不同面向。但是,从众值来看,亲社会行为的众值为 11.620,低于偏差行为的众值(20.810)。同时,在访谈中我们也发现,有部分青少年为了在网络游戏中达到自我实现的目的,会采用暴力与欺骗手段,对这一部分青少年的网络游戏行为取向,我们需要特别加以重视。

(四)青少年网络游戏中的暴力问题

青少年在网络游戏中的暴力倾向及其可能引发的后果,是颇受人们关注的问题。所谓网络暴力,是指那些对个体或群体的安全和健康产生持续伤害的在线行为,这种伤害包括肉体、心理和感情等多个层面。[①] 有研究显示,青少年较多地接触暴力游戏后,他们的行为和话语会变得比较激烈、具有攻击性,并且会变得不愿意帮助他人;经常接触暴力游戏,

① S.C. Herring. The Rhetorical Dynamics of Gender Harassment Online. The Information Society,1999(3).

会让青少年对暴力变得麻木,还会强化攻击信念,增强控制感,从而增加攻击行为发生的可能性。[①] 在网络游戏中,无疑存在着许多暴力场境和暴力内容,但这是否意味着青少年广泛地接触和参与网络游戏后,必然会导致暴力行为的增加,或者对暴力行为变得麻木? 同时,青少年是如何看待网络游戏中的暴力场境和暴力内容的,这种看法对其网络暴力行为又会有什么样的影响? 这些都是我们在面对网络游戏时必须认真考虑的问题。

调查结果显示,青少年在参与网络游戏过程中,使用暴力或者涉及暴力的现象是较为常见的。例如分别有11.3%和22.4%的青少年表示自己在网络游戏中会经常或偶尔"用欺骗或暴力对付游戏中的仇家",有5.9%和13.2%的青少年经常或偶尔"盗取别人的 ID 或装备达到升级的目的"。至于一般性的暴力或涉及暴力的行为,其发生比例则更高,例如分别有42.6%和31.5%的青少年表示自己在网络游戏中会经常或偶尔"通过练级提高自己在游戏中的等级",有35.6%和32.6%的青少年经常或偶尔"与朋友一起打装备",有21.1%和29.8%的青少年经常或偶尔"为获得好的装备而 PK"。而值得注意的是,虽然有不少青少年认为网络游戏中的暴力行为会造成一定的不良后果,例如各有33.5%和33.6%的青少年认为"游戏中的暴力会使玩家对暴力变得麻木""网络游戏容易诱发现实生活中的暴力行为",但也有许多青少年认为,网络游戏中的暴力并不是一件什么大不了的事情,例如有36.1%的青少年认为"游戏中的暴力是虚拟的,不会造成真正的伤害"。另外,各有32.5%、28.0%和26.4%的青少年分别在上述三项上选择了"说不清楚",而有37.8%的青少年认为"在网络游戏中,不用承担责任和后果"。可见,从总体而言,对于网络游戏中的暴力倾向及其后果,青少年并没有形成清晰的认识和恰当的价值判断。

为了进一步分析网络游戏是否会诱发青少年更多的暴力行为,我们在问卷中进一步询问了青少年在网络游戏过程中遭遇挫折时的行为反应。从表8所反映的青少年在遭遇游戏失败时的行为反应,可以在一定

[①]　金荣泰:《中学生电子游戏经验与攻击行为、攻击信念之关系研究》,2001年台湾中正大学学位论文。

程度上看出玩网络游戏对青少年暴力行为的影响。从表 8 可见,面对游戏失败,选择"无所谓,从头再玩"的青少年最多,有 950 人,占 66.9%,其次为"找机会报复对方",共 274 人,占 19.3%,接下来依次为"换一款游戏再玩"(184 人,13.0%),"去杀比自己弱小的玩家发泄愤怒"(147 人,10.4%),以及"其他"(39 人,2.7%)和"从此不再玩游戏"(21 人,1.5%)。由此可见,绝大部分青少年在遭遇网络游戏挫折时的心态比较宽松,选择"无所谓,从头再玩"或者"换一款游戏再玩"。但值得注意的是,的确有相当一部分青少年在遭遇游戏挫折时,会产生"找机会报复对方""去杀比自己弱小的玩家发泄愤怒"等带有暴力倾向的行为反应。

表 8 在游戏中遭遇失败时的行为反应($N=1420$)

	频数	频率(%)
无所谓,从头再玩	950	66.9
找机会报复对方	274	19.3
换一款游戏再玩	184	13.0
去杀比自己弱小的玩家发泄愤怒	147	10.4
从此不再玩游戏	21	1.5
其他	39	2.7

四、结论与讨论

首先,网络游戏在今天已经是青少年参与程度非常高的一项网络行为,有将近九成的青少年不同程度地玩过至少一种网络游戏,尤其是男性青少年的参与比例更高,占所有男性网络使用者的 92.8%,以及所有网络游戏玩家的 63.2%。在游戏类型中,除了休闲类的小游戏参与程度达到 66.0%以外,青少年参与程度较高的即时战略类和角色扮演类网络游戏,参与比例也都超过五成。

其次,从青少年参与网络游戏的动机来看,在网络游戏过程中能够结成游戏团队,以及能够在游戏过程中进行人际互动,是青少年参与网络游戏的主要动机,也是网络游戏之所以吸引青少年的主要原因之一。而且我们发现,朋友推荐或者是有朋友一起玩,还会直接影响青少年具体选择玩哪款网络游戏。从互动内容来说,在网络游戏过程中结成同盟或团队一起打装备或杀怪,以及在游戏中聊天交流,是最基本的互动内容。费舍尔(S. Fisher)通过对英国电子游戏厅的实证研究,发现青少年去游戏厅不见得一定是为了玩游戏,一个很重要的动机,是因为可以不受成年人的约束与同伴见面和相处。① 同样,青少年玩网络游戏也可能不只是想玩游戏,而且是想在一起玩游戏。而简金斯(H. Jenkins)更是强调,青少年在电子游戏中形成的经验,建构了一种新的复杂的社会关系,它甚至可能成为青少年在其他社会场所展开社会互动的基础。②

再次,借助网络游戏实现自我认同重塑,也是青少年参与网络游戏行为的主要动机之一。波斯特认为,网络空间的崛起,引入了对身份进行游戏的种种新可能,使行为主体从时间和空间上脱离了原位。③ 网络空间所具有的这种能够方便地实现身份转变的场域特性,为青少年提供了一个他们能够操控的自我认同重塑空间,而网络游戏则是让青少年在其中实现自我认同重塑的主要方式。这种自我实现的感受,是许多青少年网络游戏玩家在游戏过程中渴望达到的,有许多青少年为此不惜牺牲休息时间,甚至逃学。穆尔认为,网络游戏之所以有这样的形塑自我认同功能,是因为游戏具有嬉戏的维度。在网络游戏中,一个玩家自己有很大自由来决定行为的结果,因此游戏必然是多线性的,这会导致多元、不确定、流动、零散和碎片化的自我认同建构。"在嬉戏世界中,玩家与游戏所揭示的各种可能性的空间相认同,可能行动的领域被反思性地运用于自身,与制定的规则相连的各种可能结果的无限性被内化、被挪用和吸收,结果改变了玩家的认同。"④不过值得注意的是,至少在目前,青少年在网络游戏中对自我实现的追求,总体而言仍处在一个较低的层次

---

① 林鹤玲、郑芳芳:《在线游戏合作行为与社会组织:以青少年玩家之血盟参与为例》,http://tsa. sinica. edu. tw/Imform/file1/2004meeting/paper/C4-1. pdf.

② H. Jenkins. Complete Freedom of Movement:Video Games as Gendered Play Spaces. In:J. Cassell & H. Jenkins (eds.). From Barbie to Mortal Kombat. Cambridge:The MIT Press,1998.

③ M. 波斯特:《信息方式——后结构主义与社会语境》,范静晔译,商务印书馆 2000 年版。

④ J. 穆尔:《从叙事的到超媒体的同一性:在游戏机时代解读狄尔泰和利科》,《学术月刊》2006 年第 5 期。

和水平上,青少年借助网络游戏寻求的,主要还只是一种情感上的满足、释放与慰藉,甚至只是将网络游戏作为一种逃避学习压力和消磨时间的方式,借助游戏在虚拟世界中短暂地感受在现实生活中被压抑的自我实现和成就满足感。

最后,网络游戏中的暴力内容,以及青少年在玩网络游戏过程中呈现出来的暴力倾向,是导致社会对网络游戏世界充满焦虑的一个重要原因。的确,许多目前在青少年玩家中风靡的网络游戏,涉及暴力的内容较为常见,而且青少年在网络游戏过程中使用暴力达到升级目的的情况也不鲜见。虽然多数青少年并不认为网络游戏暴力是虚拟的,而倾向于认为游戏暴力会造成真实的伤害,但是,对包含在网络游戏中的暴力内容,以及较为经常地参与游戏中的暴力行为可能会对自己造成什么样的后果,大多数青少年并未能够形成真正清晰的价值判断。另外,虽然大多数青少年在面对网络游戏中的挫折和失败时,行为反应较为平和宽松,但的确也有相当一部分青少年在遭遇游戏挫折时,会产生“找机会报复对方”“去杀比自己弱小的玩家发泄愤怒”等带有暴力倾向的行为反应,而且即使是那些表面上看起来作出较为平和反应的网络游戏玩家,其行为反应也有可能只是因为网络空间的身体不在场和匿名特性导致的无奈选择,是因为限于网络的隔离作用无力实现报复的情况下采取的权宜行为反应,而并非真的无所谓。一旦满足某些特定情景或条件,例如共同在场,他们很有可能会转而采取暴力行为,甚至有可能引发现实生活中的暴力冲突。因此,网络游戏中的暴力内容对青少年的心理反应和行为状态会有什么样的影响,网络游戏中的暴力行为是否会引发青少年游戏玩家更多的暴力行为,还需要我们作更进一步的深入讨论。

网络游戏意识对网络游戏行为的影响[*]

——以青少年网民为例

一、问题的提出

　　网络游戏是指以网络空间为依托,既可以一人进行也可以多人同时参与的在线游戏,它使游戏从单一的休闲娱乐活动,扩展为包括聊天、角色扮演、虚拟会议、虚拟社区等多种功能的综合性社会行为。网络游戏为人们创造了一个具有时空压缩、无边界、开放、自由、匿名等特征的虚实交织的想象世界,让人们能够在其中从事探险、交往、竞争、互动、建构认同等社会行为。与传统游戏相比,网络游戏具有强烈的互动性、娱乐性、耐玩性、探索性、不确定性等特点。游戏没有固定的程序与确定的结果,玩家可以把自己的喜怒哀乐投射到游戏角色身上,通过提升自己的游戏技能和等级,影响游戏的进程,并且在游戏过程中与其他游戏玩家进行实时互动,从中获得精神上的快乐与感官上的满足。在今天,玩网络游戏已经成为许多青少年宣泄情绪、缓解压力、娱乐身心、塑造自我、实现自我的一种重要方式和途径,这也是网络游戏之所以广受青少年青睐和欢迎的一个重要原因。根据 CNNIC 发布的第 21 次《中国互联网络发展状况统计报告》,在 2007 年年底,我国参与网络游戏的用户已达到1.2 亿人,占所有上网用户的 59.3%(有 9.3% 的网民通常上网的第一件事就是玩网络游戏),其中尤其以青少年玩网络游戏的比例最高,在 18 岁

　　* 原载《新闻与传播研究》2009 年第 2 期。

以下的青少年网民中,有 73.7％玩过网络游戏。[①]

　　近年来,随着青少年网络游戏玩家数量的快速增长,对青少年网络游戏行为的研究,开始进入学者的视野。概括而言,学界的研究主要集中在两个方面:

　　首先,对青少年网络游戏中社会互动、自我认同和暴力行为的研究,是青少年网络游戏行为研究中最受关注的内容。(1)有研究者强调,网络游戏容易导致青少年沉迷网络,从而削弱其现实社会联系,而且网络游戏参与程度越高,现实社会联系越差。[②] 但其他学者却发现,玩网络游戏并没有使青少年的社会交往减少,相反,网络游戏可以让许多玩家同时在线参与游戏这一不同于传统游戏的特点,使青少年能够在游戏中展开社会互动和合作。青少年热衷于网络游戏的一个重要原因,正是因为网络游戏能让玩家在虚拟空间建立起以前只有在现实世界中才能建立起来的社会联系。[③] (2)有学者强调,网络游戏是一个发现自我甚至重塑自我的实验室,有助于游戏玩家建构平行、多元、去中心化、片断化的后现代自我认同。在网络游戏世界中,玩家对游戏展示的各种可能性空间的认同,会被反思性地运用于自身,从而改变玩家的认同。这对于青少年纾解情绪,增加自我认识,发现自己的潜力,形成自己对未来工作的概

---

　　① CNNIC:《中国互联网络发展状况统计报告》(第 21 次报告),中国互联网络信息中心,2008 年。

　　② 骆少康、方文昌、魏志鸿、汪志坚:《线上游戏使用者之实体人际关系与社交焦虑研究》,http://www. ckitc. edu. tw～nettanet2003/pdf/G3/9740. PDF。

　　③ 杨可凡:《网咖使用对青少年的意义研究:传播乐趣经验与社会性使用分析》,http://www. ccu. edu. tw/TANET2001/TANET2001_Papers/T114. pdf;陈怡安:《线上游戏的魅力:以重度玩家为例》,台湾复文出版社 2003 年版;林鹤玲、郑芳芳:《在线游戏合作行为与社会组织:以青少年玩家之血盟参与为例》,http://tsa. sinica. edu. tw/Imform/file1/2004meeting/paper/C4-1. pdf; J. Fromme. Computer Games as a Part of Children's Culture. International Journal of Computer Game Research,2003,3(1); T. Manninen. Interaction Forms and Communicative Actions in Multiplayer Games. International Journal of Computer Game Research,2003,3(1).

念与自我理想,都有重要的意义。① (3)有学者认为,网络空间是一个匿名、可以自由发表言论且信息快速流通的虚拟世界。由于不知道彼此的真实身份,故不必害怕他人对自己的评价,亦无须担心自己的表现,因此在网络空间经常会发生言语冲突与怒火(flaming)。比起面对面沟通,在网络空间有较多的言语侵犯、不避讳的言语论述与不适当的吵架行为。② 青少年较多地接触暴力游戏后,其行为和话语会变得比较激烈、具有攻击性,并且会变得不愿意帮助他人;经常接触暴力游戏,会让青少年对暴力变得麻木,还会强化攻击信念,增强控制感,从而增加攻击行为发生的可能性。③

其次,对青少年网络游戏行为影响因素的研究,也颇受国内外学界的关注。在这一问题上,已有研究所采用的主要分析角度和解释逻辑,基本上延续了结构分析的思路。分析所涉及的主要变量,包括性别、年龄、受教育程度、收入、职业,以及社会资源和社会规则等人口统计变量和社会结构变量。主要解释逻辑,是强调上述社会结构因素对网络游戏行为的影响。④ 但也有学者强调,网络空间在相当程度上消解了社会结构因素对网络游戏行为的制约作用,他们尝试提出了一种不同于结构分

---

①   S. 特克:《虚拟化身:网路空间的身份认同》,谭天、吴佳真译,远流出版事业股份有限公司 1998 年版;陈怡安:《线上游戏的魅力:以重度玩家为例》,台湾复文出版社 2003 年版;侯蓉兰:《角色扮演网路游戏对青少年自我认同的影响》,2003 年台湾东海大学学位论文;J. 穆尔:《从叙事的到超媒体的同一性:在游戏机时代解读狄尔泰和利科》,《学术月刊》2006 年第 5 期。

②   M. R. Parks & K. Floyd. Making Friends in Cyberspace. Journal of Communication,1996,46(1);B. Kolko & E. Reid. Dissolution and Fragmentation:Problems in Online Communities. In:S. G. Jones (eds.). Cybersociety 2.0:Revisiting Computer-mediated Communication and Community. London:Sage,1998;A. Joinson. Causes and Implications of Disinhibited Behavior on the Internet. In:J. Gackenbach (eds.). Psychology and the Internet Intrapersonal, Interpersonal, and Transpersonal Implications. San Diego:Academic Press,1998.

③   金荣泰:《中学生电子游戏经验与攻击行为、攻击信念之关系研究》,2001 年台湾中正大学学位论文;陈怡安:《线上游戏的魅力:以重度玩家为例》,台湾复文出版社 2003 年版。

④   M. D. Griffiths, M. N. O. Davies & D. Chappell. Online Computer Gaming:A Comparison of Adolescent and Adult Gamers. Journal of Adolescence, 2004,27(1);M. D. Griffiths, M. N. O. Davies & D. Chappell. Breaking the Stereotype:The Case of Online Gaming. Cyber psychology & Behavior,2003,6(1).

析的理论视角,这一视角强调网络意识和网络价值观念对网络行为的影响。[①] 比方说,按照现实生活中的价值观,武力并不能代表一切,但在网络游戏中,角色的等级和功力成为了人们能否成为重要人物的关键,由此导致青少年网民对网络游戏中角色功力(武力)的推崇。[②] 青少年在玩网络游戏过程中形成的这种游戏意识和价值观念,会对网络游戏行为产生不可忽略的影响。

综观国内外学界的相关研究,存在着两个主要缺陷:一是对网络游戏行为的研究较为零散,缺乏对其概念结构的完整、充分检视,更没有以此为基础发展出有效的概念测量工具;二是有关网络游戏意识对网络游戏行为影响作用的分析,基本上停留在理论分析层面,缺乏相应的实证研究支撑。基于学界的这一研究现状,本研究设定了两个研究目的:一是尝试梳理网络游戏行为和网络游戏意识的概念结构,并在此基础上发展有效的概念测量工具;二是借助调查数据,定量分析网络游戏意识对网络游戏行为的影响。

二、数据、模型与变量

(一)数据

本研究的分析数据,来自"青少年网络行为研究"课题组于 2004 年 10—11 月在浙江(杭州和舟山)、湖南(长沙和岳阳)和甘肃(兰州和天水)三省进行的问卷调查。此次调查的对象为年龄在 13～24 岁的城市青少年。调查采用多阶段抽样方法,共发放问卷 2028 份,最后获得有效样本 1681 个,其中符合本文数据分析要求的样本 1466 个。

(二)模型

结构化理论认为,拥有认知能力(包括话语意识和实践意识)是人类行动者的显著特征,"所有的行动者都是具有认知能力的行动者,而不是

---

① 黄少华、翟本瑞:《网络社会学:学科定位与议题》,中国社会科学出版社 2006 年版。

② 李曜安:《儿童与青少年的媒体使用经验:在网路出现之后》,2004 年台湾"清华大学"社会学学位论文。

只受其行动环境影响的被动接受者"[1]。对行动者的认知能力尤其是"实践意识进行解释,是探讨社会行为各方面特征的一个必不可少的要素"[2]。建构主义也强调,人们对世界的概念性表述,制约和影响着人们的社会行为。因此,对社会行为的探讨,不能只停留在客观结构分析层面,而需要进一步阐明人们是如何按照各自对行为场景和行为规则的话语意识和实践意识,去组织和建构现实社会行为的。基于这样的理论视角,本研究设计了以青少年网络游戏行为为因变量,以网络游戏意识为自变量,以青少年个体因素、地区差异、网络使用状况为控制变量的分析架构。

根据这一分析架构,我们设计了一个包含两个回归模型的嵌套模型(nested models)。首先以人口统计变量、地域和网络使用状况为自变量,建构一个基准模型:

$$y = b_0 + b_1 x_1 + b_2 x_2 + b_3 x_3 + \cdots + b_7 x_7 + e \tag{1}$$

其中 y 为因变量,即青少年网络游戏行为; $x_1, x_2, x_3, \cdots, x_7$ 分别代表控制变量性别、年龄、省份、城市、网龄、网络使用频率和上网持续时间; $b_1, b_2, b_3, \cdots, b_7$ 分别代表各控制变量的偏回归系数; b_0 和 e 分别代表常数项和不可观测的随机误差。

在模型(1)的基础上,我们进一步在模型中引入了网络游戏意识变量,形成一个嵌套模型:

$$y = b_0 + (b_1 x_1 + b_2 x_2 + b_3 x_3 + \cdots + b_7 x_7) + b_{网络游戏意识} x_{网络游戏意识} + e \tag{2}$$

其中 $x_{网络游戏意识}$ 为青少年网络游戏意识各自变量; $b_{网络游戏意识}$ 为青少年网络游戏意识各自变量的偏回归系数。借助模型(2),我们可以在控制人口统计变量、地域因素和网络使用状况的基础上,了解网络游戏意识对网络游戏行为的影响作用。同时,通过比较模型(1)和模型(2)的削减误差比例,我们可以了解网络游戏意识对网络游戏行为的解释力度。

(三)变量

1. 因变量

本研究以青少年网民的网络游戏行为为因变量。虽然迄今为止学

---

[1]　A. 吉登斯:《批判的社会学导论》,郭忠华译,上海译文出版社 2007 年版,第 65 页。

[2]　A. 吉登斯:《社会的构成:结构化理论大纲》,李康等译,生活·读书·新知三联书店 1998 年版,第 465 页。

界尚缺乏对网络游戏行为概念的概念结构分析,更没有在此基础上发展出相应的概念测量工具,但考虑到学界已有一些从网络互动、自我建构和行为偏差三个维度入手对网络游戏行为的研究,因此,本研究尝试以这三个维度作为网络游戏行为概念的基本结构,采用量表形式进行测量。

2. 自变量

本研究以青少年网民的网络游戏意识为自变量。同样,目前学界也缺乏对网络游戏意识概念的概念结构分析,以及与此相应的概念测量工具。在本研究中,我们基于前期对青少年网民的访谈,尝试从网络互动、自我实现、情感满足、行为虚拟和网络游戏暴力五个维度,采用量表形式,对青少年的网络游戏意识进行测量。

3. 控制变量

对青少年网络游戏行为影响因素的已有研究发现,个体因素如性别、年龄、教育程度、收入、职业等人口统计变量,以及青少年网民的网络使用状况如网龄、网络使用频率和上网持续时间等变量,会对网络游戏行为产生影响。[①] 因此,我们将性别、年龄、省份、城市、网龄、网络使用频率和上网持续时间作为控制变量引入回归方程,以更好地了解和解释青少年网民的网络游戏意识对网络游戏行为的影响。主要控制变量的均值、标准差与变量说明,见表1。

表 1   控制变量的均值、标准差与变量说明($N=1466$)

	均值	标准差	变量说明
性别	0.63	0.48	二分变量,1 为男性,0 为女性
年龄	17.37	3.50	定距变量,最小值 13,最大值 24
网龄	2.92	1.10	定距变量
网络使用频率	3.24	1.15	定距变量,每周上网次数
上网持续时间	1.59	0.89	定距变量,每次上网持续时间

---

① 陈怡安:《线上游戏的魅力:以重度玩家为例》,台湾复文出版社 2003 年版;M. D. Griffiths, M. N. O. Davies & D. Chappell. Online Computer Gaming: A Comparison of Adolescent and Adult Gamers. Journal of Adolescence, 2004, 27(1).

三、数据分析

(一)变量测量结果

网络游戏行为和网络游戏意识是本研究中的两个主要变量。作为不能直接观测的潜变量,我们采用量表进行测量,并对测量结果进行探索性因子分析和验证性因子分析。

1. 网络游戏行为

根据前期的文献探讨和对青少年网络游戏玩家的访谈,我们从网络互动、自我建构和行为偏差三个维度,列出了 14 个题项,作为具体测量青少年网络游戏行为的指标。统计显示,在这 14 项网络游戏行为中,频率较高的分别为"通过练级提高自己在游戏中的等级"(74.1%)、"在游戏过程中和玩友聊天"(73.8%)、"与朋友一起打装备"(68.2%)和"不断尝试游戏的各种新玩法"(66.6%);而频率较低的则有"同时加入敌对双方的组织"(26.4%)、"和异性角色产生感情"(26.3%),以及"盗取别人的ID 或装备达到升级的目的"(19.1%)。

为了简化青少年网络游戏行为的结构,我们尝试通过探索性因子分析(EFA),提取出有概括力的新因子。在因子分析之前,先进行 KMO 和 Bartlett's 球状检验,KMO 值为 0.922,Bartlett's 球状检验卡方值为7612.449,自由度为 91,在 0.000(Sig. ＝0.000)水平上统计检验显著,说明存在共享潜在因子,可以进行因子分析。因子分析采用主成分分析法,以特征值大于 1 作为选择因子的标准,因子旋转采用正交旋转法中的最大方差旋转法。通过因子分析,测量青少年网络游戏行为的 14 个题项,被简化为 2 个因子,其中我们在设计问卷时考虑的网络互动和自我建构两个维度,被简化成了一个因子。2 个因子的方差贡献率分别为31.707%和 20.298%,累积方差贡献率为 52.006%,共同度多数超过或接近 0.5,基本达到了因子分析的要求(见表 2)。

表 2　网络游戏行为因子负荷矩阵($N=1466$)

	因子 1	因子 2	共同度
与朋友一起打装备	0.806	0.158	0.675
通过练级提高自己在游戏中的等级	0.790	0.151	0.646
送给团队中的其他玩友游戏币或装备	0.758	0.185	0.609
加入或组建游戏团队	0.758	0.164	0.602
在游戏过程中和玩友聊天	0.722	0.098	0.531
不断尝试游戏的各种新玩法	0.633	0.214	0.447
为获得好装备 PK	0.630	0.371	0.535
为所属团队的利益牺牲自己	0.610	0.265	0.442
盗取别人的 ID 或装备达到升级的目的	0.000	0.760	0.578
同时加入敌对双方的组织	0.181	0.700	0.522
和异性角色产生感情	0.231	0.631	0.452
和网络游戏中结识的朋友见面	0.109	0.623	0.401
用欺骗或暴力对付游戏中的仇家	0.330	0.576	0.440
频繁更换所属团队	0.342	0.532	0.400
旋转后特征值	4.439	2.842	
方差贡献率(%)	31.707	20.298	
累积方差贡献率(%)	31.707	52.006	

　　根据因子的共性,我们重新为 2 个因子命名。命名因子 1 为亲社会行为因子,包括"与朋友一起打装备""通过练级提高自己在游戏中的等级"等 8 个题项,主要描述青少年在网络游戏中帮助他人,提升自我的行为;命名因子 2 为偏差行为因子,包括"盗取别人的 ID 或装备达到升级的目的""用欺骗或暴力对付游戏中的仇家"等 6 个题项,主要描述青少年在网络游戏过程中违反社会期待,造成他人痛苦或自我成长停滞的不恰当社会行为。这 2 个因子,大致涉及了青少年网络游戏中的社会互动、自我实现、暴力、欺骗和逃避等主要行为面向,因而具有一定的概括性。

　　对量表的信度检验,采用分析量表的内部一致性 Cronbach's α 系数方法进行。[1] 因子 1 和因子 2 的 Cronbach's α 系数分别为 0.8852 和 0.7503,整个量表的 Cronbach's α 系数为 0.8837。从信度分析的结果可以看出,青少年网络游戏行为量表的信度良好。同时,量表包含的 2 个因子结构清晰,因子内所包含的项目在相应因子上的负荷也较高,均达到 0.5 以上,说明量表的结构效度良好。鉴于因子分析结果,将我们在设计问卷时考虑的网络互动和自我建构两个维度,简化成了一个因子,因此,为了进一步验证二因子维度模型的结构效度,我们对量表进行了验证性因子分析(CFA),结果如下:Chi-Square/df=2.78,RMSEA=0.049,GFI=0.88,NNFI=0.87,CFI=0.90。表明二因子维度模型拟合理想,具有良好的结构效度。

最后,我们以因子值系数为权数,计算出各因子的因子值。为了便于分析,我们根据因子值转换公式:转换后的因子值=(因子值+B)×A{其中,A=99/(因子值最大值-因子值最小值),B=(1/A)-因子值最小值。B 的公式亦为:B=[(因子值最大值-因子值最小值)/99]-因子值最小值},将青少年网络游戏行为的因子值,转换为 1 到 100 之间的指数。[2] 转换后各因子值的均值、标准差、中位值与众值见表 3。

表 3　网络游戏行为的均值、中位值、众值与标准差

	亲社会行为	偏差行为
均值	48.893	29.167
中位值	49.406	20.808
众值	11.620	20.810
标准差	24.371	19.408

2. 网络游戏意识

为了比较全面地了解青少年的网络游戏意识,我们采用李克特量表,从完全同意到完全不同意五点尺度,从网络互动、自我实现、情感满足、行为虚拟和网络游戏暴力五个维度,用 27 题询问了被访青少年的网

---

[1]　L. J. Cronbach. Coefficient Alpha and the Internal Structure of Tests. Psychometrica,1951,16(3).

[2]　边燕杰、李煜:《中国城市家庭的社会网络资本》,《清华社会学评论》2000 年第 2 辑。

络游戏意识。其中同意程度较高的题项有："我喜欢游戏中的团队合作精神"(71.6%)、"游戏中的团队竞争很有乐趣"(69.6%)、"与朋友一起练级、打装备和 PK 很有趣"(68.4%)、"玩游戏能够增强朋友间的感情"(67.0%)等；而同意程度较低的题项则有："网络游戏耗费过多时间影响了我的学习"(26.1%)、"游戏使我找到了精神寄托"(31.7%)、"网络游戏容易诱发现实生活中的暴力行为"(33.6%)等。根据被访青少年的回答，我们大致可以得出以下结论：(1)在青少年心目中，网络游戏中的社会互动和团队合作精神非常重要，在同意比例最高的 5 个题项中，有 4 个题项有关网络游戏中的社会互动和团队合作精神。(2)网络游戏是青少年自我实现与放松的一种重要方式，相关的题项如"我从游戏战绩中获得许多成就感和满足感""我喜欢不断玩新游戏带来的新鲜感""游戏给我提供了一个彻底忘掉生活压力的地方""玩游戏让我在现实生活中的烦恼得到安慰""参加游戏中的团队让我有一种归属感"等的同意率均在 50% 以上。(3)值得注意的是，有不少青少年网民对网络游戏中的暴力因素的意识，显得较为模糊。在相关问题上的同意率和不同意率分别为："游戏中的暴力是虚拟的，不会造成真的伤害"同意 36.1%，不同意 37.5%；"网络游戏容易诱发现实生活中的暴力行为"同意 33.6%，不同意 38.4%；"游戏中的暴力会使玩家对暴力变得麻木"同意 33.5%，不同意 34.0%。而表示"说不清楚"的，则分别达到 26.4%、28.0% 和 32.5%。

为了简化青少年网络游戏意识的测量指标，我们对游戏意识量表进行了探索性因子分析。KMO 和 Bartlett's 球状检验结果，KMO 值为 0.928，Bartlett's 球状检验的卡方值为 11339.875，自由度为 351，在 0.000(sig.＝0.000)水平上统计检验显著，说明存在共享潜在因子，可以进行因子分析。因子分析采用主成分分析法，以特征值大于 1 作为选择因子的标准，因子旋转采用正交旋转法中的最大方差旋转法。第一次因子分析的结果，共析出 4 个因子，4 个因子的累积方差贡献率为 46.427%。从第一次因子分析结果，我们发现某些题项有缺陷，表现在因子负荷较低，或者负荷分布不够明确，因此我们剔除这些有缺陷的题项，包括"与朋友一起练级、打装备和 PK 很有趣""我从游戏战绩中获得许多成就感和满足感"等 12 题。在剔除这 12 个题项之后，对剩余的 15 题进行二次因子分析(这 15 个题项的 KMO 值为 0.845，Bartlett's 球状检验的卡方值为 5668.512,自由度为 105,在 0.000(sig. ＝0.000)水平上统计检验显著)。因子分析结果共析出特征值大于 1 的因子 4 个,所有题项的因子负荷均超过 0.5,共同度除"玩游戏锻炼了我的想象力和创造力""玩游戏能够增强朋友间的感情""游戏中的行为不受现实社会规范约束"三题低于 0.5 以外,其他所有题项均超过 0.5。因子分析结果,将原来 27 题的量表删减至 15 题,最后净化出 4 个因子(其中,我们问卷设计时考虑的网络互动和自我实现两个维度被简化成了一个因子),4 个因子的方差贡献率分别为 19.160％、16.868％、11.940％和 10.746％,累积方差贡献率为 58.714％,基本达到了因子分析的要求(见表 4)。

表 4　网络游戏意识因子负荷矩阵($N＝1369$)

	因子 1	因子 2	因子 3	因子 4	共同度
我喜欢游戏中的团队合作精神	0.820	0.083	0.013	−0.072	0.684
游戏中的团队竞争很有乐趣	0.805	0.113	0.088	−0.041	0.670
玩游戏增加了我的社会交往经验	0.663	0.295	0.042	−0.040	0.530
玩游戏锻炼了我的想象力和创造力	0.652	0.220	0.136	0.015	0.492
玩游戏提高了我的反应速度	0.644	0.258	0.161	−0.016	0.507
游戏中的朋友关系更纯洁	0.191	0.712	0.081	−0.012	0.550
玩游戏让我在现实生活中的烦恼得到安慰	0.162	0.710	0.149	−0.036	0.553
游戏的虚拟性让我无后顾之忧	0.054	0.655	0.347	−0.086	0.560
给我提供了一个彻底忘掉生活压力的地方	0.236	0.632	0.230	0.013	0.508
玩游戏能够增强朋友间的感情	0.293	0.619	−0.044	−0.010	0.471
在游戏中,不用承担责任和后果	−0.011	0.100	0.772	−0.199	0.646
游戏中的暴力是虚拟的,不会造成真的伤害	0.113	0.135	0.750	0.097	0.602
游戏中的行为不受现实社会规范约束	0.218	0.229	0.608	−0.004	0.469
网络游戏容易诱发现实生活中的暴力行为	−0.083	0.007	−0.014	0.880	0.782
游戏中的暴力会使玩家对暴力变得麻木	−0.021	−0.080	−0.067	0.877	0.781
旋转后特征值	2.874	2.530	1.791	1.612	
方差贡献率(％)	19.160	16.868	11.940	10.746	
累积方差贡献率(％)	19.160	36.028	47.968	58.714	

　　根据各因子的共性,我们分别为这4个因子命名。命名因子1为团队合作因子,包括"我喜欢游戏中的团队合作精神""我觉得游戏中的团队竞争很有乐趣"等5个题项,主要描述青少年对网络游戏的团队合作与能力提升功能的意识;命名因子2为情感慰藉因子,包括"游戏中的朋友关系更纯洁""玩游戏让我在现实生活中的烦恼得到安慰"等5个题项,主要描述青少年对于玩网络游戏所带来的情感满足和慰藉功能的意识;命名因子3为行为虚拟因子,包括"在游戏中,不用承担责任和后果""游戏中的暴力是虚拟的,不会造成真的伤害"等3个题项,主要描述青少年对于网络游戏超越现实制约的虚拟特性的意识;命名因子4为诱发暴力因子,包括"网络游戏容易诱发现实生活中的暴力行为"和"游戏中的暴力会使玩家对暴力变得麻木"2个题项,主要描述青少年对网络游戏暴力因素的意识。这4个因子,大致概括了青少年对网络游戏中涉及的社会互动、团队合作、休闲娱乐和暴力因素等维度的认知,基本上能够反映青少年对网络游戏的看法。

　　对量表的信度检验,采用分析量表的内部一致性 Cronbach's α 系数方法进行。4个因子的 Cronbach's α 系数分别为:0.8079,0.7564,0.6072,0.7319,整个量表的 Cronbach's α 系数为 0.7820。从信度分析的结果可以看出,青少年网络游戏意识量表的信度良好。同时,量表包含的4个因子结构较为清晰(但原初设计的网络互动和自我实现两个维度被简化成了一个因子),因子内所包含的项目在相应因子上的负荷均达到0.6以上,说明量表的结构效度较好。为了进一步验证四因子维度模型的结构效度,我们对量表进行了验证性因子分析,结果如下:Chi-Square/df = 2.32,RMSEA = 0.045,GFI = 0.90,NNFI = 0.89,CFI = 0.91。表明四因子维度模型拟合理想,具有良好的结构效度。

　　在简化了青少年网络游戏意识量表的结构后,我们以因子值系数为权数,计算出各因子的因子值。为了便于分析,我们将青少年网络游戏意识的因子值转换为1～100之间的指数。转换后各因子值的均值、标准差、中位值与众值见表5。从表5的因子得分情况来看,在4个因子中,团队合作和情感慰藉因子的均值较高,而行为虚拟和诱发暴力因子的均值相对较低,说明青少年网络游戏玩家较为倾向于肯定网络游戏的团队合作和情感慰藉作用,而对网络游戏只是一种虚拟行为,以及网络游戏容易诱发暴力这样的说法,同意程度相对较低。

表5　网络游戏意识的均值、中位值、众值与标准差

	团队合作	情感慰藉	行为虚拟	诱发暴力
均值	60.439	55.268	49.478	48.811
中位值	61.701	55.683	50.604	47.519
众值	44.120	51.620	51.470	47.430
标准差	17.484	16.127	17.436	22.377

(二)网络游戏意识对网络游戏行为的影响

借助探索性因子分析和验证性因子分析,我们分析了网络游戏行为和网络游戏意识两个变量的概念结构,梳理了概念所包含的基本维度。基于对这两个变量的测量结果,我们围绕"青少年网民的网络游戏意识对网络游戏行为的影响"这一议题,提出以下4个研究假设:

假设1:青少年网络游戏意识的团队合作维度,对网络游戏中的亲社会行为有正向作用,对网络游戏中的偏差行为则有负向作用。

假设2:青少年网络游戏意识的情感慰藉维度,对网络游戏中的亲社会行为和偏差行为,皆有正向作用。

假设3:青少年网络游戏意识的行为虚拟维度,对网络游戏中的亲社会行为有负向作用,对网络游戏中的偏差行为,则有正向作用。

假设4:青少年网络游戏意识的诱发暴力维度,对网络游戏中的亲社会行为和偏差行为,皆有负向作用。

为了检验上述假设,我们分别以网络游戏行为的两个维度为因变量,以网络游戏意识的四个维度为自变量,同时引入青少年的性别、年龄、省份、城市、网龄、网络使用频率和上网持续时间等作为控制变量,进行多元回归分析。多元回归分析结果见表6。

表6中的模型1是青少年网络游戏中的亲社会行为的基准模型。模型中影响作用显著的自变量包括性别、年龄、省份(浙江)、网龄、网络使用频率、上网持续时间。其中性别、网龄、网络使用频率、上网持续时间等变量的作用方向为正向,而年龄和省份(浙江)的作用方向则为负向。也就是说,与女性相比,男性参与游戏中的亲社会行为的概率较高;而年

表 6   网络游戏意识对网络游戏行为的影响($N=1369$)

	亲社会行为				偏差行为			
	模型 1		模型 2		模型 3		模型 4	
	B(S. E)	Beta	B(S. E)	Beta	B(S. E)	Beta	B(S. E)	Beta
控制变量								
性别	10.649*** (1.217)	0.216	10.610*** (1.094)	0.215	5.241*** (1.117)	0.130	4.652*** (1.078)	0.115
年龄	−1.852*** (0.172)	−0.273	−1.360*** (0.157)	−0.200	0.247 (0.158)	0.044	0.109 (0.155)	0.020
省份 (湖南)	−0.373 (1.423)	−0.007	0.137 (1.281)	0.003	2.096 (1.307)	0.051	1.098 (1.263)	0.027
省份 (浙江)	−5.696*** (1.460)	−0.112	−5.092*** (1.318)	−0.100	4.201** (1.340)	0.101	2.758* (1.300)	0.067
城市规模 (大城市)	−1.734 (1.170)	−0.036	−1.647 (1.051)	−0.035	−0.282 (1.074)	−0.007	−0.757 (1.036)	−0.019
网龄	2.506*** (0.565)	0.116	1.725** (0.509)	0.080	−0.250 (0.519)	−0.014	−0.061 (0.502)	−0.003
网络使用频率	2.794*** (0.546)	0.136	2.368*** (0.491)	0.115	0.632 (0.501)	0.038	0.470 (0.484)	0.028
上网持续时间	6.149*** (0.701)	0.230	4.700*** (0.638)	0.176	0.881 (0.644)	0.040	0.724 (0.629)	0.033
自变量								
团队合作			0.471*** (0.030)	0.342			−0.134*** (0.030)	−0.119
情感慰藉			0.308*** (0.032)	0.210			0.200*** (0.032)	0.167
行为虚拟			−.001 (0.030)	−0.001			0.166*** (0.029)	0.149
诱发暴力			0.047* (0.023)	0.045			−0.091*** (0.023)	−0.105
(常数)	52.349*** (3.400)		1.564 (4.466)		16.862*** (3.122)		14.189** (4.404)	
R^2	0.232		0.385		0.031		0.104	
F	49.928***		68.590***		5.287***		12.765***	

* $P<0.05$；** $P<0.01$；*** $P<0.001$。

龄越大,则参与的概率越低。与甘肃青少年相比,浙江青少年参与网络游戏中的亲社会行为的概率较低;网龄越长、网络使用频率越高、每次上网持续时间越久,参与网络游戏中的亲社会行为的概率也越高。模型的削减误差比例为 23.2%。

模型 2 以上述基准模型为基础,在控制性别、年龄、省份、城市、网龄、网络使用频率、上网持续时间等变量的基础上,进一步引入青少年的网络游戏意识作为自变量,分析网络游戏意识对网络游戏中的亲社会行为的影响。从模型的回归系数可见,青少年网络游戏意识四个维度除"行为虚拟"维度的影响作用不显著外,其余维度对网络游戏中的亲社会行为的影响作用都很显著,且作用方向皆为正向。也就是说,青少年对网络游戏的团队合作、能力提升、情感满足和慰藉功能,以及网络游戏中的暴力因素的意识程度越高,其参与网络游戏中的亲社会行为的可能性也越大。这个模型的削减误差比例为 38.5%。与模型 1 相比,模型 2 的削减误差比例提高了 15.3 个百分点。

模型 3 是青少年网络游戏中的偏差行为的基准模型。模型中影响作用显著的自变量只有性别和省份(浙江)两个,且作用方向为正向。意味着与女性相比,男性参与游戏中的偏差行为的概率较高;与甘肃青少年相比,浙江青少年参与网络游戏中的偏差行为的概率较高。模型的削减误差比例为 3.1%。

模型 4 以基准模型 3 为基础,在控制性别、年龄、省份、城市、网龄、网络使用频率、上网持续时间等变量的基础上,进一步引入青少年的网络游戏意识作为自变量,分析网络游戏意识对网络游戏中的偏差行为的影响。从模型的回归系数可见,青少年网络游戏意识四个维度对网络游戏中的偏差行为的影响作用都非常显著,其中"团队合作"和"诱发暴力"维度的作用方向为负向,而"情感慰藉"和"行为虚拟"维度的作用方向则为正向。也就是说,青少年越认为网络游戏具有团队合作和能力提升功能,越认为网络游戏包含暴力因素,在网络游戏过程中参与偏差行为的可能性越低;相反,越认为网络游戏具有情感满足和慰藉功能,越认为网络游戏只是一种虚拟在线行为,在网络游戏过程中参与偏差行为的可能性就越高。这个模型的削减误差比例为 10.4%。与模型 3 相比,模型 4 的削减误差比例提高了 7.3 个百分点。

　　从各自变量的标准回归系数来看,在网络游戏意识变量的四个维度中,"团队合作"和"情感慰藉"维度对网络游戏行为的解释能力最强。不过,"团队合作"维度对亲社会行为的影响是正向的,而对偏差行为的影响则为负向;而"情感慰藉"维度对网络游戏中的亲社会行为和偏差行为的作用方向,则都是正向的。比较四个回归模型,可以发现,模型 2 比模型 1,模型 4 比模型 3 的削减误差比例,均有显著提升,说明青少年网民的网络游戏意识,对网络游戏行为有较强的解释力。综合分析模型 1—4,本文的研究假设 1 和假设 2 得到了证实,假设 3 和假设 4 得到了部分证实。其中青少年网络游戏意识的行为虚拟维度对亲社会行为的影响不显著,网络游戏意识的诱发暴力维度虽然对网络游戏中的亲社会行为影响显著,但作用方向为正向,与本研究假设的作用方向相反。

四、结论与讨论

　　本研究采用浙江、湖南、甘肃三省青少年网民的问卷调查数据,对网络游戏行为和网络游戏意识的概念结构,以及青少年网民的网络游戏意识对网络游戏行为的影响,进行了定量分析。研究结果对于我们理解网络游戏行为和网络游戏意识的概念结构,以及青少年网民的网络游戏意识对网络游戏行为的影响,都会有一定的帮助。

　　首先,明确有效的概念结构分析,是对变量进行科学测量的基础。在概念测量层面,本研究采用李克特量表,分别发展出了网络游戏行为量表和网络游戏意识量表,借助量表测量了网络游戏行为和网络游戏意识这两个变量,并运用探索性因子分析对量表进行了结构简化,最后获得二维度网络游戏行为模型和四维度网络游戏意识模型。其中网络游戏行为由亲社会行为和偏差行为两个维度组成,而网络游戏意识则包括团队合作、情感慰藉、行为虚拟和诱发暴力四个维度。对量表的内部一致性 Cronbach's α 系数检验和验证性因子分析结果表明,网络游戏行为量表和网络游戏意识量表均具有良好的信度和结构效度。本研究对网络游戏行为和网络游戏意识概念结构所作的实证分析,为进一步梳理和澄清青少年网民的网络游戏行为和网络游戏意识测量维度,提供了初步的实证基础。后续研究可以在此基础上,进一步发展出更加科学合理的测量工具。

　　其次,学界对于青少年网络游戏行为的研究,多关注网络游戏中的偏差行为如网络游戏中的暴力,认为玩网络游戏会导致暴力行为、网络游戏成瘾等偏差行为的产生。[①] 但本研究发现,青少年的网络游戏行为,虽然存在着上述行为偏差,但总体而言,青少年在网络游戏中的行为倾向,更偏向在游戏过程实现社会互动和自我提升。同时,研究发现,青少年网络游戏玩家的网络游戏意识,总体上倾向于肯定网络游戏的积极作用,尤其是对网络游戏的团队合作、能力提升和情感慰藉作用,有着较高程度的意识。具体而言,青少年的网络游戏意识,呈现出以下三个明显的特点:第一,多数青少年游戏玩家倾向于肯定网络游戏中互动与团队合作的重要性,认为这是网络游戏的魅力所在;第二,在许多青少年游戏玩家眼里,网络游戏是实现自我与放松心情的一种重要方式;第三,有不少青少年网民对网络游戏中的行为偏差如暴力行为,没有形成明确的价值判断。

　　再次,本研究从行为意识角度,提出了青少年网络游戏行为影响因素研究的一个新维度。回归分析表明,青少年网民网络游戏意识的各个维度,对网络游戏行为均有着显著的影响(需要说明的是,青少年的网络游戏意识与网络游戏行为之间,应该存在着一种双向互动作用。由于本研究只是一个截面研究,尚无法对这种互动关系作出深入的分析)。具体而言,网络游戏意识中的"团队合作"维度,对网络游戏中的亲社会行为有正向影响,对网络游戏中的偏差行为则有负向影响;"情感慰藉"维度对网络游戏中的亲社会行为和偏差行为皆有正向作用;"行为虚拟"维度对网络游戏中的偏差行为有正向影响;"诱发暴力"维度对网络游戏中的亲社会行为有正向作用,而对网络游戏中的偏差行为则有负向作用。

---

　　①　M. R. Parks & K. Floyd. Making Friends in Cyberspace. Journal of Communication,1996,46(1);B. Kolko & E. Reid. Dissolution and Fragmentation:Problems in Online Communities. In: S. G. Jones (eds.). Cybersociety 2.0:Revisiting Computer-mediated Communication and Community. London:Sage,1998;A. Joinson. Causes and Implications of Disinhibited Behavior on the Internet. In:J. Gackenbach (eds.). Psychology and the Internet Intrapersonal, Interpersonal, and Transpersonal Implications. San Diego:Academic Press,1998;金荣泰:《中学生电子游戏经验与攻击行为、攻击信念之关系研究》,2001年台湾中正大学学位论文;J. 菲斯克:《解读大众文化》,杨全强译,南京大学出版社2001年版;陈怡安:《线上游戏的魅力:以重度玩家为例》,台湾复文出版社2003年版。

这一研究发现在理论上意味着,结构化理论和社会建构论强调行为意识对社会行为的影响作用这一解释思路,对于青少年网络游戏行为的行为逻辑具有实质的解释意义;同时,这一研究发现在实践上意味着,从培育青少年建构一种恰当的网络游戏意识入手,引导青少年合理地参与网络游戏,预防和控制青少年网络游戏中可能出现的行为偏差,是一种值得尝试的方法。

网络游戏研究现状:一个定量分析[*]

随着网络技术的迅速发展,我国网民中网络游戏用户也呈现出快速增长的态势。据中国互联网络信息中心 2008 年 7 月发布的第 22 次《中国互联网络发展状况统计报告》,截至 2008 年 6 月,我国网民中网络游戏用户已达 1.47 亿人,占所有网络用户的 58.3%。[①]可见网络游戏已经成为我国网民参与最多的网络行为之一。与此相应,近年来,不少社会科学研究者也越来越关注对网络游戏的研究。那么,迄今为止,国内学界针对网络游戏的研究,关注的主要议题有哪些? 研究采用了什么研究方法? 运用了哪些理论? 研究议题呈现出怎样的发展模式和发展进程? 为了回答这些问题,我们借助 CNKI 中国知网期刊数据库,尝试运用内容分析方法,对国内学界网络游戏研究的发展进程和现状,进行了简要的定量分析。

一、研究设计

网络游戏是指"以网络空间为依托,既可以一人进行也可以多人同时参与的所有在线游戏项目"。在今天,网络游戏已经成为一个全新的包括聊天、角色扮演、虚拟社区等多种功能的社会行为空间,从而"为人们创造了一个具有时空压缩、无边界、开放、自由、匿名等特征的虚实交

---

[*] 原载《兰州大学学报》(社会科学版)2009 年第 1 期,与王胜合作。

[①] CNNIC:《中国互联网络发展状况统计报告》(第 22 次报告),2008 年。

织的想象世界,让人们能够在其中从事探险、交往、竞争、互动、建构认同等社会行为。正是网络游戏这种丰富的多元化功能,吸引着越来越多的人,尤其是青少年投身其中,尽情玩乐。"①网络游戏的这种独特吸引力,导致网络游戏用户日益增多,网络游戏产业迅速发展。但与此同时,网络游戏带来的社会问题也日渐增多。为了从整体上描述国内学者对网络游戏的研究现状,我们尝试从研究议题、研究方法、理论运用,以及研究议题发展模式等角度,对 1998—2007 年期间发表的网络游戏研究论文,进行定量分析。

(一)样本

本研究采取内容分析方法。我们在 2008 年 8 月,以"网络游戏"为关键词,在 CNKI 中国知网期刊数据库文史哲、政治与法律、教育与社会科学、电子技术与信息科学、经济与管理五个专题中,搜索了 1998—2007 年为期十年的研究论文。共搜索到相关论文 1331 篇。经过仔细筛选,剔除与我们的研究主题(对网络游戏的社会科学研究)不相关,或者网络游戏只是作为一般词汇在论文中被提及,而并非论文研究主题的文献共 733篇,最后实际获得的有效研究样本为 598 篇。表 1 是按发表年份列出的论文数量。

表 1　网络游戏研究论文数量(1998—2007)

年份	论文数量(篇)	比例(%)
1998	3	0.5
1999	1	0.2
2000	1	0.2
2001	3	0.5
2002	5	0.8
2003	18	3.0
2004	57	9.5

---

①　黄少华:《网络空间的社会行为:青少年网络行为研究》,人民出版社 2008 年版,第224—225 页。

续表

年份	论文数量(篇)	比例(%)
2005	116	19.4
2006	188	31.4
2007	206	34.5
合计	598	100.0

(二)变量

我们以研究论文(篇)作为分析单位。主要研究变量包括论文研究议题、研究方法、理论运用,以及研究议题发展模式。

1. 研究议题

指论文作者对网络游戏进行分析和研究时关注的主要议题。通过反复、仔细阅读论文,我们把所有网络游戏论文,归纳到 14 个主题之中(见表 2)。由于部分论文涉及的主要研究议题不止一个,例如《对百名网络游戏爱好者访谈的思考》一文,就涉及"网络游戏成瘾"和"网络游戏感受"这两类主题。因此,我们在编码时,会依论文涉及的主要议题,将其同时归类到不同的研究议题之中。

表 2　网络游戏研究议题分类

研究议题	主要研究内容
网络游戏产业	网络游戏产业现状、发展、市场运营模式研究
网络游戏法律	网络游戏虚拟物和虚拟财产的法律定位、法律保护
网络游戏成瘾	网络游戏成瘾现状、原因、对策分析
网络游戏行为	网络游戏中的角色扮演和暴力行为等
网络游戏文化	网络游戏内容的文化内涵和价值
网络游戏认知	对网络游戏的感受和认知
网络游戏的结构和特点	网络游戏的结构和特点
网络游戏的类型与发展	网络游戏的分类和发展历程
网络游戏技术	网络游戏的技术逻辑和技术开发
网络游戏的社会影响	网络游戏对个人与社会的正、负面影响

续表

研究议题	主要研究内容
网络游戏在教学中的应用	网络游戏对教学、德育的启发作用
网络游戏规范和监管	网络游戏行为的政策规范和监管
网络游戏广告	网络游戏中的广告现象
与网络游戏相关的其他内容	如网络游戏中的语言使用、人际交往等

2. 研究方法

依据每篇论文主要采用定量还是非定量方法，对论文采用的研究方法进行编码。我们把问卷调查、实验、二次分析、内容分析等归为定量研究方法，而把总体性分析或介绍、法律分析、文化分析、比较分析、历史哲学分析、个案分析、文本分析、文献综述、参与式观察和焦点分析等，归为非定量研究方法。

3. 理论运用

依据论文是否运用了理论（如沉浸理论、使用与满足理论、狂欢理论等），是否依据相关理论提出了研究假设或者研究问题，对每篇论文进行编码分类。

4. 研究议题发展模式

指网络游戏研究关注焦点的变化过程。关于这一变量的分析框架，我们参照了 R. D. 维默尔(R. D. Wimmer)和 J. R. 多米尼克(J. R. Dominick)针对网络媒介的传播学研究提出的四阶段发展模式。① R. D. 维默尔和 J. R. 多米尼克认为，在媒介研究的第一阶段，研究者的关注点通常指向媒介本身，主要研究这种媒介是什么，如何工作，包含什么，与现有其他媒介有何异同等问题。第二阶段的研究，其关注通常会指向媒介使用者和媒介使用状况，包括人们如何使用它，谁是主要的使用者。第三阶段的研究，通常关注媒介的影响，试图回答媒介如何影响人们的生活、组织和社会，它是否改变了人们的观点和认知，这种媒介使用是否会造成消极影响等问题。在第四阶段，研究者的兴趣通常会集中在针对媒介及其发展中的一些关键问题提出有解释力的新概念甚至新理论。基于

---

① S. T. 金、D. 韦弗:《因特网之传播学研究:主题元分析》,《国外社会科学》2003 年第 6 期。

这一分析框架,我们把网络游戏研究议题的发展进程,也区分为四个基本阶段:(1)第一阶段主要关注网络游戏的技术问题。包括网络游戏的技术设计、类型、发展、历史、功能、人才培养以及政策法律等问题。(2)第二阶段主要研究网络游戏参与者和网络游戏应用。包括人们参与网络游戏的状况、网络游戏在教育、商业等方面的应用。(3)第三阶段主要关注网络游戏的社会影响。包括网络游戏对个人和社会的影响,网络游戏引发的各种社会、文化问题,以及相应的解决办法或对策。(4)第四阶段主要关注对网络游戏的理论探讨与理论建构。包括针对网络游戏行为结构和行为特征等议题,进行理论解释,建构理论模型。

二、结果分析

(一)研究议题

在研究议题方面,598 篇论文中数量最多的是对网络游戏产业的研究,共有 121 篇论文属于这一主题,占 20.2%,研究内容主要集中在网络游戏产业现状、发展以及运营模式等议题上。位居第二的是关于网络游戏中虚拟物的财产属性,及其法律保护问题的研究,共有 116 篇论文,占 19.4%,主要研究内容包括虚拟物的法律属性、虚拟财产的法律保护,以及游戏中的违法行为等。

围绕网络游戏成瘾和网络游戏社会影响这两个议题的研究论文数量也较多,各有 88 篇,分别占 14.7%。关于网络游戏成瘾,探讨的主要内容包括网络游戏成瘾现状、成瘾原因和对策分析。从论文发表的时间来看,这两类研究主要集中在 2003 年以后。例如在 2002 年之前,研究网络游戏成瘾的论文仅有一篇,主要探讨网络游戏成瘾的危害;而从 2003 年开始,围绕网络游戏成瘾的研究逐年增多,尤其是 2005、2006 和 2007 三年,发表的论文数量分别达到 15 篇、29 篇和 34 篇,而且实证调查研究方法也逐渐受到重视,不过这方面的论文数量依然不多,只有 17 篇。同样,围绕网络游戏社会影响的研究论文,也主要集中在 2003 年以后,其中在 2006 年和 2007 年围绕这一主题发表的论文,分别达到了 24 篇和 33 篇。

另外,探讨网络游戏技术和网络游戏认知的论文,也占有一定的数量。前者发表的论文共有 84 篇,占 14.0%,而后者则有 64 篇,占 10.7%。从论文发表的时间来看,对这两类议题的研究,也主要集中在最近几年。例如 2006 年和 2007 年发表的讨论网络游戏技术议题的论文,分别有 26 篇和 37 篇,主要研究内容包括手机网络游戏开发、无线网络游戏设计和多层结构平台的网络游戏设计、3D 技术的运用等。

比较而言,针对网络游戏其他研究议题的论文数量相对较少,基本上都在 10% 以下。例如,研究网络游戏在教育中的应用的论文共有 53 篇,占 8.9%,其中 2006 年 16 篇,2007 年 24 篇;研究网络游戏结构和特点、网络游戏文化、网络游戏类型和发展的论文,分别有 33 篇、26 篇和 16 篇,各占 5.5%、4.3% 和 2.7%;围绕网络游戏规范和监管、网络游戏广告,以及网络游戏其他相关主题的研究论文,分别有 19 篇、6 篇和 45 篇,各占 3.2%、1.0% 和 7.5%。

表 3   网络游戏研究议题

研究议题	论文数量(篇)	比例(%)
网络游戏产业	121	20.2
网络游戏法律	116	19.4
网络游戏成瘾	88	14.7
网络游戏的社会影响	88	14.7
网络游戏技术	84	14.0
网络游戏认知	64	10.7
网络游戏在教学中的应用	53	8.9
网络游戏的结构和特点	33	5.5
网络游戏文化	26	4.3
网络游戏规范和监管	19	3.2
网络游戏行为	17	2.9
网络游戏的类型与发展	16	2.7
网络游戏广告	6	1.0
与网络游戏相关的其他内容	45	7.5
合计	776	129.8 *

* 由于部分论文涉及多个研究议题,因此累积百分比超过了 100%。

　　根据统计结果我们不难发现,目前国内学界关于网络游戏的研究,主要集中在网络游戏产业、网络游戏法律、网络游戏成瘾、网络游戏的社会影响、网络游戏技术等议题上。尤其是关于网络游戏的经济价值和市场潜能,是目前国内学界最为关注的议题。而对于网络游戏结构、网络游戏认知等议题的研究,则数量相对较少,而且不少研究局限于对研究议题的一般性描述和分析,缺少有深度的实证研究,研究深度有待进一步拓展。

(二)研究方法

　　在研究方法上,非定量研究论文占有绝对数量。在全部598篇论文中,有529篇论文采用的是非定量研究方法,占所有论文的88.5％。这其中,有大部分论文甚至缺乏明确的研究方法,只是对网络游戏进行一般性的分析或介绍,这类论文达到345篇,占所有论文的57.7％。比较而言,对网络游戏进行定量研究的论文数量不多,仅有69篇,占11.5％(见表4)。

表4　网络游戏研究的方法运用

研究方法	论文数量(篇)	比例(％)
非定量方法	529	88.5
一般性分析或介绍	345	57.7
法律分析	95	15.9
文化分析	23	3.8
比较分析	18	3.0
历史或哲学分析	11	1.8
个案分析	10	1.7
文本分析	7	1.2
文献综述	6	1.0
参与式观察	1	0.2
焦点分析	1	0.2
其他定性方法	12	2.0

续表

研究方法	论文数量(篇)	比例(%)
定量方法	69	11.5
问卷调查	54	9.0
实验	9	1.5
二次分析	4	0.7
内容分析	2	0.3
合计	598	100.0

　　综观网络游戏研究方法的运用,我们发现,在国内学界对网络游戏的研究中,非定量研究始终占据主导地位。但在最近两年中,定量研究方法开始受到重视和应用。2006 年和 2007 年运用定量方法研究网络游戏的论文分别达到 25 篇和 30 篇(见表 5),其中采用问卷调查方法的论文数量最多,分别为 18 篇和 28 篇。这些运用问卷调查方法的论文,其研究议题主要集中在网络游戏成瘾、网络游戏参与状况和网络游戏认知上,论文数量分别为 17 篇、17 篇和 14 篇。不过从整体上看,这些定量研究尚处于探索阶段,研究水平还有待提高。

表 5　定量研究方法运用情况

研究方法	论文发表年份										合计(篇)
	1998	1999	2000	2001	2002	2003	2004	2005	2006	2007	
问卷调查	0	0	0	0	0	2	2	4	18	28	54
实验	0	0	0	0	0	1	1	1	5	1	9
二次分析	0	0	0	0	0	0	2	1	1	0	4
内容分析	0	0	0	0	0	0	0	0	1	1	2
合计(篇)	0	0	0	0	0	3	5	6	25	30	69

(三)理论运用

　　综观目前国内对网络游戏的研究,我们有两个基本发现:首先,大多数论文缺乏理论支持,从而导致多数研究深度不足。在所有论文中,提及某种社会科学理论并依据该理论提出了具体研究假设或研究问题的论文,只有 34 篇,仅占论文总数的 5.7％。从发表时间来看,运用相关理论研究网络游戏的论文最早出现在 2003 年,但仅有一篇。2004—2007 年这类论文的数量逐渐增加,分别为 4 篇、7 篇、6 篇和 16 篇。不过在这些运用了相关理论的研究论文中,仅有 11 篇采用了定量研究方法,其中运用问卷调查方法的 8 篇,实验研究 2 篇,二次分析 1 篇,其余采用的都是一般性论述等非定量方法。可见,虽然有些论文运用了某种社会科学理论,但并没有基于这种理论视角对网络游戏的相关议题进行深入的实证研究,而仅停留在依据某种理论对网络游戏进行一般化描述。

其次,在仅有的 34 篇运用到相关理论研究网络游戏的论文中,被运用到的理论非常杂多,反映出即使意识到理论运用重要性的研究论文,其理论视角的差异也非常巨大。在所有被提及的理论中,运用次数最多的是认知动力理论,有 4 篇论文涉及这一理论;被运用 3 次的理论有 3 个,分别是沉浸理论、心理分析理论和学习理论;被运用 2 次的理论有生活准备说、使用与满足理论、建构主义理论、心理需求理论、社会角色理论、情境认知理论和狂欢理论;而媒介传播功能理论、模拟理论、成瘾理论、转换成本理论、心理剧理论、函化理论、纵向一体化理论、核心竞争力理论、市场结构理论、神经网络理论和遗传算法理论、竞争战略理论、梯度竞争优势理论、"软力量"理论、结构化理论、TAM 理论、创新扩散理论和价值感知理论,则分别在一篇文章中被运用过。

(四)研究议题发展模式

从论文发表数量的时间变化轨迹(见表 1)不难看出,10 年间国内学界对网络游戏的研究,可以分为两个阶段:第一阶段为 1998—2002 年,属于探索性研究阶段,发表的论文数量很少;第二阶段为 2003—2007 年,属于研究全面展开阶段,发表的论文数量呈现出爆发式增长的态势。这在相当程度上是因为,网络游戏概念是随着 1998 年"联众游戏世界"上线,才第一次被国内网民所接受和认可的,在 1998 年,网络游戏产业才开始正式进入中国市场。① 由此导致 2003 年以前发表的网络游戏研究论文数量很少。而随着网络游戏产业的迅速发展,以及网络游戏用户逐年增

---

① 互联网实验室:《中国网络游戏研究报告》,2002 年。

加,从 2003 年开始,相关的研究在数量上迅速增加。

为了了解和评估国内学界网络游戏研究的总体水平和发展状况,我们参照 R. D. 维默尔和 J. R. 多米尼克提出的媒介四阶段发展模式分析架构,把每一篇论文依研究议题归入到相应的发展阶段中。结果发现,绝大多数网络游戏研究论文,处于第一、二两个阶段,这部分论文占全部 598 篇论文的 75.4%。其中属于第一阶段的论文有 185 篇,占 30.9%,研究的主要议题包括网络游戏的技术设计、类型、发展、历史、功能、人才培养以及政策法律等问题;属于第二阶段的论文有 266 篇,占 44.5%,主要研究议题包括网络游戏参与状况、网络游戏认知和感受,以及网络游戏在教育、商业等领域的应用。属于第三和第四阶段的论文数量明显偏少,只占 598 篇论文的 24.6%,其中处于第四阶段的论文更只有 16 篇,占 2.7%,并且主要集中在 2006 年和 2007 年,分别为 5 篇和 7 篇。图 1 呈现的是四阶段论文发表数量在 1998—2007 年间的变化情况。

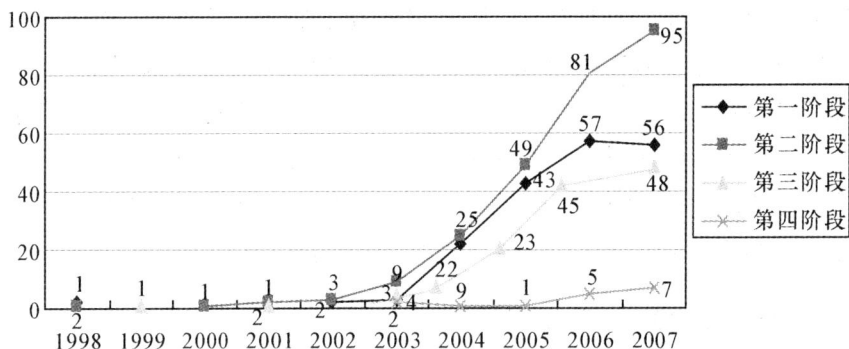

图 1   网络游戏研究议题变化

三、结   论

通过对近十年国内学界网络游戏社会科学研究现状的上述内容分析,我们可以得出以下基本结论。

首先,在研究内容上,国内学界对网络游戏的研究,主要集中在网络游戏产业、网络游戏技术、网络游戏的社会影响等议题上,而且多数论文停留在对网络游戏相关议题的一般性介绍和分析上。这与国外同时期对网络游戏的研究相比,存在着较为明显的差异。"国外的研究主要侧重于微观方面,聚焦在网络游戏本身,而少有游戏产业研究,譬如对网络游戏商业模式的研究以及对视频网络游戏的研究,和国内网络游戏研究有一些区别。"①总体而言,国内学界的网络游戏研究议题,还有待进一步拓展,研究视野也亟待进一步深化。

其次,在研究方法上,目前国内学界对网络游戏的研究,主要采用的是非定量研究方法。虽然近年来定量研究开始受到重视并被不同程度地运用,但总体而言,多数论文对定量研究方法的运用,仅局限在对基本数据的统计描述层面,研究缺乏深度。而在理论运用上,大多数论文缺乏相应的理论视角和理论探讨,即使运用了理论的论文,也多停留在零散的运用。不同学者之间,也没有能够形成较为一致的理论视野,并且缺乏理论与实证研究尤其是定量研究之间的有机结合。

最后,在研究议题发展模式上,一方面,可以看到网络游戏研究论文数量的逐年增加,尤其是在 2003 年之后,这种增加趋势尤为明显;另一方面,迄今为止,国内学界在网络游戏领域的多数研究论文,在发展模式上仍然主要处在第一和第二阶段的水平。因此,如何进一步拓展和深化网络游戏的研究议题,对于网络社会学的学科发展来说,本身就是一个需要认真面对的重要议题。网络游戏作为一个全新的社会生活空间和社会行为场域,已经在相当程度上改变了今天人们的日常生活方式,这对社会科学来说,意味着一种新的社会事实的出现。"面对因互联网崛起而形成的新社会经验,调整和改变社会科学的理论视野与问题意识,已是今日社会科学研究的当务之急。"②社会科学对这种新社会事实的分析和解释,不仅有助于对传统社会科学理论在新的社会空间中进行理论检验,而且对于网络社会科学的理论建构,也是一项必要的基础性工作。

---

① 杨帆:《网络游戏产业研究综述》,《财经界》2007 年第 2 期。
② 黄少华:《网络社会学的基本议题》,《兰州大学学报》(社会科学版)2005 年第 4 期。

网络道德意识与同侪压力
对不道德网络行为的影响[*]
——以大学生网民为例

一、文献回顾与问题提出

今天,互联网正越来越密切而深入地融入到人们的日常生活之中,成为影响人们日常生活的一个重要变量。互联网的快速普及,推动了以网络(network)为主要特征的社会结构的崛起,和以匿名为主要特征的虚拟行为方式的凸显。值得关注的是,伴随着网络时代社会结构和行为方式的转变,已经"涌现出种种道德议题"[①]。网络世界的匿名、去中心、去边界、扁平和复制便利等特征,导致了诸如黑客入侵、网络色情、网络诽谤、网络侵权、网络隐私、网络欺骗、网络滥用、网络抄袭、语言暴力、流言和无聊信息泛滥等不道德网络行为和现象的产生。这些不道德网络行为和现象,挑战着网络社会赖以维系和发展的规则基础,并且已经对现实生活中的道德行为产生了不良的影响。

20世纪80年代以降,伴随着不道德网络行为的逐渐凸显,陆续有学者立足于伦理学、心理学、教育学、传播学、社会学等学科视野,对网络空间中的不道德行为和现象进行梳理和分析。其中对不道德网络行为的结构及影响因素的研究,是颇受学界关注的一个重要议题。不少学者对

---

    *   原载《兰州大学学报》(社会科学版)2012年第5期,与黄凌飞合作。

    ①   C.希林、P.梅勒:《社会学何为》,李康译,北京大学出版社2009年版,第4页。

不道德网络行为影响因素研究的一个重要策略，是基于相关理论如理性行为理论（TRA）、计划行为理论（TPB）、道德决策理论、人际行为理论等，建立理论解释模型，提出研究假设，然后借助问卷调查收集数据，来检验研究假设，确定不道德网络行为的影响因素。如莱奥纳多（Lori N. K. Leonard）等人基于 TPB 模型，提出了一个道德/不道德行为的解释模型。在这一模型中，他们用社会环境、信仰体系、个人价值观、个人环境、职业环境、法律环境、商业环境和后果来解释网络道德/不道德行为和态度。在 TPB 模型所强调的行为态度、主观准则和行为控制感知的基础上，他们增加了道德判断、自我强度、控制信念、个人特征（性别和年龄）、感知重要性、组织道德氛围和情境等维度，来解释网络道德行为意向，并借助道德行为意向对网络道德/不道德行为进行解释。通过对网络道德困境下道德/不道德行为的实证研究，他们发现这一模型具有较强的解释力。[①] 而皮厄（L. G. Pee）等人通过对工作场所网络滥用行为的研究，发现人际互动对网络滥用有显著的影响，因此他们强调，人际行为理论比计划行为理论能更好地解释工作场所的网络滥用行为。[②]

在对不道德网络行为影响因素的研究中，一种较为普遍的倾向，是运用相关个人和社会结构变量，对不道德行为的影响因素进行具体解释。例如在个人特征变量中，性别、年龄、职业、学历等是受到学者普遍关注和讨论的不道德网络行为影响因素。阿克波卢特（Yavuz Akbulut）等人对土耳其大学生的调查发现，性别对大学生不道德计算机行为有显著影响，女性比男性在计算机使用上更遵守道德规范。[③] 而塞尔温（N. Selwyn）通过对 1222 名大学生进行问卷调查发现，在最近 12 个月中，男

---

① L. N. K. Leonard, P. C. Timothy & J. Kreiec. What Influences IT Ethical Behavior Intentions——Planned Behavior, Reasoned Action, Perceived Importance, or Individual Characteristics? Information and Management, 2004,42(1):143-158.

② L. G. Pee, et al. Explaining Non-work-related Computing in the Workplace:A Comparison of Alternative Models. Information & Management, 2008,45(2):120-130.

③ Y. Akbulut, et al. Influence of Gender, Program of Study and PC Experience on Unethical Computer Using Behaviors of Turkish Undergraduate Students. Computers & Education, 2008,51(2):485-492.

生有过从网上抄作业行为的比例高于女生。① 加莱塔（D. F. Galletta）等人通过对 571 名新闻组用户的在线调查则发现，从人口统计变量来说，男性、计算机新手、在小公司工作的雇员，比女性、有更多计算机使用经验、在大公司工作的雇员，更容易发生网络滥用行为。② 方武祥通过对我国台湾中部地区 5 所大学 732 名学生的问卷调查，对大学生计算机不道德行为（盗版软件、计算机犯罪、计算机作假和计算机病毒）观念进行了研究，发现性别、专业、计算机使用经验等因素，对计算机不道德行为观念有显著影响，女生在相应观念上的得分都显著高于男生，而计算机经验较多的学生，则有较高的使用盗版软件意识。③

　　另有研究发现，网络情境空间、网络行为动机、网络使用时间、网络行为方式等，也对不道德网络行为有显著影响。例如，犹茨（S. Utz）要求被访者对三种常见的网络欺骗行为（性别矫饰、魅力欺骗以及隐瞒身份）的动机进行归因，发现欺骗与内在动机相关。性别矫饰的意图主要是角色扮演；魅力欺骗的意图主要是表现理想型的自我和角色；隐瞒身份的意图主要是对隐私的担忧及角色扮演；④而乔伊森（A. N. Joinson）和德兹-尤勒（B. Dietz-Uhler）通过对网上欺骗案例的分析，发现精神疾患、认同扮演和表达真实的自我，是引发网上欺骗行为的主要原因。⑤ 卡斯帕（A. Caspi）等人发现，经常使用网络（每天上网 3 个小时以上）的网民，更容易发生网上欺骗行为，低龄用户更可能在网络交往中欺骗他人。⑥ 康韦尔和伦德格（B. Cornwell & D. C. Lundgren）则发现，网上浪漫关系的涉入程度与网络欺骗行为呈负相关，网上浪漫关系涉入程度越高，发生

　　① N. Selwyn. A Safe Haven for Misbehaving? An Investigation of Online Misbehavior among University Students. Social Science Computer Review, 2008, 26(4):446-465.
　　② D. F. Galletta & P. Polak. An Empirical Investigation of Antecedents of Internet Abuse in the Workplace, SIGHCI 2003 Proceedings. http://aisel. aisnet. org/sighci2003/14.
　　③ 方武祥：《不同背景的大学生对电脑不道德行为观念之研究》，1994 年台湾大叶大学学位论文。
　　④ S. Utz. Types of Deception and Underlying Motivation What People Think. Social Science Computer Review, 2005, 23(1):49-56.
　　⑤ A. N. Joinson & B. Dietz-Uhler. Explanations for the Perpetration of and Reactions to Deception in a Virtual Community. Social Science Computer Review, 2002, 20(3):275-289.
　　⑥ A. Caspi & P. Gorsky. Online Deception: Prevalence, Motivation, and Emotion. CyberPsychology & Behavior, 2006, 9(1):54-59.

网络欺骗行为的可能性越低。① 格兰赫(H. Galanxhi)等人通过实验室研究发现,网络媒介特征是影响网络欺骗行为的重要因素。网上欺骗者比说真话者更多采用提供虚拟化身技术支持的沟通媒介;同时,该研究还发现,在只有文本支持的聊天环境中,那些欺骗同伴的被试,比对同伴诚实的被试焦虑程度更高,而在提供虚拟化身技术支持的网络环境中,则并没有出现这种情形。② 马林(J. Malin)等人对 200 名高中生的问卷调查,发现网络使用熟练程度对网络盗版行为有显著影响,越能熟练使用网络的学生,越可能从事软件盗版活动;使用网络功能越多的学生,进行网络盗版的可能性也越大。③ 汉纳德亚(S. Hinduja)对 507 名大学生的问卷调查也有类似发现,而且他们发现,使用宽带上网,会增加网络软件盗版行为发生的可能性。④

　　在有关网络学术不诚实行为的研究中,有不少学者发现,大学生广泛使用网络媒介的结果,改变了他们关于"正当使用"的观念,从而导致网络学术不诚实行为的增加。例如斯坎伦(P. Scanlon)等人发现,有相当数量的大学生认为,网络空间中的信息都是公共知识,从网上复制粘贴不算抄袭;⑤从网上复制商业软件和下载音乐都是可以接受的,版权所有者并不会因此有什么损失。⑥ 萨博(Attila Szabo)等人通过对 291 名大学生的问卷调查,发现有超过 50%的大学生认为利用网络进行学术不诚实

---

　① B. Cornwell & D. C. Lundgren. Love on the Internet:Involvement and Misrepresentation in Romantic Relationships in Cyberspace vs. Realspace. Computers in Human Behaviour, 2001,17(2):197-211.

　② H. Galanxhi, et al. Deception in Cyberspace:A Comparison of Text-only vs. Avatar-supported Medium. International Journal of Human-computer Studies,2007,65(9):770-783.

　③ R. G. Morris & G. E. Higgins. Neutralizing Potential and Self-reported Digital Piracy. Criminal Justice Review,2009,34(2):173-195.

　④ S. Hinduja. Correlates of Internet Software Piracy. Journal of Contemporary Criminal Justice, 2001,17(4):369-382.

　⑤ P. Scanlon. Student Online Plagiarism. College Teaching, 2003, 51(4):161-165.

　⑥ R. M. Siegfried. Student Attitudes on Software Piracy and Related Issues of Computer Ethics. Ethics and Information Technology, 2004,6(4):215-222.

行为是可以接受的；①麦克凯布（D. L. McCabe）对美国大学生的调查则发现，有高达 77％的大学生并不认为复制粘贴式的抄袭是什么大问题。② 而美国学术诚实中心的调查发现，在 1999 至 2001 年间，认同复制粘贴网络文章作为自己的创作的学生，从 10％增加到了 41％，而认为从网络上复制粘贴资料是严重作弊行为的学生，则从 68％下降到了 27％。③ 阿克波卢特对土耳其大学生网络学术不诚实行为的研究发现，网络学术不诚实行为主要包括欺骗、抄袭、造假、过失和未授权使用五种类型。对做作业没有兴趣、想得到更高的分数等个人因素，缺乏对学术不诚实行为的制裁等制度因素，教师对学生学术不诚实行为的态度，以及向异性卖弄、帮助朋友等同侪因素，是影响网络学术不诚实行为的主要因素，其中个人因素的解释力最强，而同侪因素的解释力较弱。④

在工作和学习时为了自己的个人目的而滥用网络的行为，颇受西方学者的关注。伍恩（I. Woon）等人发现，雇员的工作满意度与对网络滥用行为的接受水平呈正相关。同时，社会支持、对网络滥用的认可程度也与滥用网络的意图呈正相关；行为控制感知、网络行为习惯、网络使用的便利性以及网络滥用意图，则与网络滥用呈负相关。⑤ 而布兰查德（A. L. Blanchard）等人则发现，对同侪压力和管理规则的感知，会降低网络滥用行为的发生。⑥ 加莱塔等人通过对 571 名新闻组用户的在线调查发

---

① A. Szabo & J. Underwood. Cybercheats：Is Information and Communication Technology Fuelling Academic Dishonesty? Active Learning in Higher Education，2004，5(2)：180-199.

② D. L. McCabe. CAI Research. http：//www. academicintegrity. org/cai_research. asp

③ R. 谢弗：《社会学与生活》，刘鹤群、房智慧译，世界图书出版公司 2006 年版，第81 页。

④ Y. Akbulut, et al. Exploring the Types and Reasons of Internet-triggered Academic Dishonesty among Turkish Undergraduate Students：Development of Internet-triggered Academic Dishonesty Scale (ITADS). Computers & Education，2008，51(1)：463-473.

⑤ I. M. Y. Woon & L. G. Pee. Behavioral Factors Affecting Internet Abuse in the Workplace：An Empirical Investigation，SIGHCI 2004 Proceedings. http：//sigs. aisnet. org/SIGHCI/Research/ICIS2004/SIGHCI_2004_ Proceedings_paper_13. pdf.

⑥ A. L. Blanchard & C. A. Henle. Correlates of Different Forms of Cyberloafing：The Role of Norms and External Locus of Control. Computers in Human Behavior，2008，24(3)：1067-1084.

现,同侪之间的文化支持和管理规则与滥用行为呈正相关,而行为控制感知与网络滥用呈负相关,工作满意度与网络滥用不相关。[1] 林(V. Lim)等人还发现,网络滥用者会采用正常化、最小化、超常目标概念以及通过模糊工作和家庭边界等方式,来为网络滥用行为寻找借口。[2]

综观学界对不道德网络行为影响因素的研究,我们发现,从心理学、教育学和社会学视角切入,运用个体心理变量和社会结构变量进行解释的研究成果相对较为丰富。尤其是在心理学领域,有不少学者采用的一个重要研究策略,是基于相关理论如理性行为理论(TRA)、计划行为理论(TPB)、道德决策理论、人际行为理论等,建构解释模型,借助人口统计变量、主观规则、态度、道德判断、道德意向、道德环境等变量,对不道德网络行为背后的社会和心理机制进行因果分析。这样的研究方式,不仅有助于揭示不道德网络行为背后的因果机制,而且对于促进网络伦理学分析的缜密程度,推动网络伦理学的理论研究,都有积极的意义。但是,即使这些有着自觉理论意识的研究,也更多是套用现有的心理学分析模型,而极少综合运用伦理学、社会学、政治学、教育学、经济学、法学等学科对"人们为什么会遵守规则和道德"的相关研究成果,建构综合性的理论解释模型。本研究的目的,就是运用伦理学和社会学有关"人们为什么会遵守规则和道德"的研究成果,揭示大学生在网络情境下参与不道德行为的因果机制。

二、研 究 设 计

(一)研究视角与研究假设

伦理学研究的基本议题之一,是要回答"人们为什么会遵守道德"。在伦理学的视野中,"道德是人们在社会生活中形成的关于善与恶、公正

---

[1]   D. F. Galletta & P. Polak. An Empirical Investigation of Antecedents of Internet Abuse in the Workplace, SIGHCI 2003 Proceedings. http://aisel.aisnet.org/sighci2003/14.

[2]   V. K. G. Lim & T. S. H. Teo. Prevalence, Perceived Seriousness, Justification and Regulation of Cyberloafing in Singapore: An Exploratory Study. Information & Management, 2005,42(8):1081-1093.

与偏私、诚实与虚伪等观念、情感和行为习惯,并依靠社会舆论和良心指导的人格完善与调节人与人、人与自然关系的规范体系。"①台湾学者龚宝善认为:"现代伦理学最主要的使命,便是探究人类行为的善恶和道德规范的建立,所以对人类行为的分析,可以说是今后伦理学研究的重心。因此,现代伦理学已经演进为讨论人类道德行为的科学。"②而道德行为研究的核心,恰恰是要解释人们为什么会在社会行为中遵守道德规范,因为道德规范是一切社会道德的核心。"一切道德都是一个包括有许多规则的系统,而一切道德的实质就在于学会去遵循这些规则。"③这意味着,解释"人们为什么会在社会生活中遵守规则",是解释"人们为什么会遵守道德"的一个重要路径。

　　皮亚杰通过对儿童道德判断发展的研究,发现儿童的道德发展阶段与认知发展阶段之间存在着对应关系,儿童的道德意识和道德判断是随着行为发展而逐步建构的,即一个从"约束的道德"向"协作的道德"演变的过程。皮亚杰认为:"儿童存在有两种道德观:一种是具有约束性的道德,一种是具有协作性的道德。"④所谓约束的道德,是指主要由成年人制订道德规则并以他律的方式强加给儿童的道德,而所谓协作的道德,则是指主要由儿童在"游戏"过程中以平等精神自发和自主地达成的道德规则。也就是说,约束的道德是他律的道德,协作的道德则是自律的道德。美国心理学家科尔伯格(Lawarance Kohlberg)对儿童道德行为发展的研究则发现,随着儿童的成长和不断施加的外部教育,规范和约束儿童行为的外在规则会逐渐内化,成为自我内在的理念、信念和良知,最终,外部的规则约束被内在的自律所替代。此时,人能够完全自主地决定自己的道德行为,选择自己的道德生活。⑤

　　社会学对于"人们为什么会遵守规则"的研究,存在着两种基本理论视角,即工具性视角和规范性视角。工具性视角认为,人们之所以会

---

　　① 魏英敏主编:《新伦理学教程》(第2版),北京大学出版社2003年版,第99页。

　　② 龚宝善:《现代伦理学》,台湾"中华书局"1978年版,第10页。

　　③ J.皮亚杰:《儿童的道德判断》,傅统先等译,山东教育出版社1984年版,第1页。

　　④ J.皮亚杰:《儿童的道德判断》,傅统先等译,山东教育出版社1984年版,第410页。

　　⑤ L.科尔伯格:《道德教育的哲学》,魏贤超等译,浙江教育出版社2000年版,第146页。

服从规则,乃是实际利益使然;人们在行动过程中是否服从规则,取决于由此所带来的收益和所付出的代价。例如科尔曼(James S. Coleman)认为,行动者对规范的需求来自于两个方面的价值实现,一是行动本身对行动者的价值,一是行动对接受影响的其他行动者的价值。[①]与工具性视角相反,规范性视角认为,人们之所以会服从规则,是伦理、道德等文化因素"价值内化"的结果;人们对规则的服从,是因为内在的价值取向告诉他们这样做是"应该的",而不是因为他们认为这样做对自己有益。例如帕森斯认为,行动者对规则的服从,是个体通过社会化在社会规则与社会期望的指引下的角色执行过程。[②] 美国法社会学家泰勒在探讨"人们为什么服从法律"时,综合运用了上述两种视角,提出法律服从的动因既是工具性的又是规范性的:前者主要包括"受惩罚的风险"和"同侪的评价";后者则主要包括"个人的道德观"和"合法性观念"。[③]

基于这种规则服从和遵守的伦理学和社会学视角,本研究假设,规范性因素(自律、协作性道德、道德观)和工具性因素(他律、约束性道德、利益)对大学生不道德网络行为会产生显著影响。在具体操作层面,我们以网络道德意识作为规范性因素测量变量,以网络道德同侪压力作为工具性因素测量变量。在此基础上,本文提出以下研究假设:

假设1:网络道德意识对网络道德行为有显著影响。大学生越具有良好的网络道德意识,参与不道德网络行为的可能性越小。

假设2:外在约束对网络道德行为有显著影响。来自同侪的道德压力越大,大学生参与不道德网络行为的可能性越小。

有学者认为,传统道德发生作用的基础,在于"熟人社会"的存在,传统道德在本质上是一种"熟人道德"[④]。在网络出现之前,大量有关道德行为的研究发现,同侪压力等社会结构因素,对道德行为有很好的解释

① J.S.科尔曼:《社会理论的基础》,邓方译,社会科学文献出版社1999年版,第336页。

② 郭茂灿:《虚拟社区中的规则及其服从:以天涯社区为例》,《社会学研究》2004年第2期。

③ T. R. Tyler. Why People Obey the Law. New Haven:Yale University Press,1990:1.

④ 卢风、肖巍主编:《应用伦理学概论》,中国人民大学出版社2008年版,第519页。

作用。① 例如,被发现和受惩罚的压力,对学生的欺骗行为有显著的预测和解释作用。② 但是,不少学者认为,网络的虚拟性及网络空间中行为主体匿名隐蔽的特点,会导致交往主体之间的"陌生化"和传统"熟人社会"的消失,从而导致道德规范的外在约束效用明显降低。③ 例如 Christensen-Hughes 等人发现,在网络情境下,朋友和同学的道德评价对学生从事不道德行为的压力明显减弱,只有 14% 的学生觉得他们在网上的欺骗行为会被发现。④ 因此,在网络情境下,同侪压力虽然对降低不道德网络行为仍有影响,⑤但其解释力明显较低,⑥而与此相反,道德意识对不道德网络行为的解释力开始凸显出来。基于上述相关研究,我们提出以下研究假设:

假设 3:在网络情境下,与来自同侪的道德压力相比,道德意识对不道德网络行为的影响作用更为显著。

(二)变量

1. 因变量

本研究以大学生不道德网络行为为因变量。对因变量的测量采用量表形式,所用量表系我们结合理论分析与实证研究的分析策略编制

---

① D. L. McCabe & L. K. Trevino. Academic Dishonesty: Honor Codes and Other Contextual Influences. Journal of Higher Education,1993,64(5):522-538. D. L. McCabe & L. K. Trevino. Individual and Contextual Influences on Academic Dishonesty: A Multicampus Investigation. Research in Higher Education,1997,38(3):379-396.

② M. Buckley, et al. An Investigation into the Dimensions of Unethical Behavior. Journal of Education for Business,1998,73(5):284-290.

③ 本书编写组:《思想道德修养与法律基础》(2009 年修订版),高等教育出版社 2009年版,第 133 页。

④ K. K. Molnar, et al. Ethics vs. IT Ethics: Do Undergraduate Students Perceive a Difference? Journal of Business Ethics,2008,83(4):657-671.

⑤ I. M. Y. Woon & L. G. Pee. Behavioral Factors Affecting Internet Abuse in the Workplace: An Empirical Investigation, SIGHCI 2004 Proceedings. http://sigs. aisnet. org/SIGHCI/Research/ICIS2004/SIGHCI_2004_ Proceedings_paper_13. pdf.

⑥ Y. Akbulut, et al. Exploring the Types and Reasons of Internet-triggered Academic Dishonesty among Turkish Undergraduate Students: Development of Internet-triggered Academic Dishonesty Scale (ITADS). Computers & Education,2008,51(1):463-473.

而成。

　　在开展实证研究之前,我们首先对有关道德和网络道德的文献进行梳理和分析,把握其概念内涵和维度。通过文献分析,我们发现,相关理论对道德概念内涵和维度的界定,有着很好的共识。例如,涂尔干认为,道德科学的基础是对道德事实的研究,而道德事实是由道德行为规范构成的。"道德是一系列行为规范,或是一系列实践规范。"[①]"道德是由规范构成的,规范既能够支配个体,迫使他们按照诸如此类的方式行动,也能够为个体的取向加以限制,禁止他们超出界限之外。"[②]在涂尔干看来,公民道德和职业道德是道德的两种基本形式,而他尤其强调在现代社会中职业道德的重要性。又如,中共中央发布的《公民道德建设实施纲要》,把道德区分为社会公德、职业道德和家庭美德三个方面,分别作为调节公民在社会交往、公共生活、职业活动和家庭生活中的行为方式的伦理准则。基于上述共识,本研究初步确定从社会公德和职业道德两个维度,测量不道德网络行为。但是,本研究通过梳理有关网络道德的实证研究文献,发现相关的实证研究文献对不道德网络行为的维度界定并不一致。例如 UECUBS 量表从知识产权、社会影响、安全和质量、网络诚实、信息诚实五个维度测量了不道德网络行为,ITADS 量表把不道德网络行为的结构区分为欺骗、抄袭、造假、过失、未授权使用五个维度,ITADS 扩展量表把不道德网络行为区分为欺骗、抄袭、造假和滥用四个维度,而专门用于测量工作场所中网络滥用情况的网络滥用量表,则把滥用网络的状况,区分为严重滥用和次级滥用两个维度。不过,在已有网络道德实证研究文献中,可以发现有一些测量维度被较多的测量量表共同涉及,如诚实(欺骗)、侵权(未授权使用)、抄袭、滥用、隐私等。

　　在通过文献分析梳理已有研究中的网络道德测量维度后,本研究进一步以大学生为研究对象,通过访谈和开放式问卷调查,收集不道德网络行为的具体测量指标。访谈对象包括兰州大学、西北师范大学、甘肃政法学院、兰州交通大学、兰州商学院 5 所高校的 29 名大学生。访谈时

---

①　E.涂尔干:《职业伦理与公民道德》,渠东、付德根译,上海人民出版社 2000 年版,第316 页。

②　E.涂尔干:《职业伦理与公民道德》,渠东、付德根译,上海人民出版社 2000 年版,第9 页。

访员首先向被访给出本研究对道德概念的界定,要求被访根据自己的经验和理解,对网络使用中的不道德行为和现象进行列举。根据访谈结果,发现大学生对不道德网络行为的理解,主要包括 4 个方面的内容,分别是:网络欺骗、网络色情、网络盗窃和网络不当使用。为了克服访谈样本数量较少的局限,我们又通过开放式问卷调查进一步收集资料,开放式问卷包括 2 个题目,分别是:(1)你经常上网吗? 你上网时主要从事的活动有哪些? (2)你觉得在网络中,有哪些行为和事情是不道德的? 要求被访尽可能详尽地列举。调查对象为兰州大学和兰州理工大学 265 名在校大学生,其中男生 162 人,女生 103 人。发放的问卷全部回收并有效。问卷回收后,我们对收集到的项目进行汇总与归类,发现 294 名被访共列举出 89 种不道德网络行为,其中频次在 2 次以上的有 53 种。经过仔细反复审查,先剔除明显不符合不道德网络行为内涵的项目 17 条(如"登录 QQ 时隐身"),占所有条目的 19.1%。然后运用类属分析方法对其他条目进行归类分析,最后归纳出 5 类不道德网络行为。第一类是网络欺骗行为,如在网上散布谣言(69 次)、网络交易不诚信(14 次)、利用网络欺骗情感(9 次)、虚拟炒作(6 次)等;第二类是网络侵犯行为,如人身攻击和谩骂(128 次)、侵犯他人隐私(68 次)、暴露他人隐私(44 次)、网络盗窃(11 次)等;第三类是网络不当使用,如偷拍后把照片传上网(68 次)、黑客攻击(56 次)、恶意灌水或刷屏(9 次)等;第四类是网络色情,如浏览色情网站(150 次)、从事虚拟性爱等色情活动(10 次)等;第五类是网络学术不诚实行为,如利用网络抄袭和剽窃(8 次)。

在此基础上,本研究综合文献分析、访谈和开放式问卷调查获得的资料,经反复讨论,编制了涵盖社会公德和职业道德两个层面,涉及网络欺骗、网络侵害、网络色情、网络滥用、网络学术不诚实等维度,由 42 个项目组成的大学生不道德网络行为量表。量表初稿编制完成后,为了检验其可读性,确保内容效度,邀请 12 名专家和研究生(1 名网络行为研究专家、2 名伦理学研究专家、9 名社会学专业和传播学专业研究生)对问卷包含的 42 个条目逐条进行讨论。最后,在综合考虑问卷的内容效度,文字表达的清晰性和简洁性,以及大学生的实际网络使用情况等几个方面的因素后,形成包含 36 个条目的大学生不道德网络行为量表,并采用李克特 4 点尺度量表进行试调查。试调查对象为兰州大学和西北师范大学共 152 名在校大学生,调查对象采用偶遇抽样获得。利用试调查获得的数据,对问卷包含的 36 个项目进行因子分析。因子分析采用主成分分析方法抽取因子,用正交旋转法中的最大方差旋转法(varimax method)作为转轴方法,按照特征值大于 1 的原则,得出因子结构;分别考察每个项目的共同度和因子负荷值,以确定项目的质量,删除负荷较低和存在双重负荷的项目。综合分析以上结果,最后确定 22 个项目作为正式调查问卷的题目。

2. 自变量

基于规则服从和遵守的伦理学和社会学视角,本研究以网络道德意识和网络道德同侪压力为自变量。对这两个变量的测量,采用与大学生不道德网络行为测量量表相同的题项,即从社会公德和职业道德两个维度,用 22 个题项加以测量,只是将问卷题目,分别改为"你觉得在网上做下述事情的错误程度有多严重",和"假设你上网时做了下述事情,被你的好友或同学知道了,你估计他们会反对吗"。

3. 控制变量

本研究以性别、年龄、网络使用行为和网络行为方式为控制变量。对不道德网络行为影响因素的已有研究发现,性别、年龄、网络使用时间、网络行为方式等因素,对大学生不道德网络行为有着显著的影响作用。男性[1]、低龄用户[2]、经常使用网络[3]、熟练使用网络[4]、情感性网络使

[1]　Y. Akbulut, et al. Influence of Gender, Program of Study and PC Experience on Unethical Computer Using Behaviors of Turkish Undergraduate Students. Computers & Education,2008,51(2):485-492;N. Selwyn. A Safe Haven for Misbehaving? An Investigation of Online Misbehavior among University Students. Social Science Computer Review,2008,26(4):446-465.

[2]　A. Szabo & J. Underwood. Cybercheats:Is Information and Communication Technology Fuelling Academic Dishonesty? Active Learning in Higher Education,2004,5(2):180-199.

[3]　A. Caspi & P. Gorsky. Online Deception:Prevalence, Motivation, and Emotion. CyberPsychology & Behavior,2006,9(1):54-59.

[4]　R. G. Morris & G. E. Higgins. Neutralizing Potential and Self-reported Digital Piracy. Criminal Justice Review,2009,34(2):173-195.

用者①,更可能在网上从事欺骗、软件盗版、网络滥用等不道德网络行为。因此,为了更好地了解和解释大学生网络道德意识和网络道德同侪压力对不道德网络行为的影响,我们将性别、年龄、网络使用频率、网络使用时间、网络行为方式作为控制变量引入模型。控制变量性别、年龄、网络使用频率、网络使用时间的均值、标准差与变量说明,见表1。

表1   控制变量的均值、标准差与变量说明

	均值	标准差	变量说明
性别($N=1146$)	0.5785	0.49401	二分变量,1 为男性,0 为女性
年龄($N=1137$)	21.50	1.131	定距变量,最小值 18,最大值 25
上网频率($N=1139$)	4.1673	2.26736	定距变量,每周上网天数
上网时间($N=1139$)	2.5685	1.89606	定距变量,每次上网持续时间

网络行为方式是本研究的重要控制变量。我们通过访谈和开放式问卷,收集了大学生群体中较为普遍的网络行为方式,然后采用 4 点尺度李克特量表,对网络行为方式进行测量。为了简化大学生网络行为的结构,我们采用探索性因子分析方法,对测量网络行为方式的 22 个题项进行因子分析,以提取有概括力的新因子。因子分析采用主成分分析作为抽取因子的方法,以特征值大于 1 作为选择因子的标准,考虑到各种网络行为之间可能彼此相关,因此因子旋转采用斜交旋转法。经 KMO 检验,量表的 KMO 值为 0.862,Bartlett's 球状检验的卡方值为 5895.336,自由度(df)为 231,在 0.000(Sig. =0.000)水平上统计检验显著,说明存在潜在共享因子,可以进行因子分析。因子分析共析出 6 个因子,我们分别将这 6 个因子命名为"在线参与""信息搜寻""在线互动""寻找资源""在线娱乐"和"网络游戏"因子,6 个因子的累积方差解释率为 57.105%。在此基础上,为了进一步简化网络行为的结构,我们继续对 6 个因子进行了因子分析。二次因子分析同样采用主成分分析法,以特征值大于 1 作为选择因子的标准,因子旋转采用斜交旋转法。经 KMO 检验,量表的 KMO 值 0.699,Bartlett's 球状检验的卡方值为 737.349,自由度(df)为 15,

---

① A. N. Joinson & B. Dietz-Uhler. Explanations for the Perpetration of and Reactions to Deception in a Virtual Community. Social Science Computer Review,2002,20(3):275-289.

在 0.000(Sig.＝0.000)水平上统计检验显著。因子分析析出 2 个因子,2
个因子的累积方差解释率为 54.611%(见表 2)。根据因子分析结果和各
因子所包含题项的共性,我们分别为 2 个因子命名。命名因子 1 为"工具
性网络行为",命名因子 2 为"情感性网络行为"。

表 2　　　网络行为因子负荷矩阵(N＝1030)

	F1	F2	共同度
寻找资源	0.744	−0.057	0.624
信息搜寻	0.694	0.295	0.494
在线互动	0.581	0.439	0.424
网络游戏	−0.049	0.825	0.757
在线参与	0.489	0.675	0.559
在线娱乐	0.483	0.542	0.418
旋转后特征值	1.848	1.712	
方差贡献率(%)	36.273	18.338	
累积方差贡献率(%)	36.273	54.611	

(三)数据与模型

1. 数据

本研究的分析数据,来源于我们承担的教育部哲学社会科学研究委
托项目"大学生网络道德的培育与实践"问卷调查。调查采用整群抽样
方法,先随机抽取兰州大学、兰州理工大学和西北民族大学作为抽样学
校。然后,我们从这三所学校的所有大二、大三班级中,随机抽取 36 个班
级,将这 36 个班级的所有学生作为本次问卷调查的访问对象。其中在兰
州大学抽取 12 个班级、兰州理工大学抽取 14 个班级、西北民族大学抽取
10 个班级。实际问卷调查工作,于 2009 年 5 月中旬至 6 月上旬进行,共
发放问卷 1172 份,最后回收有效问卷 1157 份,有效问卷率为 98.72%。
其中男生占 57.9%,女生占 42.1%;理工科专业学生占 55.1%,人文社
会科学专业学生占 44.9%。

2. 统计模型

本研究的主要目的,是基于规则服从和遵守的伦理学和社会学视

角,关注规范性因素和工具性因素对大学生不道德网络行为的影响。为了实现这一目的,我们借助多元线性回归模型,对研究假设进行统计分析。模型的数学表达式为:

$$Y = a + \sum_{i=1}^{n} b_i X_i + u$$

其中,Y 表示因变量不道德网络行为,a 表示常数项,u 表示随机误差项,$X_i (i=1,2,\cdots,n)$ 表示自变量网络道德意识、网络道德同侪压力及控制变量性别、年龄、网络使用频率、网络使用时间、网络行为方式等,b_i 表示与自变量对应的回归系数。

三、数据分析结果

(一)变量测量结果

1. 不道德网络行为

本研究采用"总是""经常""偶尔""从不"四点尺度李克特量表,从社会公德和职业道德两个维度,用 22 个题项对大学生不道德网络行为进行了测量。在这 22 项不道德网络行为中,大学生参与程度较高的分别为"下载资料拼凑论文""论文中引用网上资料不注明""做作业时从网上抄答案""下载或使用盗版软件""利用网络复制传播音乐"等,参与比例分别为 88.8%、79.4%、71.5%、68.7% 和 61.8%;参与程度相对较低的分别为"在网上找枪手""公开谈论别人的隐私""发表不当言论""发表诽谤性言论""匿名在网上辱骂他人"等,从未参与这些行为的大学生分别达到 87.2%、87.1%、86.0%、85.8% 和 85.7%。总体而言,在大学生群体中,参与过网络抄袭、网络盗版、网络欺骗、网络色情、网络滥用等不道德网络行为的现象较为普遍;比较而言,大学生不道德网络行为中,以利用网络复制粘贴拼凑论文的抄袭行为,和未经授权利用网络拷贝数字产品、软件、音频以及视频等的盗版行为最为严重。

为了简化大学生不道德网络行为量表的结构,我们采用探索性因子分析方法,对 22 个题项进行了因子分析,以提取出有概括力的新因子。因子分析采用主成分分析(principal components)作为抽取因子的方法,以特征值大于 1 作为选择因子的标准,采用正交旋转法中的最大方差旋转法(varimax method)作为转轴方法,以降低因子的复杂性。由于因子分析的前提条件是观测变量之间存在着一定的相关关系,因为如果变量之间的相关程度很小的话,就不可能共享公因子,因此,在进行因子分析之前,我们先运用 KMO 测度和 Bartlett's 球状检验方法评估对项目进行因子分析的适当性。经检验,量表的 KMO 值为 0.912,Bartlett's 球状检验的卡方值为 10235.210,自由度(df)为 231,在 0.000(Sig.=0.000)水平上统计检验显著,说明存在潜在共享因子,可以进行因子分析。第一次因子分析共析出 4 个因子,4 个因子的累积方差解释率为 57.847%。从第一次因子分析结果,我们发现某些题项有缺陷,表现为因子负荷较低,或者负荷分布不够明确,因此我们剔除这些有缺陷的题项,包括"欺骗网友""玩游戏时作弊""浏览色情图片视频或小说""在网上找抢手""上课时用手机上网或聊 QQ"等 5 个题项。在剔除这 5 个题项之后,对剩余的 17 题进行二次因子分析[这 17 个题项的 KMO 值为 0.883,Bartlett's 球状检验的卡方值为 8330.983,自由度为 136,在 0.000(sig.=0.000)水平上统计检验显著]。因子分析结果共析出特征值大于 1 的因子 4 个,4 个因子结构清晰,所有题项在相应因子上的负荷均超过 0.6,共同度除"做作业时从网上抄答案"一题低于 0.5 以外,其他所有题项均超过 0.5。因子分析结果,将原来 22 题的量表删减至 17 题,最后净化出 4 个因子,4 个因子的方差贡献率分别为 26.288%、15.553%、12.065% 和 11.664%,累积方差贡献率为 65.570%,达到了因子分析的要求(见表 3)。

表 3   不道德网络行为因子负荷矩阵($N=1113$)

	F1	F2	F3	F4	共同度
发表不当言论	0.828	0.149	0.122	0.045	0.725
发表诽谤性言论	0.802	0.134	0.150	0.080	0.690
匿名在网上辱骂他人	0.790	0.178	0.068	−0.004	0.661
在即时聊天中强迫他人语音或视频	0.776	0.135	0.054	0.096	0.632
公开谈论别人的隐私	0.774	0.158	0.097	0.110	0.646

续表

	F1	F2	F3	F4	共同度
恶意灌水或刷屏	0.749	0.190	0.206	0.068	0.644
匿名发布不实消息	0.712	0.141	0.090	0.107	0.546
因通宵上网耽误上课	0.217	0.789	0.013	0.164	0.697
逃课去上网	0.189	0.777	0.087	0.128	0.664
为了上网,不参加集体活动	0.217	0.775	0.103	0.010	0.658
因上网太多,学习成绩越来越差	0.139	0.753	0.067	0.094	0.600
下载未经授权的音乐或视频	0.168	0.123	0.852	0.032	0.771
下载或使用盗版软件	0.122	0.132	0.822	0.022	0.709
利用网络复制传播音乐	0.150	−0.017	0.702	0.123	0.530
论文中引用网上资料不注明	0.050	0.077	0.045	0.864	0.758
下载资料拼凑论文	0.080	0.072	−0.011	0.863	0.757
做作业时从网上抄答案	0.152	0.186	0.162	0.613	0.460
旋转后特征值	4.469	2.644	2.015	1.983	
方差贡献率(%)	26.288	15.553	12.065	11.664	
累积方差贡献率(%)	26.288	41.840	53.905	65.570	

　　根据因子分析结果和各因子题项的含义,我们分别为这 4 个因子命名。命名因子 1 为"网络侵害"因子,包括"发表不当言论""发表诽谤性言论""匿名在网上辱骂他人"等 7 个题项,主要描述大学生在使用网络过程中对他人的侵犯和伤害;命名因子 2 为"网络滥用"因子,包括"因通宵上网耽误上课""逃课去上网"等 4 个题项,主要描述大学生在大学学习生活过程中的不当网络使用行为;命名因子 3 为"网络盗版"因子,包括"下载未经授权的音乐或视频""下载或使用盗版软件"等 3 个题项,主要描述大学生未经授权利用网络拷贝数字产品、软件、文件、音频以及视频等的盗版行为;命名因子 4 为"网络抄袭"因子,包括"论文中引用网上资料不注明"和"下载资料拼凑论文"等 3 个题项,主要描述大学生利用网络复制粘贴完成作业和论文的抄袭行为。这 4 个因子,大致从社会公德和职业道德两个层面概括了大学生在网络使用过程中的不道德行为。

　　对量表的信度检验,采用分析量表的内部一致性 Cronbach's α 系数方法进行。4 个因子的 Cronbach's α 系数分别为：0.9066、0.8217、0.7453 和 0.7251，整个量表的 Cronbach's α 系数为 0.8448。对于内部一致性 Cronbach's α 系数要多大才表示量表测量结果是一致、稳定和可靠的，学界并没有一致的理解。有些学者强调 Cronbach's α 系数需在 0.80 以上，如盖伊（L. R. Gay）建议，Cronbach's α 系数最低应在 0.80 以上，如果达到 0.90 以上，则量表的信度极佳。[①] 但也有学者认为在 0.60 或 0.70 以上即可，如亨森（R. K. Henson）认为，如果编制量表的目的是发展测量工具，Cronbach's α 系数应在 0.70 以上，但如果编制量表的目的是发展预测问卷，测量某一构念的先导性，则 Cronbach's α 系数在 0.50 至 0.60 之间已经足够；[②]农纳利（J. C. Nunnally）认为，Cronbach's α 系数大于或等于 0.70 是可以接受的范围，但对于探索性研究，Cronbach's α 系数在 0.50 至 0.60 之间就已经足够了；[③]德威利斯（R. F. Devellis）认为，Cronbach's α 系数的最低可接受程度应该在 0.65 至 0.70 之间，低于 0.60 则不能接受。[④] 从信度分析的结果可以看出，四个因子的 Cronbach's α 信度系数均超过 0.70，总 Cronbach's α 系数为 0.8448，不道德网络行为量表的信度符合农纳利、德威利斯等人的建议，具有较高的内部一致性，信度良好。同时，量表包含的 4 个因子结构清晰，因子内所包含的项目在相应因子上的负荷除"做作业时从网上抄答案"一项为 0.613 以外，其余均达到 0.70 以上，且负荷分布清晰，说明量表的结构效度良好。

　　在简化了青少年不道德网络行为量表的结构后，我们以因子值系数为权数，计算出各因子的因子值。为了便于分析，我们根据因子值转换公式：转换后的因子值＝（因子值＋B）×A{其中，A＝99/（因子值最大值－因子值最小值），B＝（1/A）－因子值最小值；B 的公式亦为：B＝[（因子

　　① L. R. Gay & P. W. Airasian. Educational Research: Competencies for Analysis and Applications. New Jersey: Prentice Hall, 2008.

　　② R. K. Henson. Understanding Internal Consistency Reliability Estimates: A Conceptual Primer on Coefficient Alpha. Measure and Evaluation in Counseling and Development, 2001, 34(3): 177-189.

　　③ J. C. Nunnally. Psychometric Theory. New York: McGraw-Hill, 1978: 192.

　　④ R. F. 德威利斯：《量表编制：理论与应用》，魏勇刚等译，重庆大学出版社 2004 年版，第 106 页。

值最大值－因子值最小值）/99]－因子值最小值}，将因子值转换为1～100之间的指数。转换后各因子值的均值、标准差、中位值与众值见表4。从表4的因子得分情况来看，大学生不道德网络行为以"网络抄袭"最为严重，因子得分平均值为45.2179，然后依次为"网络盗版""网络滥用"和"网络侵害"，其因子得分平均值分别为38.2438、31.2744和18.9318。

表4   大学生不道德网络行为均值、中位值、众值与标准差

	F1	F2	F3	F4
均值	18.9318	31.2744	38.2438	45.2179
中位值	15.9563	27.1689	34.6836	41.9741
众值	17.36	23.80	12.05	35.44
标准差	11.01795	12.39677	21.20150	18.47401

2. 网络道德意识

网络道德意识和同侪压力是为了检验基于规则服从和遵守的伦理学和社会学视角提出的大学生不道德网络行为影响因素的两个重要自变量。我们采用探索性因子分析，对大学生网络道德意识量表进行结构简化，以提取出有概括力的新因子。因子分析采用主成分分析作为抽取因子的方法，以特征值大于1作为选择因子的标准，采用正交旋转法中的最大方差旋转法作为转轴方法，以降低因子的复杂性。对因子分析的适当性，我们主要运用KMO测度和Bartlett's球状检验方法进行分析。经检验，量表的KMO值为0.909，Bartlett's球状检验卡方值为11500.873，自由度（df）为231，在0.000（Sig.＝0.000）水平上统计检验显著，说明存在潜在共享因子，可以进行因子分析。第一次因子分析共析出4个因子，4个因子的累积方差解释率为60.586%。从第一次因子分析结果，我们发现某些题项有缺陷，表现在因子负荷较低，或者负荷分布不够明确，因此我们剔除这些有缺陷的题项，包括"欺骗网友""玩游戏时作弊""浏览色情图片、视频或小说""在网上找枪手"等4个题项。在剔除这4个题项之后，对剩余的18题进行二次因子分析[这18个题项的KMO值为0.890，Bartlett's球状检验卡方值为9411.796，自由度为153，在0.000（sig.＝0.000）水平上统计检验显著]。因子分析结果共析出特征值大于

1 的因子 4 个,4 个因子结构清晰,所有题项在相应因子上的负荷均超过 0.5,共同度均超过或接近 0.5。因子分析结果,将原来 22 题的量表删减至 18 题,最后净化出 4 个因子,4 个因子的方差贡献率分别为 23.753%、17.410%、12.050% 和 11.902%,累积方差贡献率为 65.115%,达到了因子分析的要求(见表 5)。

表 5　网络道德意识因子负荷矩阵($N=1106$)

	F1	F2	F3	F4	共同度
公开谈论别人的隐私	0.811	0.176	−0.013	0.086	0.696
发表诽谤性言论	0.808	0.198	0.128	0.055	0.711
匿名在网上辱骂他人	0.805	0.193	−0.006	0.106	0.696
发表不当言论	0.753	0.134	0.195	0.091	0.632
恶意灌水或刷屏	0.717	0.201	0.206	0.015	0.596
在即时聊天中强迫他人语音或视频	0.672	0.111	0.163	0.087	0.498
匿名发布不实消息	0.653	0.142	0.155	0.140	0.491
因通宵上网耽误上课	0.231	0.839	0.010	0.088	0.765
逃课去上网	0.240	0.811	0.045	0.125	0.733
因上网太多,学习成绩越来越差	0.268	0.758	−0.052	0.125	0.664
为了上网,不参加集体活动	0.193	0.745	0.122	0.097	0.617
上课时用手机上网或聊 QQ	0.032	0.557	0.138	0.338	0.444
利用网络复制传播音乐	0.095	0.025	0.813	0.151	0.693
下载未经授权的音乐或视频	0.218	0.071	0.808	0.109	0.717
下载或使用盗版软件	0.190	0.072	0.795	0.064	0.677
下载资料拼凑论文	0.122	0.122	0.083	0.858	0.691
论文中引用网上资料不注明	0.117	0.117	0.112	0.852	0.689
做作业时从网上抄答案	0.125	0.308	0.138	0.649	0.721
旋转后特征值	4.276	3.134	2.169	2.142	
方差贡献率(%)	23.753	17.410	12.050	11.902	
累积方差贡献率(%)	23.753	41.163	53.213	65.115	

　　根据因子分析结果和各因子所包含题项的具体含义,我们分别为这

4个因子命名。命名因子 1 为"网络侵害意识"因子,包括"公开谈论别人的隐私""发表诽谤性言论""匿名在网上辱骂他人"等 7 个题项,主要描述大学生对网络使用过程中侵犯和伤害他人行为的道德评价;命名因子 2 为"网络滥用意识"因子,包括"因通宵上网耽误上课""逃课去上网"等 5 个题项,主要描述大学生对学习生活中的不当网络使用行为的道德评价;命名因子 3 为"网络盗版意识"因子,包括"利用网络复制传播音乐""下载未经授权的音乐或视频"等 3 个题项,主要描述大学生对未经授权利用网络拷贝数字产品、软件、文件、音频(包括音乐和语音)以及视频等的盗版行为的道德评价;命名因子 4 为"网络抄袭意识"因子,包括"下载资料拼凑论文""论文中引用网上资料不注明"等 3 个题项,主要描述大学生对利用网络复制粘贴完成作业和论文的抄袭行为的道德评价。这 4 个因子,大致概括了大学生对在网络使用过程中涉及的社会公德和职业道德两个基本维度的道德行为的评价,基本上能够反映大学生的网络道德意识。

对量表的信度检验,采用分析量表的内部一致性 Cronbach's α 系数方法进行。4 个因子的 Cronbach's α 系数分别为:0.8927、0.8461、0.7796 和 0.7754,整个量表的 Cronbach's α 系数为 0.8898。从信度分析的结果可以看出,大学生网络道德意识量表的信度良好。同时,量表包含的 4 个因子结构清晰,因子内所包含的项目在相应因子上的负荷除一题为 0.557 以外,其余均在 0.60 以上,且负荷分布清晰,说明量表的结构效度良好。

3. 网络道德同侪压力

对网络道德同侪压力量表,我们同样采用探索性因子分析方法进行结构简化,以提取出有概括力的新因子。因子分析采用主成分分析作为抽取因子的方法,以特征值大于 1 作为选择因子的标准,采用正交旋转法中的最大方差旋转法作为转轴方法,以降低因子的复杂性。对因子分析的适当性,我们主要运用 KMO 测度和 Bartlett's 球状检验方法进行分析。经检验,量表的 KMO 值为 0.929,Bartlett's 球状检验卡方值为 14960.380,自由度(df)为 231,在 0.000(Sig. ＝0.000)水平上统计检验显著,说明存在潜在共享因子,可以进行因子分析。第一次因子分析共析出 4 个因子,4 个因子的累积方差解释率为 66.733%。从第一次因子分析结果,我们发现某些题项有缺陷,表现在因子负荷较低,或者负荷分布不够明确,因此我们剔除这些有缺陷的题项,包括"欺骗网友""玩游戏时作弊""浏览色情图片、视频或小说""在网上找枪手""上课时用手机上网或聊 QQ"等 5 个题项。在剔除这 5 个题项之后,对剩余的 17 题进行二次因子分析[这 17 个题项的 KMO 值为 0.906,Bartlett's 球状检验卡方值为 11729.232,自由度为 136,在 0.000(sig. =0.000)水平上统计检验显著]。因子分析结果共析出特征值大于 1 的因子 4 个,4 个因子结构清晰,除"匿名发布不实消息"一题外,所有题项在相应因子上的负荷均超过 0.7,所有题项的共同度均超过或接近 0.5。因子分析结果,将原来 22 题的量表删减至 17 题,最后净化出 4 个因子,4 个因子的方差贡献率分别为 25.740%、17.428%、14.943% 和 14.451%,累积方差贡献率为 72.562%,达到了因子分析的要求(见表 6)。

表 6　网络道德同侪压力因子负荷矩阵(N＝1083)

	F1	F2	F3	F4	共同度
公开谈论别人的隐私	0.827	0.206	0.031	0.087	0.735
匿名在网上辱骂他人	0.812	0.246	0.036	0.086	0.729
发表不当言论	0.795	0.151	0.194	0.142	0.713
发表诽谤性言论	0.785	0.243	0.197	0.087	0.722
在即时聊天中强迫他人语音或视频	0.733	0.109	0.246	0.118	0.624
恶意灌水或刷屏	0.730	0.179	0.262	0.102	0.645
匿名发布不实消息	0.538	0.207	0.363	0.154	0.487
因通宵上网耽误上课	0.241	0.838	0.068	0.160	0.791
因上网太多,学习成绩越来越差	0.246	0.825	0.031	0.088	0.745
逃课去上网	0.253	0.789	0.068	0.251	0.754
为了上网,不参加集体活动	0.166	0.735	0.150	0.152	0.614
利用网络复制传播音乐	0.178	0.071	0.843	0.209	0.790
下载或使用盗版软件	0.219	0.088	0.817	0.233	0.778
下载未经授权的音乐或视频	0.267	0.087	0.804	0.176	0.756
下载资料拼凑论文	0.119	0.159	0.208	0.883	0.862

续表

	F1	F2	F3	F4	共同度
论文中引用网上资料不注明	0.160	0.181	0.187	0.872	0.854
做作业时从网上抄答案	0.151	0.259	0.257	0.760	0.733
旋转后特征值	4.376	2.963	2.540	2.457	
方差贡献率(%)	25.740	17.428	14.943	14.451	
累积方差贡献率(%)	25.740	43.168	58.111	72.562	

　　根据因子分析结果和各因子所包含题项的共性,我们分别为 4 个因子命名。命名因子 1 为"网络侵害同侪压力",包括"公开谈论别人的隐私""匿名在网上辱骂他人""发表不当言论"等 7 个题项,主要描述大学生如果参与网络侵犯和伤害行为,可能感受到的同侪压力;命名因子 2 为"网络滥用同侪压力",包括"因通宵上网耽误上课""因上网太多,学习成绩越来越差"等 4 个题项,主要描述大学生如果参与网络滥用行为,可能感受到的同侪压力;命名因子 3 为"网络盗版同侪压力",包括"利用网络复制传播音乐""下载或使用盗版软件"等 3 个题项,主要描述大学生如果参与下载未经授权的数字作品等行为,可能感受到的同侪压力;命名因子 4 为"网络抄袭同侪压力",包括"下载资料拼凑论文""论文中引用网上资料不注明"等 3 个题项,主要描述大学生如果参与复制粘贴等网络抄袭行为,可能感受到的同侪压力。这 4 个因子,从社会公德和职业道德两个维度,反映了大学生如果参与不道德网络行为,可能感受到的来自同侪的道德压力。

　　对量表的信度检验,采用分析量表的内部一致性 Cronbach's α 系数方法进行。4 个因子的 Cronbach's α 系数分别为:0.9063、0.8692、0.8601 和 0.8856,整个量表的 Cronbach's α 系数为 0.9175。从信度分析的结果可以看出,大学生网络道德行为同侪压力量表的信度良好。同时,量表包含的 4 个因子结构清晰,因子内所包含的项目在相应因子上的负荷除一题为 0.538 以外,其余均在 0.70 以上,且负荷分布清晰,说明量表的结构效度良好。

(二)网络道德意识与网络道德同侪压力对不道德网络行为的影响

　　为了对本研究提出的研究假设进行检验,我们分别以大学生不道德网络行为的四种类型为因变量,以相应的网络道德意识和网络道德同侪压力维度为自变量,同时引入大学生的性别、年龄、网络使用频率、上网持续时间,以及工具性网络行为和情感性网络行为作为控制变量,进行多元回归分析。回归分析结果见表 7。

表 7　大学生不道德网络行为影响因素 OLS 回归模型($N = 867$)

	M1:侵害行为		M2:滥用行为		M3:盗版行为		M4:抄袭行为	
	B(S. E.)	Beta	B(S. E.)	Beta	B(S. E.)	Beta	B(S. E.)	Beta
常数	−0.488 (0.530)		0.942 (0.581)		0.501 (0.567)		−0.055 (0.632)	
网络侵害意识	−0.083** (0.030)	−0.097						
网络侵害同侪压力	−0.092** (0.031)	−0.106						
网络滥用意识			−0.057* (0.032)	−0.059				
网络滥用同侪压力			−0.066* (0.033)	−0.067				
网络盗版意识					−0.214*** (0.033)	−0.211		
网络盗版同侪压力					−0.210*** (0.033)	−0.208		
网络抄袭意识							−0.128*** (0.035)	−0.127
网络抄袭同侪压力							−0.196*** (0.036)	−0.191
性别[a]	0.133* (0.060)	0.077	0.273*** (0.065)	0.138	0.224*** (0.064)	0.111	−0.262*** (0.071)	−0.129
年龄	0.014 (0.025)	0.018	−0.065* (0.027)	−0.075	−0.041 (0.026)	−0.047	0.020 (0.029)	0.023
上网频率	−0.018 (0.013)	−0.049	0.018 (0.014)	0.041	0.049*** (0.014)	0.111	−0.051*** (0.016)	−0.115
上网时间	0.048** (0.016)	0.105	0.081*** (0.017)	0.156	0.013 (0.017)	0.024	0.000 (0.018)	0.000
工具行为	−0.046 (0.030)	−0.054	−0.207*** (0.032)	−0.214	0.202*** (0.031)	0.205	0.037 (0.035)	0.037
情感行为	0.198*** (0.032)	0.225	0.246*** (0.036)	0.244	0.125*** (0.034)	0.123	0.143*** (0.038)	0.138

续表

	M1:侵害行为		M2:滥用行为		M3:盗版行为		M4:抄袭行为	
	B(S.E.)	Beta	B(S.E.)	Beta	B(S.E.)	Beta	B(S.E.)	Beta
R^2	0.126		0.207		0.265		0.117	
adjusted R^2	0.118		0.199		0.258		0.109	
F	15.500***		27.939***		38.726***		14.236***	

* $P<0.05$;** $P<0.01$;*** $P<0.001$。

[a]以女性为参照。

从表 7 可见,4 个模型的削减误差比例分别为 12.6%、20.7%、26.5% 和 11.7%,并且均达到了显著水平,其中以网络盗版行为为因变量的模型 3 解释力最大,其削减误差比例为 26.5%,而以网络抄袭行为为因变量的模型 4 解释力最小,其削减误差比例为 11.7%。

从具体变量的影响作用来看,在 6 个控制变量中,性别对四类不道德网络行为均影响显著,从回归系数来看,性别对网络侵害、网络滥用、网络盗版和网络抄袭的回归系数分别为 0.133($P<0.05$)、0.273($P<0.001$)、0.224($P<0.001$)和 -0.262($P<0.001$)。也就是说,在网络侵害、网络滥用、网络盗版三类行为上,男性的参与程度明显高于女性,而在网络抄袭行为上,则女性参与程度高于男性。年龄对网络侵害、网络滥用、网络盗版和网络抄袭的回归系数分别为 0.014($P>0.05$)、-0.065($P<0.05$)、-0.041($P>0.05$)和 0.020($P>0.05$)。这就意味着,年龄对网络侵害和网络抄袭行为有正向影响,而对网络滥用和网络盗版行为则有负向影响,但年龄只对网络滥用行为的影响达到显著水平,说明年龄越大,网络滥用程度越低。

上网频率对网络侵害、网络滥用、网络盗版和网络抄袭的回归系数分别为 -0.018($P>0.05$)、0.018($P>0.05$)、0.049($P<0.001$)和 -0.051($P<0.001$)。也就是说,上网频率越高,参与网络滥用和网络盗版行为的可能性越大,而参与网络侵害和网络抄袭行为的可能性越小。但上网频率只对网络盗版和网络抄袭行为的影响达到显著水平,说明上网频率越高,参与网络盗版行为的可能性越大,而参与网络抄袭行为的可能性越小。上网时间对网络侵害、网络滥用、网络盗版和网络抄袭的

回归系数分别为 $0.048(P<0.01)$、$0.081(P<0.001)$、$0.013(P>0.05)$ 和 $0.000(P>0.05)$。也就是说，上网时间对四类不道德网络行为均有正向影响，但只有对网络侵害和网络滥用行为的影响达到显著水平，说明上网时间越长，参与网络侵害行为和网络滥用行为的可能性也越大。

工具性网络行为对网络侵害、网络滥用、网络盗版和网络抄袭的回归系数分别为 $-0.046(P>0.05)$、$-0.054(P<0.001)$、$0.202(P<0.001)$ 和 $0.037(P>0.05)$。也就是说，工具性网络使用程度越高，参与网络侵害和网络滥用行为的可能性越小，而参与网络盗版和网络抄袭行为的可能性越大，但工具性网络行为只对网络滥用和网络盗版行为影响达到显著水平。情感性网络行为对网络侵害、网络滥用、网络盗版和网络抄袭的回归系数分别为 $0.198(P<0.001)$、$0.246(P<0.001)$、$0.125(P<0.001)$ 和 $0.143(P<0.001)$，而且影响作用皆达到显著水平。这意味着，网络情感性使用程度越高，参与网络侵害、网络滥用、网络盗版和网络抄袭四类行为的可能性也越大。

网络道德意识和网络道德同侪压力是本研究的核心自变量，也是用于检验假设 1 和假设 2 的关键变量。其中网络侵害、网络滥用、网络盗版和网络抄袭四类网络道德意识对网络侵害、网络滥用、网络盗版和网络抄袭四类不道德网络行为的回归系数分别为 $-0.083(P<0.001)$、$-0.057(P<0.001)$、$-0.214(P<0.001)$ 和 $-0.128(P<0.001)$，并且均达到显著水平。意味着网络道德意识对四种类型不道德网络行为，均有显著的负向影响。换言之，网络道德意识得分越高，参与不道德网络行为的可能性越小。网络道德意识得分每增加 1 个单位，在其他条件不变的情况下，参与网络侵害、网络滥用、网络盗版和网络抄袭四类不道德网络行为的可能性将分别减少 0.083、0.057、0.214 和 0.128 个单位。

网络侵害、网络滥用、网络盗版和网络抄袭四类网络道德同侪压力对网络侵害、网络滥用、网络盗版和网络抄袭四类不道德网络行为的回归系数分别为 $-0.092(P<0.001)$、$-0.066(P<0.001)$、$-0.210(P<0.001)$ 和 $-0.196(P<0.001)$，并且均达到显著水平。意味着网络道德同侪压力对四种类型不道德网络行为，均有显著的负向影响。换言之，网络道德同侪压力得分越高，参与不道德网络行为的可能性越小。网络道德同侪压力得分每增加 1 个单位，在其他条件不变的情况下，参与网络

侵害、网络滥用、网络盗版和网络抄袭四类不道德网络行为的可能性将分别减少 0.092、0.066、0.210 和 0.196 个单位。

从 4 个模型自变量的影响作用来看,本研究的假设 1 和假设 2 均得到了证实。

为了对假设 3 进行检验,我们在控制大学生的性别、年龄、网络使用频率、上网持续时间,以及工具性网络行为和情感性网络行为等变量的情况下,对网络道德意识和网络道德同侪压力的标准回归系数进行比较。结果发现,除网络盗版行为外,在其他三类不道德网络行为上,网络道德同侪压力的标准回归系数均高于网络道德意识。也就是说,在网络情境下,与网络道德意识相比,网络同侪压力对不道德网络行为的影响作用更为显著。这意味着,在本研究中,假设 3 没有能够得到证实。

四、结论与讨论

(一)不道德网络行为的结构与现状

对于实证研究来说,变量测量是基础性的工作。不道德网络行为作为不能直接观察的潜变量,需要开发特定的测量工具进行测量。为此,我们首先通过文献探讨,分析和梳理了有关道德、道德行为及网络道德的文献资料,通过概念辨析确定了不道德网络行为的内涵和维度;然后在此基础上,结合访谈和开放式问卷调查方法,收集、整理和归纳了大学生不道德网络行为的测量指标,编制了包含社会公德和职业道德两个维度共 22 题的大学生不道德网络行为量表。在运用探索性因子分析方法对量表进行了结构简化后,发展出由网络侵害、网络滥用、网络盗版和网络抄袭 4 个因子构成的不道德网络行为模型。该模型较好地反映了道德概念的结构及大学生在网络世界中的不道德行为现状。其中网络侵害和网络盗版因子,包含在网上发表不当言论、匿名在网上辱骂他人、公开谈论别人的隐私、匿名发布不实消息,以及下载未经授权的音乐或视频、利用网络复制音乐等不道德网络行为,这些行为反映了大学生在虚拟网络空间中的社会公德状况。而网络滥用和网络抄袭因子,则包含论文中引用网上资料不注明、下载资料拼凑论文,以及逃课去上网、因通宵上网成绩越来越差、为了上网不参加集体活动等不道德网络行为,这些行为体现了大学生在网络情境下的职业道德操守。对量表的内部一致性系数和因子负荷分析结果表明,本研究编制的大学生不道德网络行为量表,具有较好的信度和效度。

许多学者认为,由于网络空间具有身体不在场和匿名特征,因此在网络空间中,不道德行为会有所增加,而且相应地,人们的道德水准会有所降低。"当人们认为别人永远不会知道你是谁的时候,网上行为就会肆无忌惮。在这样的环境或者初步具备这样的环境下,人们倾向于放松自己的或肯定或否定的行为。"[①]在本研究中,我们借助大学生不道德网络行为量表,对大学生网络道德行为现状进行了实际测量。通过调查我们发现,曾经不同程度地参与过不道德网络行为的大学生比例颇高,尤其是网络抄袭和网络盗版这两类不道德网络行为,均有超过三成的大学生经常参与,其中最严重的"下载资料拼凑论文"一项,从不参与的学生仅仅只有一成,即使参与程度最低的题项,选择"从不参与"的大学生,也不超过四成,说明至少在目前,网络空间的时空特性,的确在大学生中引发了更多的不道德网络行为。总体而言,目前我国大学生群体的网络道德状况并不容乐观。

莫尔纳(Kathleen K. Molnar)等人通过对美国五所大学学生的调查发现,大学生更容易接受自己在网络情境中的欺骗行为,并为自己在使用网络时的欺骗行为进行辩护,相对而言,对待他人在网络中的欺骗行为,他们则遵循与现实世界中一致的评价标准。[②] 为了检验被访大学生是否低估自身的不道德网络行为程度,我们同时询问了大学生对周围同学不道德网络行为状况的评估,通过比较大学生对自己及周围同学不道德网络行为参与程度的评估,我们发现,大学生对自己参与不道德网络行为程度的评估,普遍低于对周围同学参与程度的评估。这意味着,在大学生群体中,低估自己参与不道德网络行为程度的倾向的确普遍存在。也就是说,大学生实际参与不道德网络行为的程度,可能比本研究目前测量所得到的结果要更为严重。社会和学校亟须对大学生群体的

---

① P. 华莱士:《互联网心理学》,谢影等译,中国轻工业出版社 2001 年版,第 266 页。

② K. K. Molnar, et al. Ethics vs. IT Ethics:Do Undergraduate Students Perceive a Difference? Journal of Business Ethics,2008,83(4):657-671.

网络道德,进行有效的培育和引导。

(二)不道德网络行为的影响因素

本研究基于规则服从和道德遵守的伦理学和社会学视角,假设规范性因素和工具性因素对大学生不道德网络行为有显著影响。研究证实了这一假设。回归分析发现,大学生网络道德意识和网络道德同侪压力与不道德网络行为之间,存在着显著的负向关系。也就是说,在大学生眼中错误程度越严重的网络行为,其参与程度就越低;同样,来自同侪的道德压力越大,其参与程度也越低。这意味着,大学生是否在网络行为中遵守相应的道德规范,主要取决于他们对这一行为的道德评价,以及来自同侪的道德压力和道德评价。

有学者认为,在网络情境下,由于传统"熟人社会"的消失,以及网络的虚拟性及行为主体的匿名隐蔽特点,会导致道德规范的外在约束效用明显降低,从而导致网络同侪压力对不道德网络行为的影响作用下降甚至消失,而网络道德意识的影响作用则变得更为显著。但这一假设并没有在本研究中获得证实,网络同侪压力不仅对不道德网络行为有显著的影响作用,而且其影响力甚至超过了网络道德意识。我们认为,导致这一结果的原因可能有两个。第一个原因,是因为中国的"礼法文化"传统,造成了中国人的道德意识受外部压力和评价影响较大,具有较强的功利性。[①] 为了检验这一假设,我们以大学生网络道德意识为因变量,以网络道德同侪压力为自变量进行线性回归分析。我们首先把网络道德意识 4 个因子的因子值和网络道德同侪压力 4 个因子的因子值分别乘以其方差后相加(其中,网络道德意识=网络侵害意识因子值×0.23753+网络滥用意识因子值×0.1741+网络盗版意识因子值×0.1205+网络抄袭意识因子值×0.11902;网络道德同侪压力=网络侵害同侪压力因子值×0.2574+网络滥用同侪压力因子值×0.17428+网络盗版同侪压力因子值×0.14943+网络抄袭同侪压力因子值×0.14451),分别得到一个网络道德意识综合变量和一个网络道德同侪压力综合变量。在此基础上,以大学生网络道德意识综合变量为因变量,网络道德同侪压力

---

① 冯仕政:《法社会学:法律服从与法律正义》,《江海学刊》2003 年第 4 期。

综合变量为自变量进行回归分析。分析结果见表 8。

表 8　大学生网络道德意识 OLS 回归模型($N=1047$)

Model	R	R^2	Adjusted R^2	Beta	Std. Error of the Estimate	Sig.
	0.514	0.265	0.264		0.29099	
同侪压力				0.514		0.000

从表 8 的回归分析结果可见，回归方程的削减误差比例为 26.5％，说明模型较好地拟合了观测数据。也就是说，在网络道德同侪压力和网络道德意识之间，的确存在着线性关系。从 Beta 值来看，网络道德同侪压力的 Beta 值为 0.514，说明其对网络道德意识有较强的影响作用。这意味着，在中国传统文化背景下，中国大学生的网络道德意识，仍明显受同侪压力和评价的影响。

网络道德同侪压力对不道德网络行为有显著影响作用的另一个重要原因，可能是因为在大学校园这一特殊的时空场景中，大学生长时间地在一起学习和生活，由此导致其网络行为匿名感的降低，因而其道德意识会较多地受同侪的影响。以上网地点为例，本次调查发现，在大学生群体中，最经常上网的地点是学生宿舍，占 69.2％，经常在学校机房和图书馆上网的也分别占到 27.9％和 10.4％。这意味着，大学生在多数情况下是在周围有同学的情况下使用网络的。这一情形，加上前面所说的中国人的道德意识受外部压力和同侪评价影响较大，那么，大学生的网络道德意识会受到同侪压力的显著影响，也就不足为怪了。同时，这也意味着，同侪压力不仅对不道德网络行为有直接影响，而且还能通过道德意识这一中介变量，对不道德网络行为产生间接影响。

另外，本研究的经验数据，基本上支持了国外学者关于性别、网络行为与不道德网络行为之间关系的实证研究结论。本研究发现，性别是影响不道德网络行为的一个重要变量。总体而言，女生在网络使用过程中比男生更遵守道德规范。但与国外学者发现有所不同的是，在网络学术不诚实行为这一维度上，我国女大学生的参与比例要高于男生。通过访谈，我们发现，导致这一现象的一个重要原因，是女生比男生更看重自己的学习成绩，因而在作业或论文中更有可能不当地使用网上资料。本研究也证实了国外学者关于网络行为对不道德网络行为有显著影响的发现。尤其值得注意的是,本研究揭示了情感性网络行为对不道德网络行为有显著的正向影响,意味着情感性网络行为参与程度越高,参与不道德网络行为的可能性也越大。

(三)研究发现的政策意义

本研究发现,大学生的网络道德意识和网络道德同侪压力对不道德网络行为有明显的抑制作用。这一发现的政策意义在于,从培育和提升大学生网民的网络道德自律意识,营造良好的网络道德行为环境入手,预防和控制大学生的不道德网络行为,是一种有效的对策措施。首先,对大学生群体的网络行为进行有效社会管理,需要加强网络道德素养培育,提升大学生群体的网络自律意识。不少大学生之所以参与不道德网络行为,是因为对自己作为道德行为主体的主体意识缺位,从而造成自我约束放松,社会责任感消失。因此,在对大学生的网络行为采用制度、政策、技术等刚性管理的同时,采用道德培育、行为控制等柔性管理手段,从而引导大学生群体确立正确的网络道德意识,对于减少和抵制不道德网络行为,有着重要的意义。

其次,对大学生群体的网络行为进行有效社会管理,需要切实改善网络道德培育的社会氛围,营造良好的网络道德行为环境。对于我国大学生群体的道德行为来说,同侪压力有较强的解释力。因此,在强化大学生网络道德自律意识培育的同时,加强网络道德环境建设,完善大学生网络行为的道德评价机制和网络道德评价的约束力,也有着重要的意义。在大学生网络道德培育实践中,我们可以通过完善网络道德评价机制和道德评价的约束力,增强社会关系和社会舆论等他律机制对不道德网络行为的约束作用,达到改善网络道德的社会氛围,营造良好的网络道德行为软环境的目的。

青少年网吧意识量表的建构与检验[*]

一、研究背景与目的

网吧作为伴随互联网迅速发展而出现的新事物,为社会大众提供了一个查询与浏览信息、参与网络游戏或在线聊天、收发电子邮件等网络活动的综合性信息服务场域,对我国许多因为受经济社会发展水平限制而无法在家中或工作地点方便上网的地区和人群来说,是最基本、最快捷、最方便的上网渠道。换言之,在互联网普及程度尚不高,且数字鸿沟仍十分明显的我国,网吧对互联网的普及和大众化,起着十分重要的社会作用。

一般认为,全球第一家网吧,于1994年9月在伦敦诞生,其特点是作为一个结合"餐饮"与"网络"的休闲场所。其后,这种经营理念便迅速在纽约、东京等国际大都市蔓延开来。不过,由于当时绝大多数上网者仍以家中作为主要的上网地点,因此,网吧在其发展初期,主要的功能仅限于提供一个休闲环境,附带为有上网需求但家中没有电脑的消费者提供上网服务。^①

在我国,第一家网吧"实华开网络咖啡屋"于1996年11月15日在北

---

* 原载《兰州大学学报》(社会科学版)2006年第5期,与孙秀丽合作。

① 李明芬:《虚拟空间、复合式商业与都市土地使用管制冲突研究:以台北市网路咖啡屋为例》,2000年台湾大学学位论文。

京首都体育馆开张。至 2000 年,随着网络使用成本的降低和网络游戏业的发展,全国各地网吧数量迅速增加。网吧这一上网场所的快速扩张,一方面,"对推动信息网络化发挥了积极作用,为在青少年中普及网络知识、拓宽视野、扩大知识面提供了一种便捷的途径";但另一方面,"'网吧'等互联网上网服务营业场所过多过滥,管理混乱、经营无序,含有不少色情、赌博、暴力、愚昧迷信等内容,对青少年成长和社会稳定起了很坏影响。"①有鉴于此,国务院于 2001 年 4 月批准发布了由信息产业部、公安部、文化部和国家工商局联合制定的《互联网上网服务营业场所管理办法》,开始了对"网吧"等互联网上网服务营业场所的规范管理工作。2002 年 6 月,北京"蓝极速"网吧事件爆发,成为国家有关管理部门出台整治网吧措施的导火线。2003 年 4 月,文化部发布了《文化部关于加强互联网上网服务营业场所连锁经营管理的通知》,开始对网吧进行清理整顿。2004 年 2 月至 12 月,文化部等相关部门在全国开展了网吧专项整治活动,加强了对网吧的监管。其间共责令停业整顿网吧 2.1 万家,吊销网络文化经营许可证 2131 家,取缔无照经营的黑网吧 4.7 万家。经过整治,至 2004 年年底,全国约有网吧 10 万余家。②

目前,网吧已经成为主流社会和大众媒体十分关注的话题之一,其中以下面三个话题最为引人注目:一是从经济发展的角度,探讨网吧作为一个新兴产业的现状与未来;二是从社会与教育角度,探讨网吧对青少年的社会影响及由其引发的社会问题;三是从网吧管理的角度,探讨政府应该如何加强对网吧的管理。但是,相对而言,学界对网吧作为一种新兴的青少年社会行为场域的研究却不多见,而且已有的研究也多以成人、经济与法律的视角作为切入点,去分析与探讨青少年的网吧使用行为。如李明芬通过文献搜集、实地观察及深度访谈,对网吧管理政策

---

① 国务院办公厅:《国务院办公厅关于进一步加强互联网上网服务营业场所管理的通知》,http://news. xinhuanet. com/eworld/2010-06/05/c_12185656. htm。

② iResearch:《2004 年中国网吧研究报告》,http://www. iresearch. com. cn/Report/959. html。

与法律定位的研究①；杨可凡从休闲视角对网吧使用行为的分析②；张毓智运用文献分析方法，从人际关系、亲子关系及学业表现三个方面，对台湾高雄市网吧消费者的网络及网吧使用行为的探讨；③林希展运用语艺批评方法，对大众传播媒体网吧休闲论述的分析④；简欣瑜借助文献分析和深度访谈，对网吧的虚拟真实空间特性的探讨；⑤纪慧怡通过质化研究，从心理、思想、行为、环境气氛四个方面，对网吧族网吧使用的内在经验意义的探讨；⑥周甫亮通过实地观察与深度访谈，对网吧作为青少年次文化认同形塑的渠道，以及青少年网吧使用经验的研究。⑦　在所有类似的网吧研究中，专门从青少年的视角切入分析其网吧行为与网吧意识的研究并不多见，而且多以定性研究为主。然而在我国，由于受经济社会发展水平的限制，对许多青少年来说，网吧是他们接触网络世界、感受信息时代的重要途径。因此，从青少年的角度，探讨和分析青少年对网吧的意识与态度，以及他们在网吧场域中所获得的愉悦与经验，是网吧研究不可或缺的重要一环。⑧　青少年的网吧意识与态度，不仅会直接影响他们的网络行为，并且会进一步影响他们的学习和日常生活。

　　基于这样的问题意识，我们尝试通过问卷调查，建构一个有足够信度和效度的青少年网吧意识量表。我们以台湾学者林希展和周倩针对有网吧使用经验的台湾地区国中学生发展起来的青少年网吧态度量表

---

①　李明芬：《虚拟空间、复合式商业与都市土地使用管制冲突研究：以台北市网路咖啡屋为例》，2000 年台湾大学学位论文。

②　杨可凡：《网咖使用对青少年意义研究：传播乐趣经验与社会性使用分析》，2000 年台湾政治大学学位论文。

③　张毓智：《网咖使用行为相关因素之探讨：以高雄市网咖使用者为例》，2002 年台湾"中山大学"学位论文。

④　林希展：《大众媒体的网咖休闲论述：从语艺分析的观点谈起》，2003 年台湾交通大学学位论文。

⑤　简欣瑜：《网路咖啡厅的虚拟世界探讨》，2002 年台湾中原大学学位论文。

⑥　纪慧怡：《真实与虚拟空间的对话：网咖族的内在经验意义探讨》，2004 年台湾世新大学学位论文。

⑦　周甫亮：《青少年在网咖中的次文化认同建构初探》，2001 年台湾世新大学学位论文。

⑧　黄少华、翟本瑞：《网络社会学：学科定位与议题》，中国社会科学出版社 2006 年版。

为基础,①根据对 12 位初高中学生和大学生的深度访谈,对量表进行了调整和修改。在此基础上,通过对初中生、高中生、大学生群体的调查,对量表的效度与信度进行检验,最后建构一个有足够信度和效度的青少年网吧意识量表,作为了解和分析青少年网吧意识的基本工具。

二、研究方法

(一)抽样方法

本研究的数据来源于我们 2004 年 10 月至 11 月在浙江省杭州市和舟山市、湖南省长沙市和岳阳市、甘肃省兰州市和天水市进行的"青少年网络行为"问卷调查。此次调查采用多阶段抽样方法。先按社会经济发展水平、人文发展指数(Human Development Index,HDI)和互联网普及程度,将我国区分为东部、中部和西部三个地区,并按照简单随机原则分别从每一地区抽取省会城市一座,分别为杭州、长沙和兰州,然后再按照同样原则分别从这三个城市所在的省份,抽取地级城市各一座,分别为舟山、岳阳和天水。接下来的抽样分为两部分:一部分在每个抽取的城市中,按照分层抽样方法分别抽取大学、高中、初中各 3 所(如果所在城市大学不足 3 所,则抽取所有大学;初中和高中的抽样框仅限于城区,不包括郊县学校),再按照简单随机原则在每所抽中的学校抽取 32 人(如果所在城市大学不足 3 所,则以样本总数 96 人相应分配每所学校的样本数)。另一部分则在每个抽中的城市抽取 5 个街道,每个街道抽取 2 个网吧,再从每个抽中的网吧抽取符合样本要求(13～24 岁)的样本 5 份。为避免与学校样本重叠,在编码时若发现网吧样本与学校样本来自同一所学校,则剔除该样本,但保留了网吧样本中的非在校学生样本。调查共发放问卷 2028 份,经认真核实,最后获得有效问卷 1619 份,有效问卷率为79.8%。其中在最近三个月使用过网吧的 1275 份,占全部有效样本的78.8%,包括男性 782 人,占 61.3%,女性 493 人,占 38.7%。

① 林希展、周倩:《青少年网咖态度量表发展与使用之初探》,http://teens.theweb.org.tw/iscenter/ conference2002/ thesis/files/20020515234542163.30.22.52.doc。

(二)问卷设计

问卷内容主要包括三部分：(1)被调查对象的个人、家庭与社会背景资料，包括性别、年龄、教育程度、父母的教育程度与职业，以及所在的省份、城市等；(2)被调查者的网吧使用情况，包括最近三个月使用网吧的频率、使用网吧的时间段、每次在网吧上网持续的时间、是否在网吧玩通宵、在网吧进行的主要网络行为等；(3)青少年的网吧意识和态度，采用李克特五点尺度量表，从完全同意到完全不同意五点尺度，询问青少年的网吧意识。问卷形成后，根据两位专家对问卷的审查意见，以及小规模前测的结果，对问卷进行了进一步的修改。

三、研究结果

(一)青少年网吧使用状况

在今天，网吧已经成为许多青少年接触网络世界、感受信息时代的重要途径。为了更好地了解青少年的网吧意识，我们先简要讨论一下青少年的网吧使用状况。因为从理论上讲，青少年的网吧意识，与其网吧使用经验有着密切的关联。

1. 青少年网吧使用频率与时间

首先，我们以最近三个月为界限，考察了青少年使用网吧的频率。在本研究实际回收的1619份有效问卷中，在最近三个月没有使用过网吧的有344人，占21.2%，使用过网吧的有1275人，占78.8%。在这1275人中，在最近三个月中，平均每周使用网吧1次的有574人，占45.0%，平均每周使用2次的有327人，占25.6%，平均每周使用3次的有225人，占17.6%，平均每周使用4次的有79人，占6.2%，平均每周使用5次的有27人，占2.1%，平均每周使用6次以上的有43人，占3.4%。因为我们的实地调查工作是在10月中旬开始进行的，并且询问的是青少年在最近三个月的网络使用状况，考虑到暑假和"十一"长假期间在校青少年可能会比平时更频繁地使用网吧，因此我们接着询问了青少年是否只在节假日才会去网吧上网。结果显示，回答没有确定的时间，不论平时或节假日,只要有空就会去网吧的青少年最多,共 651 人,占 50.2%,其次是只在节假日使用网吧,有 598 人,占 46.1%,而只在平时去网吧而节假日不去的青少年最少,只有 48 人,占 3.7%。由此可见,虽然有 46.1% 的青少年只在节假日才使用网吧,即节假日青少年使用网吧的比例的确比平时更高,但对于另外 50.2% 使用网吧上网的青少年来说,去网吧上网显然已经不只是一种仅限于节假日才有的常态行为了。

在网吧使用时间上,我们借助每次使用网吧延续时间、使用网吧的时间段、是否有过通宵使用网吧的经历三个指标,对青少年的网吧使用时间进行了具体的分析。结果显示,青少年在一般情况下,每次使用网吧的时间长度以 2 小时为最多,共有 559 人,占 44.3%,然后依次 3 小时 275 人,占 21.8%,1 小时 226 人,占 17.9%,4 小时 93 人,占 7.4%,5 小时 53 人,占 4.2%,6 小时 31 人,占 2.5%,7 小时及以上 26 人,占 2.1%。而青少年在一天中使用网吧的时间段,以上午为主的 105 人,占 8.3%,以中午为主的 150 人,占 11.8%,以下午为主的 660 人,占 52.1%,以下午放学后为主的 137 人,占 10.8%,以晚上八九点以后为主的有 206 人,占 16.2%,没有确定时间的 8 人,占 0.6%。

青少年通宵在网吧上网一直是备受人们关注的问题。在受访青少年中,有差不多将近一半即 48.7% 在最近三个月有通宵使用网吧的经历,与没有通宵使用网吧经历的青少年的人数(占 51.3%)几乎相当。

2. 青少年网吧使用程度

为了对青少年的网吧使用程度有一个基本的了解,我们建构了一个新的变量"网吧使用程度",以检测青少年的网吧介入程度。

首先,我们将网络使用者依最近三个月是否使用过网吧,区分为网吧使用者和非使用者两个群体,其中使用者 1275 人,占 78.8%;非使用者 344 人,占 21.2%。然后,运用非层次聚类法(Nonhierarchical cluster Method)中的逐步聚类分析(K-mean cluster analysis),将 1275 位网吧使用者,依据最近三个月"去网吧的频率""每次去网吧延续的时间"两个变量进行聚类,将网吧使用者区分为网吧介入程度低、中、高三类群体。分析初始不预设中心值,由随机选取方式产生中心点,经计算各样本数值与中心点最小距离后再做调整,重复迭代直至各类样本不再变更为止。由于采用两个变量进行聚类,因此聚类时若样本个案有一个变量为缺省值,则剔除该个案,由此聚类后得到的样本共计1263份,其中730人网吧使用程度为低,占57.8%,390人使用程度中,占30.9%,143人使用程度高,占11.3%。具体观察聚类结果,网吧使用程度低的青少年,最近三个月使用网吧的频率为平均每周1次,每次使用时间平均2.1小时(sd:0.875);网吧使用程度中的青少年,最近三个月使用网吧的频率为平均每周3次,平均每次使用时间为3.5小时(sd:0.731);而网吧使用程度高的青少年,最近三个月使用网吧的频率为平均每周4次,平均每次使用时间6小时(sd:1.064)。可以看出,网吧使用程度高的青少年每次使用网吧延续的时间,远远高于网吧使用程度低和中的青少年,但在使用网吧频率上,网吧使用程度中与高两个群体间并没有明显的差别。

(二)青少年网吧意识的结构

本研究的主要目的,是编制能反映我国青少年网民网吧意识的测量量表。基于前期的文献探讨和对青少年网民的访谈,我们采用李克特五点尺度量表,用35题询问了被访者的网吧意识。根据被访青少年的回答,我们大致可以得出以下结论:(1)有相当一部分青少年对网吧场域有着较高程度的认同。虽然社会、学校、媒体和家长对网吧多有指责,但不少青少年却把网吧视为一个正当的休闲娱乐场所(49.3%)。有59.1%的青少年认为常去网吧上网并不是一件坏事,57.2%的青少年上网吧的主要原因是因为网吧的电脑配置好,51.4%觉得自己在网吧学到了很多新东西,31.0%强调网吧对青少年的影响主要是正面的。(2)青少年对于网吧给自己带来的乐趣和情感满足,有着较高程度的肯定。这些乐趣和情感满足,主要来自于网吧空间的情景特征,以及玩网络游戏、与他人交往互动等网吧的关系性或者说情感性使用行为。一方面,网吧空间所特有的虚拟与现实、个人空间与公共空间二元交织的场景特征,使青少年能够享受到虚拟实境的自由感和参与感。有57.2%的青少年在无聊时会借助网吧打发时间,50.8%的青少年感觉在网吧能让自己心情放松,49.5%的青少年认为网吧能让自己忘却生活中的烦恼,46.5%强调网吧可以让自己不受父母干扰尽情地娱乐,46.4%认为网吧是一个消除寂寞的好地方。另外有37.8%的青少年觉得网吧能让自己快速地进入一个快乐的世界,28.6%觉得网吧有一种能让人浑然忘我的气氛。另一方面,在网吧场域中进行的网络游戏、交往互动等社会行为,也带给青少年不少的互动乐趣和成就、情感满足。有42.4%的青少年表示很喜欢在网吧和别人联机玩游戏的感觉,39.3%的青少年能从网吧的游戏战绩中获得成就感,34.7%曾经从网吧游戏中享受到由控制带来的快感,甚至有27.3%青少年强调在网吧玩游戏带给自己的满足感超过做其他任何事情。另外,分别有58.6%和47.8%的青少年喜欢和朋友一起到网吧上网娱乐,以及与很多人一起在网吧玩游戏的感觉。由此可见,青少年在相当程度上将网吧视为一个打发时间、与他人互动、消除寂寞、放松心情的消遣娱乐场所。(3)与网吧意识的其他维度比较而言,青少年对网吧场域存在的各种社会问题及其可能引发的不良后果,认知程度较高。有84.7%的青少年认为长时间使用网吧不利于身体健康,84.6%认为网吧会引发青少年逃学,从而影响学习,78.7%认为网吧会导致青少年沉溺于网络游戏,73.6%认为网吧会导致青少年沉溺于网上聊天,72.5%认为网吧使青少年的网络行为得不到有效监督,71.8%认为网吧使青少年容易接触成人网站等不良内容,65.6%认为网吧容易引发青少年聚众闹事,60.3%认为在网吧容易结交坏朋友。

　　为了简化测量指标和量表结构,我们对量表进行了因子分析。我们运用KMO(Kaiser-Meyer-Olkin Measure of Sampling Adequacy)检验和Bartlett's球状检验(Bartlett's Test of Sphericity)验证了对量表进行因子分析的恰当性。结果发现,KMO值为0.945,Bartlett's球状检验的卡方值为17037.279,在0.000(Sig. =0.000)水平上统计检验显著,说明所有指标适合进行因子分析。因此将所有题项均采纳,进入后续的因子分析。因子分析采用主成分分析作为抽取因子的方法,以特征值大于1作为选择因子的标准,采用正交旋转法中的最大方差旋转法作为旋转方法,以降低因子的复杂性。第一步因子分析的结果,共析出6个因子,6个因子的累积方差贡献率为59.095%。由于“到网吧上网或玩游戏比在家里更有趣”“到网吧上网让我学到许多新东西”“一想到要去网吧我就很兴奋”“我喜欢在网吧中结识新朋友”“我觉得没有去过网吧是很落伍的事情”“网吧的环境有一种让人浑然忘我的气氛”“我觉得网吧对青少年的影响主要是正面的”7个题项的因子负荷小于0.5,共同度也低于

0.4,因此将这 7 个题项予以剔除。然后再将剩余题项,进行二次因子分析,因子分析结果共析出特征值大于 1 的因子 5 个,涉及 28 个题项,5 个因子的方差贡献率分别为 15.127％、14.678％、14.577％、8.948％、7.220％,累积方差贡献率为 60.549％,达到了因子分析的要求(见表 1)。

表 1　青少年网吧意识因子负荷矩阵

	因子 1	因子 2	因子 3	因子 4	因子 5
如果不去网吧,我没有什么其他事情可做	0.802	0.188	0.169	−0.013	−0.012
如果可能,我会花更多的时间去网吧	0.779	0.178	0.138	0.047	0.059
我曾经为了去网吧逃学或请假	0.759	0.027	0.187	−0.067	0.089
如果没有事,我想一整天都待在网吧	0.716	0.297	0.165	0.071	0.013
不去网吧让我觉得和同学无话可说	0.600	0.201	0.277	−0.048	0.096
去网吧已成为我日常生活的一部分	0.569	0.180	0.165	0.356	0.178
我有许多朋友是在网吧认识的	0.514	0.195	0.470	−0.078	0.123
网吧是我消除寂寞的好地方	0.188	0.683	0.207	0.026	0.276
当我有烦恼时,网吧是我首先想去的地方	0.319	0.694	0.152	−0.024	0.222
网吧能让我暂时忘却生活中的烦恼	0.166	0.794	0.152	0.096	0.062
网吧能让我快速进入一个快乐的世界	0.245	0.735	0.266	0.034	0.120
无聊时去网吧可以帮我打发时间	0.100	0.621	0.193	0.196	0.012
网吧能让我不受别人干扰,尽情娱乐	0.193	0.621	0.246	0.178	0.126
网吧让我心情放松	0.065	0.623	0.336	0.232	0.060
我从网吧的游戏战绩中获得成就感	0.253	0.242	0.682	0.025	0.132
在网吧玩游戏获得的满足超过做其他事情	0.428	0.270	0.624	−0.046	0.139
我喜欢在网吧和别人玩联机游戏的感觉	0.171	0.176	0.766	0.091	0.128
在网吧玩游戏让我享受到控制带来的快感	0.305	0.276	0.682	0.028	0.126
我喜欢和朋友一起到网吧娱乐	−0.002	0.290	0.592	0.344	−0.021
我喜欢很多人一起去网吧玩游戏的感觉	0.111	0.183	0.739	0.175	0.072
我喜欢和朋友谈论有关网吧的话题	0.346	0.191	0.593	0.039	0.103
我认为网吧是一个正当的休闲娱乐场所	0.217	0.178	0.202	0.606	0.154
我觉得常去网吧并不是一件坏事	0.125	0.184	0.157	0.690	0.134
我认为自己能控制使用网吧的时间	−0.262	0.074	0.059	0.729	0.049
去网吧不会影响我的学业和工作	−0.019	0.022	−0.063	0.776	0.113
电脑配置好是吸引我去网吧的主要原因	0.137	0.071	0.142	0.102	0.777
网吧宽带让我节省时间、快速使用网络	−0.026	0.146	0.137	0.250	0.763
网吧便宜的收费使我不必购买昂贵的电脑	0.138	0.269	0.094	0.094	0.681
旋转后特征值	4.235	4.110	4.082	2.505	2.021
方差贡献率(％)	15.127	14.678	14.577	8.948	7.220
累积方差贡献率(％)	15.127	29.804	44.382	53.330	60.549

在此基础上,我们通过分析各因子题项间的 Cronbach's α 系数,进一步对 5 个因子进行了信度检验。[①] 得到各因子 Cronbach's α 系数依次为:0.7616、0.8452、0.9458、0.7320、0.9096,总 Cronbach's α 系数为 0.9140。农纳利建议,Cronbach's α 的系数至少应大于或等于 0.70 才是可以接受的范围,不过,对于那些探索性研究,Cronbach's α 系数在 0.50～0.60 之间就已经足够了;[②]而德威利斯(R. F. Devellis)认为,Cronbach's α 系数的最低可接受程度应该在 0.65～0.70 之间,低于 0.60 则不能接受;[③]沃泽尔则认为,Cronbach's α 系数介于或等于 0.70～0.98 之间,均属于高信度,若低于 0.35 则应拒绝使用。[④] 从信度分析的结果可以看出,5 个因子的 Cronbach's α 信度系数在 0.73～0.95 之间,总 Cronbach's α 系数为 0.9140,作为一项探索性研究,我们认为量表具有较高的可接受信度,符合农纳利、德威利斯和沃泽尔的建议。同时,量表包含的 5 个因子结构清晰,因子内所包含的项目在相应因子上的负荷均达到 0.5 以上,说明量表的结构效度良好。

最后,我们根据每个因子的共性,分别为 5 个因子命名。命名因子 1 为沉迷倾向因子,包含 7 个题项,描述网吧在受访青少年日常生活中的重要程度,也在一定程度上反映了青少年的网吧沉溺程度。因子 2 为情感满足因子,也包含 7 个题项,主要描述网吧带给青少年的情感满足,从调查数据可以看出,网吧已在一定程度上具有让青少年忘却学习与生活中的烦恼、消除寂寞、放松心情的作用。因子 3 为成就满足因子,包含 7 个题项,主要描述网吧游戏给青少年带来的满足感,以及与同伴一起在网吧参与游戏所体验到的快感。因子 4 为正面形象因子,包含 4 个题项,主要描述青少年对网吧及其社会影响的正面认识。因子 5 为硬件环境因子,包含 3 个题项,描述青少年对网吧的硬件及环境的认同程度。这 5 个

---

① L. J. Cronbach. Coefficient Alpha and the Internal Structure of Tests. Psychometrica,1951(16).

② J. C. Nunnally. Psychometric Theory. New York:McGraw-Hill,1978.

③ 罗伯特・F. 德威利斯:《量表编制:理论与应用》,魏勇刚等译,重庆大学出版社 2004 年版。

④ R. Wortzel. New Life Style Determinants of Women's Food Shopping Behavior. Journal of Marketing,1979(43).

因子,大致概括了青少年"网吧沉溺""网络游戏""人际交往"及"休闲娱乐"等网吧使用行为的基本面向,基本上能够反映使用网吧的青少年对网吧及网吧对自己的日常学习生活影响的看法,或者说,基本上呈现了青少年视野中的网吧形象。

(三)青少年网吧意识的性别、教育程度、地域与网吧使用程度差异

为了进一步了解和比较不同社会背景下的青少年的网吧意识是否存在差别,我们进一步分析比较了青少年网吧意识的性别、教育程度、地域与网吧使用程度差异。

1. 青少年网吧意识的性别差异

表 2 呈现的是青少年网吧意识的性别差异。t 检验显示,青少年在"沉迷倾向""成就满足"和"正面形象"三个因子上的网吧意识,存在着显著的性别差异。男生的网吧沉迷倾向和成就满足意识均值均高于女生,显示男生比较能够从网吧游戏中获得快感和成就感,对网吧的依赖和迷恋程度也高于女生。相比较而言,女生在网吧的正面形象因子上的得分均值高于男生,意味着女生更倾向于给予网吧正面的评价。

表 2　青少年网吧意识的性别差异

	性别	均值	标准差	t
沉迷倾向	男	0.10969	1.04138	4.501***
	女	−0.16416	0.91141	
情感满足	男	0.03862	1.01561	1.572
	女	−0.05780	0.97443	
成就满足	男	0.27160	0.91385	11.711***
	女	−0.40649	0.98636	
正面形象	男	−0.06942	0.95362	−2.833*
	女	0.10389	1.05825	
硬件环境	男	0.00965	0.94421	0.393
	女	−0.01444	1.07904	

* $P<0.05$,** $P<0.01$,*** $P<0.001$。

2. 青少年网吧意识的教育程度差异

表3呈现的是青少年网吧意识的教育程度差异。F检验显示,受教育程度不同的青少年,在网吧"成就满足""正面形象""硬件环境"因子上的意识存在着显著差异。教育程度越高,"成就满足"意识均值也越高,而这种成就满足,主要来自玩网络游戏。在"正面形象"意识上,初中生给予网吧的正面评价最高,高中生最低。而在"硬件环境"意识上,以大学生的均值最高。

表3　青少年网吧意识的教育程度差异

	教育程度	均值	标准差	F
沉迷倾向	初中	0.00997	1.09781	1.906
	高中	−0.06932	1.00810	
	大学	0.06613	0.91491	
情感满足	初中	0.29414	0.92844	1.349
	高中	0.07938	1.03238	
	大学	−0.04475	1.00683	
成就满足	初中	0.08869	0.98037	30.102***
	高中	0.27573	0.97326	
	大学	0.28411	0.96984	
正面形象	初中	0.30401	1.03449	20.043***
	高中	0.02678	1.05947	
	大学	0.18338	0.85395	
硬件环境	初中	−0.12164	1.02344	5.512*
	高中	−0.03970	1.05204	
	大学	0.12304	0.91056	

* $P<0.05$, ** $P<0.01$, *** $P<0.001$。

3. 青少年网吧意识的城市差异

表4呈现的是青少年网吧意识的城市差异。对不同规模城市青少年网吧意识的t检验显示,青少年的网吧意识,不存在明显的城市差异。

表 4　青少年网吧意识的城市差异

	城市规模	均值	标准差	t
沉迷倾向	小城市	0.08595	1.02258	2.705
	大城市	−0.08815	0.96933	
情感满足	小城市	−0.00217	0.99512	0.073
	大城市	0.00223	1.00587	
成就满足	小城市	0.01430	0.96605	−0.482
	大城市	−0.01467	1.03434	
正面形象	小城市	−.05626	1.01032	−1.897
	大城市	0.05771	0.98689	
硬件环境	小城市	−.04243	1.01603	−1.430
	大城市	0.04351	0.98231	

* $P<0.05$,** $P<0.01$,*** $P<0.001$。

4. 青少年网吧意识的地区差异

表 5 呈现的是青少年网吧意识的地区差异。F 检验显示,不同地区青少年在网吧"沉迷倾向""正面形象""硬件环境"三个因子上的网吧意识,存在着显著差异。在所有三个因子上,甘肃青少年的得分最高。

表 5　青少年网吧意识的地区差异

	省份	均值	标准差	F
沉迷倾向	甘肃	0.12615	0.91765	4.893*
	湖南	0.04690	1.05628	
	浙江	0.09683	1.00309	
情感满足	甘肃	0.03468	1.07513	2.424
	湖南	0.04258	0.99644	
	浙江	−0.11207	0.88984	
成就满足	甘肃	0.04719	1.00135	1.517
	湖南	0.01563	1.00063	
	浙江	−.08733	0.99522	

续表

	省份	均值	标准差	F
正面形象	甘肃	0.11890	1.00824	8.569***
	湖南	0.02537	0.97210	
	浙江	−0.19845	1.00508	
硬件环境	甘肃	0.13662	0.96704	6.015**
	湖南	−0.10248	1.02693	
	浙江	−0.02527	0.98380	

* $P<0.05$,** $P<0.01$, *** $P<0.001$。

5. 青少年网吧意识的网吧使用程度差异

为了了解网吧使用程度不同的青少年的网吧意识是否存在差异,我们进一步分析了青少年网吧意识的网吧使用程度差异(见表6)。F检验结果表明,网吧使用程度不同的青少年,在"沉迷倾向""情感满足""成就满足""硬件环境"因子上的网吧意识存在着显著差异,网吧使用程度越高,在这几项上的均值也越高,意味着网吧使用程度越高,对网吧的迷恋程度越高,获得的情感满足与成就满足也越多,同时对网吧硬件环境的认同程度也越高。这说明,在网吧使用程度与青少年在网吧空间获得情感和成就满足之间,存在着正相关,因而网吧使用程度越高的青少年,对网吧的认同程度也越高,也越容易引发网吧沉迷问题。

表6   青少年网吧意识的网吧使用程度差异

	使用程度	均值	标准差	F
沉迷倾向	低	−0.16168	0.93919	26.838***
	中	0.25143	0.98106	
	高	0.36961	1.03544	
情感满足	低	−0.09739	0.98054	14.953***
	中	0.24270	0.97933	
	高	0.27813	1.00095	

	使用程度	均值	标准差	F
成就满足	低	−0.11051	0.99568	18.530***
	中	0.18608	0.90882	
	高	0.38082	0.96181	
正面形象	低	0.01468	1.00228	1.321
	中	0.11359	0.91700	
	高	−0.05004	0.97012	
硬件环境	低	−0.03848	1.02918	4.455*
	中	0.00096	0.96201	
	高	0.23756	0.81331	

* $P<0.05$, ** $P<0.01$, *** $P<0.001$。

四、结论与讨论

基于本研究对青少年网吧使用状况与网吧意识的研究,我们大致可以得出以下几点结论:

首先,以最近三个月使用网吧的情况来看,有 78.8％的青少年或多或少地使用过网吧,可见网吧对今天的青少年来说,已经是其日常生活的重要内容。按中国互联网络信息中心第 15 次《中国互联网络发展状况统计报告》[①]的调查数据,截至 2004 年年底,我国 24 岁以下的青少年网民约有 4859.8 万,占所有网民人数的 51.7％;职业为学生的网民约 3045 万,占所有网民人数的 32.4％(按 2002 年人口抽样调查得出的估计数,当年我国 15～24 岁的青少年人口总数为 18410.9 万)。若按 78.8％的比例计算这两类群体的网吧使用状况,将是一个相当庞大的数字(需要说明的是,在此次研究中,有 263 个样本来自网吧,因此,事实上这种推论并不成立。我们在这里仍这样叙述,只是想指出问题可能具有的严重程度)。如果再结合网吧使用频率和使用时间来看,有相当一部分青少年有着较高的网吧介入程度,而且存在为了去网吧而逃学的现象(有

---

① CNNIC:《中国互联网络发展状况统计报告》(2005),http://www.cnnic.cn。

16.8％即 272 名学生对"我曾经为了去网吧逃学或请假"作了肯定的回答)。因此,如何引导青少年合理使用网吧,避免因为高频率或长时间使用网吧而引发网吧沉迷,从而造成对青少年的身心伤害,在今天已经是一个需要我们加以高度重视的问题。

其次,通过对青少年网吧意识的分析,本研究建构了包括"沉迷倾向""情感满足""成就满足""正面形象"和"硬件环境"5 个因子的青少年网吧意识量表。经过检验,显示该量表具有一定的信度与效度。这一量表不仅大体上概括了青少年在网吧场域从事的主要行为类型,如"网吧沉迷""网络游戏""人际交往"及"休闲娱乐"等,而且较好地反映了青少年对网吧的场域特征的感受,因此可以帮助我们更好地理解为什么网吧会对青少年有这么大的吸引力,为什么会有相当数量的青少年沉迷网吧。对于许多青少年来说,网吧作为重要的上网场所,其象征的已远不只是一个物理地点,而是一个能快速通向虚拟世界的通道。对于许多沉迷网吧的青少年来说,网吧指向的,更是一个颠覆、解放的世界,是一个能让他们逃避现实世界,重新塑造自我的空间场域。真实和虚拟在其中相互渗透、相互指涉、相互交织,想象、真实与虚构相互聚合成为一个虚实交织、公私交织的世界,青少年因此而在网吧场域实现了许多梦想,①获得了许多情感与成就的满足。

再次,本研究发现,性别是影响青少年网吧意识的一个重要因素。男生在"沉迷倾向"与"成就满足"因子上的得分明显高于女生,而女生只有在网吧"正面形象"因子一项上得分高于男生。这意味着,男生较多在网吧中玩在线游戏,并且更能感受到网吧游戏所带来的成就感与满足感,男生也比女生更喜欢与同伴一起去网吧或者谈论有关网吧的事情。同时,男生对网吧的沉迷程度也明显高于女生,许多男生只要没有事情做就会想到去网吧,并且强调使用网吧已经成为自己日常生活中的一件重要事情,无法做到长时间不去网吧。不过有意思的是,较少使用网吧的女生在网吧"正面形象"因子上的得分却明显高于男生,这其中包含的意义,值得我们进一步思考。研究还发现,青少年的教育程度也是影响网吧意识的一个重要因素。受教育程度不同的青少年,在"成就满足"

---

① 黄少华、翟本瑞:《网络社会学:学科定位与议题》,中国社会科学出版社 2006 年版。

"正面形象""硬件环境"三个因子上的得分均存在显著差异,教育程度越高,"成就满足"因子得分越高,而在网吧"正面形象"因子上,则初中生得分最高,"硬件环境"因子大学生得分最高。相对而言,地域因素对青少年网吧意识的影响并不显著。

最后,研究还发现,网吧使用程度不同的青少年,在网吧"沉迷倾向""情感满足""成就满足""硬件环境"因子上的得分,均存在着显著差异,而且网吧使用程度越高,在这几项上的均值也越高。这意味着,在网吧使用程度与网吧意识之间,存在着明显的正相关。或者说,网吧使用程度越高的青少年,网吧沉迷倾向也越明显,使用网吧获得的情感满足与成就满足也越多,对网吧的硬件环境也越认同。因此,适当控制青少年的网吧使用频率与网吧使用时间,对于预防青少年网吧沉溺等偏差行为的产生,是一种有效的控制手段。同时,强化对网吧的社会监控,使其成为一个更适合青少年身心发展的网络使用场域,对于青少年的健康成长,也具有重要的意义。

青少年网络成瘾影响因素分析[*]

一、研究背景

成瘾是现代社会生活中一个重要的社会问题。吉登斯从社会学视角分析了成瘾的基本特征，包括高峰体验、自我沉醉、个人平常生活和行为的暂停、暂时放弃日常生活的自我认同、丧失的自我感被羞愧感和悔恨感所代替、作为一种特别经验在其发作时其他东西都无济于事、解脱或束缚得更紧等。①互联网的诞生和蓬勃发展，对青少年的生活和学习有着许多正面、积极的意义，但同时，也带来了一系列值得深入研究的新社会问题，②这些问题给青少年的学习、生活和交往活动带来了新的风险。网络成瘾便是其中引人注目的社会问题之一。迄今为止，学界从心理学、病理学、教育学、社会学等视角，对网络成瘾作了大量的理论探讨和实证研究。

从研究内容来看，有关网络成瘾的概念界定和诊断标准，是网络成瘾研究的重要内容之一。1994 年，美国精神病医生 Ivan Goldberg 依据

---

　* 　原载《兰州大学学报》（社会科学版）2011 年第 5 期，与沈冯娟合作。

　① 　A. 吉登斯：《亲密关系的变革：现代社会中的性、爱和爱欲》，陈永国等译，社会科学文献出版社 2001 年版，第 96—98 页。

　② 　童星、严新明：《社会问题研究》，《新世纪中国社会学：十五回顾与十一五瞻望》，中国人民大学出版社 2006 年版，第 367—388 页。

美国精神病学会《精神疾病诊断与统计手册》第 4 版(DSM-IV)中关于药物依赖的判断标准,宣布发现了一种新的心理障碍,并把它命名为"网络成瘾障碍"(Internet Addiction Disorder,IAD),以此来解释一种影响到网络成瘾者日常生活的失控行为,如牺牲睡眠时间、耽误工作或忽视人际关系等。[①] 1996 年,Kimberly S. Young 依据该手册中关于病理性赌博(Pathological Gambling Disorder)的判断标准,又发展出"病理性互联网使用"(Pathological Internet use,PIU)的概念,将其看作是一种"无成瘾物质作用下的冲动控制障碍"(impulse-control disorder involving no intoxicant)。[②] 目前常用的术语还有"网络成瘾"(Internet Addiction,IA)、"网络依赖"(Internet Dependency,ID)、"网络行为依赖"(Internet Behavior Dependence,IBD)、"在线成瘾"(Online Addiction,OA)等等。但这些概念的内涵基本相同,就是指由重复使用网络所导致的一种慢性或周期性的着迷状态,并带来难以抗拒的重复使用欲望;同时还会产生想要增加使用时间的张力与耐受性、克制、退瘾等现象,对于上网所带来的快感会产生心理与生理上的依赖。[③] 因此,凡是过度使用、误用或滥用网络,导致个人社交与身心健康受到影响的网络行为,即属于网络成瘾行为。Young 还依据病理性赌博的具体诊断标准,建构了诊断网络成瘾的具体指标,[④]包括:是否着迷于网络活动,下线后仍然想着上网的情景或期待下一次上网? 想控制、减少或停止使用互联网的努力是否一再失败? 为了达到满意,是否感觉需要延长上网时间? 减少或停止使用互联网的时候,是否感觉沮丧或烦躁不安? 花在网上的时间是否总比预期的要长? 是否因为使用互联网而使自己的人际关系、工作、教育或就业机会受到了影响? 是否对家人、治疗医生或其他人隐瞒了自己对互联网的着迷程度? 是否将上网当作一种逃避问题或释放焦虑不安情绪(如无

---

① I. Goldberg. Internet Addiction Disorder. http://www. physics. wisc. edu/～shaizi～internet_addiction_criteria. html.

② K. S. Young. Internet Addiction:The Emergence of a New Clinical Disorder. Toronto:104th Annual Meeting of the American Psychological Association,1996.

③ 周荣、周倩:《网络上瘾现象、网络使用行为与传播快感经验之相关性初探》,《中华传播学会 1997 年学刊》,台湾"中华传播学会",1997 年。

④ K. S. Young. Internet Addiction:Evaluation and Treatment. Student BMJ. 1999(7):8-9.

助、内疚、焦虑、沮丧)的方式? 如果被调查者对这些问题的肯定回答达到或超过五个,便可以诊断为网络成瘾者,反之则是非网络成瘾者。Young 的网络成瘾诊断指标提出后,得到了广泛的认同和借鉴。在有些实证研究中,学者还根据具体研究需要,引入不同的视角,对此诊断指标略作修改。如 Suler 认为,网络成瘾的临床症状是:为了有更多时间上网而明显改变生活形态,减少一般身体运动,忽视个人健康,为了上网而减少睡眠等重要的生命活动,因为上网导致社交减少从而造成朋友关系疏远,因为上网忽视了家庭及朋友,忽略了职业及个人义务。[①]

　　青少年网络成瘾的原因也是学界关注的主要问题。对此的研究,主要集中在网络空间特性、青少年自身的特点,以及家庭、学校和社会因素的影响等几个方面。[②] 比较一致的看法是认为网络空间的多媒体、匿名、互动和逃避现实性(escape)特点,是导致青少年网络成瘾的重要因素;而青少年对新事物敏感且容易接受,努力寻求自我认同并付诸实施,好奇心强,渴望友谊和交流,但自制力相对较弱的自身特征,使他们面对丰富多彩的网络世界时,很容易通过网络游戏获得自我实现的成就感,通过网上聊天找到倾诉的对象,当他们在这个神奇的虚拟世界获得在现实生活中无法得到的快乐和满足后,自然希望能够不断重复这种快乐和满足,从而导致网络成瘾;从社会因素来看,媒体不恰当的引导和网吧管理的薄弱和混乱,也是导致青少年网络成瘾发生的重要原因。但是,综观国内学界对青少年网络成瘾影响因素的相关研究,一个明显的不足是多停留在理论分析与概念辨析上,而缺乏以实证研究(尤其是量化研究)为基础的理论梳理,因而对网络成瘾的影响因素的考察,从整体上看仍显得较为单薄。有鉴于此,本研究尝试在对青少年网络成瘾的基本状况进行量化分析的基础上,借助回归分析,对青少年网络成瘾的影响因素进

---

① J. Suler. Computer and Cyberspace Addiction. http://www. rider. edu/users/suler/psycyber /cybaddict. html,1998.

② K. S. Young. Internet Addiction:Evaluation and Treatment. Student BMJ,1999(7);蔡珮:《复合媒介的成瘾现象探讨》,《资讯社会研究》2005 年第 8 期;龙菲:《青少年上网成瘾的原因浅探》,《青少年犯罪问题》2003 年第 1 期;彭淑芸、饶培伦、杨锦洲:《网络沉迷要素关联性模型之建构与分析》,《台湾师大学报》(人文与社会类)2004 年第 2 期;彭阳:《青少年网络成瘾的形成原因及预防对策》,《零陵学院学报》2003 年第 1 期;程亮:《青少年网络成瘾的心理机制及其矫治》,《当代教育科学》2003 年第 25 期。

行初步的梳理与分析。

二、数据与变量

(一)数据

本研究的数据来自"青少年网络行为研究"课题组于 2004 年 10—11 月在浙江、湖南和甘肃三省进行的问卷调查。此次调查的对象为年龄在 13～24 岁的城市青少年。调查采用多阶段抽样方法,先按社会经济发展水平、人文发展指数(Human Development Index,HDI)和互联网普及程度,将我国区分为东部、中部和西部三个地区,并按照简单随机原则分别从每一地区抽取省会城市一座,分别为杭州、长沙和兰州,然后再按照同样原则分别从这三个城市所在的省份,抽取地级城市各一座,分别为舟山、岳阳和天水。接下来的抽样分为两部分:一部分在每个抽取的城市中,按照分层抽样方法分别抽取大学、高中、初中各 3 所(如果所在城市大学不足 3 所,则抽取所有大学;初中和高中的抽样框仅限于城区学校),再按照简单随机原则在每所抽中的学校抽取 32 人(如果所在城市大学不足 3 所,则以样本总数 96 人相应分配每所学校的样本数)。另一部分则按照简单随机原则,在每个抽中的城市抽取 2 个街道,每个街道抽取 5 个网吧,再从每个抽中的网吧抽取符合样本要求(13～24 岁)的样本 5 份。为避免与学校样本重叠,在编码时若发现网吧样本来自我们抽取学校样本的学校,则剔除该样本。调查采用抽取受访者后集中填答(学校样本)或个别访问(网吧样本)的资料收集方式,以便在受访者遇到问题时,能给予指导和帮助,以提高问卷的填答质量。调查共获得有效样本 1546 个。

(二)因变量

1. 青少年网络成瘾规模

Kimberly S. Young 把网络成瘾界定为一种因过度使用网络,而对网络产生心理依赖的自我控制失常行为。Griffiths 也认为,网络成瘾是一种与电脑成瘾、游戏成瘾、电视成瘾等类似的科技性成瘾,即一种不涉及药物依赖,而是因为人机互动而导致的行为性成瘾。[1] 换言之,凡是过度使用、误用或滥用网络,导致个体社会交往与身心健康受到影响的网络行为,即属于网络成瘾行为。为了对青少年的网络成瘾有一个定性判断,我们以 Young 诊断网络成瘾的八个指标作为评判标准,通过对青少年在这八个指标上的回答进行赋值(赋值方法为"是＝1,否＝0",其理论取值范围为[0,8]),将每个个案在这八项上的得分相加,获得其"网络成瘾得分"。然后,根据被访者的网络成瘾得分,将他们区分为两组,得分等于及大于 5 分的样本为一组,属于"网络成瘾群体",而其他样本则为"非网络成瘾群体",从而将所有青少年网民区分为网络成瘾和非网络成瘾两个群体。结果显示,在所有 1546 个有效样本中,网络成瘾者为 158人,占 10.2%。

2. 青少年网络成瘾倾向

为了对所有被访青少年网民的网络成瘾倾向进行更进一步的量化测量,我们尝试在 Young 提出的网络成瘾测量指标基础上,从青少年网络使用行为特征、网络使用对现实生活的影响这两个基本维度(具体包括网络耐受性、网络使用时间控制能力、强迫性网络使用、网络戒断症状、网络使用所造成的人际关系问题和健康问题等内容)入手,建构一组用于测量青少年网络成瘾倾向的指标,并在此基础上运用因子分析方法,对项目进行检查和筛选,将其简化为几个基本因子。

在问卷中,我们从青少年的网络使用行为特征,以及网络使用对青少年现实生活世界中的学习、交往、健康的影响这两个基本维度入手,设计了一组题项,对青少年网民的网络成瘾倾向进行测量。该组题项的频数和频率统计结果见表 1。

表 1　青少年网络成瘾倾向(N＝1546)

	频数	频率(%)
上网让我忘掉了生活和学习中的烦恼	708	45.8
花在网上的时间总比预期的要长	613	39.7

---

[1]　M. Griffiths. Does Internet and Computer "Addiction" Exist? Some Case Study Evidence. CyberPsychology & Behavior,2000(2):211-218.

续表

	频数	频率(%)
因为上网学习成绩变得越来越差	396	25.6
家人或朋友抱怨自己上网时间太长	382	24.7
经常因为上网导致缺钱花	379	24.5
全神贯注于网络活动,下线后仍想着网上的事情	370	23.9
因为上网睡眠休息时间大幅度减少	348	22.5
多次尝试减少上网时间,但总是失败	302	19.5
上网时总想不停地聊天,无法自制	280	18.1
不在线时,总是想着尽快回到网上聊天	280	18.1
向家人和朋友说谎,隐瞒自己对网络的着迷程度	279	18.0
需要花越来越多的时间在网上才能得到满足	262	16.9
因上网导致学习成绩或效率下降,仍经常上网	255	16.5
回家后想做的第一件事就是上网	229	14.8
减少或停止使用网络时,会觉得沮丧和烦躁不安	229	14.8
经常因为上网与父母发生争吵	207	13.4
上网影响了我与家人和朋友的关系	192	12.4
长时间待在网吧不回家	180	11.6
因为上网而与现实中的朋友疏远	168	10.9
当我停止聊天时,会变得烦躁或心神不宁	139	9.0
离家出走与网友见面	96	6.2

在这些网络成瘾倾向测量项目上,有的项目发生程度较高,如"上网使我忘掉了生活和学习中的烦恼",共有708位青少年作了肯定回答,占被访对象的45.8%,其他如对"花在网上的时间总比预期的要长""因为上网学习成绩变得越来越差"等题项作出肯定回答的比例也较高,而有的项目发生程度则较低,如"当我停止聊天时,会变得烦躁或心神不宁""离家出走与网友见面",肯定回答频率均在10%以下。

为了简化测量项目,我们采用主成分分析法作为抽取因子的方法,对上述21个测量指标进行了因子分析。在进行因子分析之前,我们先计算出相关矩阵,以观测这些指标之间的内部结构和相关关系,并对相关矩阵进行检验。经计算发现,这 21 个指标存在着较强的相关关系,其 KMO 值为 0.933,Bartlett's 球状检验的卡方值为 8372.313,自由度(df) 为 210,在 0.000(Sig.＝0.000)水平上统计检验显著,表明这些项目适合 进行因子分析。因此将所有题项均采纳,进入后续的因子分析。在因子 分析中,我们以特征值大于 1 作为选择因子的标准,采用正交旋转法中的 最大方差旋转法作为转轴方法,以降低因子的复杂性。第一步因子分析 的结果,共析出四个因子,四个因子的累积方差贡献率为 45.821％。根 据旋转后各题项的因子负载量和共同度,我们逐步剔除了因子负载量小 于 0.5 的题项。然后将剩余的 10 个题项进行再次因子分析,这 10 个题 项最终被简化为表征网络成瘾倾向的三个因子。其方差贡献率分别为 25.361％、17.591％、12.908％,累积方差贡献率 55.860％,共同度除“因为 上网而与现实中的朋友疏远”一项为 0.499 以外,其余都在 0.5 以上,基本 上达到了因子分析的要求(见表 2)。在此基础上,我们通过分析各因子题 项间的一致性系数(Cronbach's α),进一步对这三个因子进行了信度检验。 得到各因子 Cronbach's α 系数值依次为:0.7499、0.6233 和 0.6043,总 Cronbach's α 系数值为 0.7341,说明该量表具有可以接受的信度。

表 2　青少年网络成瘾倾向因子负荷矩阵

	因子 1	因子 2	因子 3	共同度
因上网导致学习成绩或效率下降,仍经常上网	0.747	0.049	0.205	0.602
因为上网而影响了与家人和朋友的关系	0.732	0.164	−0.005	0.563
因为上网学习成绩变得越来越差	0.695	0.091	0.118	0.505
多次尝试减少上网时间,但总是失败	0.625	0.135	0.327	0.516
因为上网而与现实中的朋友疏远	0.623	0.262	−0.206	0.499
上网时我总想不停地聊天,无法自制	0.136	0.781	0.109	0.640
当我停止聊天时,会变得烦躁或心神不宁	0.216	0.745	−0.135	0.619
不在线时,总是想着尽快回到网上聊天	0.085	0.666	0.313	0.549
上网让我忘掉了生活和学习中的烦恼	−0.049	0.160	0.745	0.582
花在网上的时间总比预期的要长	0.326	−0.017	0.635	0.509
特征值	2.537	1.759	1.292	
方差贡献率(％)	25.361	17.591	12.908	
累积方差贡献率(％)	25.361	42.952	55.860	

　　然后,根据每个因子所包含的具体内容,我们分别将三个因子命名为现实问题因子、上网欲望因子和心灵慰藉因子。现实问题因子包含"因上网导致学习成绩或效率下降,仍经常上网"等五个题项,描述使用网络对青少年学习生活与人际交往的影响;上网欲望因子包含"上网时我总想不停地聊天,无法自制"等三个题项,描述青少年网民使用网络的欲望及行为特征;心灵慰藉因子包含"上网让我忘掉了生活和学习中的烦恼"等两个题项,描述网络对青少年网民的安慰和逃避价值。这三个因子,涉及了青少年的网络使用行为特征及网络使用对青少年现实生活、学习和健康的影响两个基本面向,具有一定程度的概括性。

　　在简化了网络成瘾测量指标后,我们进一步以因子值系数为权数,计算出各因子的因子值。同时,为了把青少年网络成瘾倾向综合成为一个变量来表示,我们又以各因子的方差贡献率为权数,把三个因子的因子值分别乘以其方差贡献率后相加,计算出网络成瘾的综合得分,作为青少年网络成瘾倾向得分,即青少年网络成瘾倾向=现实问题因子值×0.25361+上网欲望因子值×0.17591+心灵慰藉因子值×0.12908。为了便于分析,我们将因子值转换为 1 到 100 之间的指数。[①] 从因子值的具体分布状况来看,多数青少年的网络成瘾倾向得分在 60 分以下,超过60 分的只有 7.1%,有 62.4% 的青少年得分在 20 分以下。从现实问题、上网欲望和心灵慰藉三个因子得分来看,现实问题和上网欲望因子得分超过 60 分的也都不到 10%,超过半数的青少年得分在 20 分以下,而心灵慰藉因子得分在 60 分以上的青少年则高达 46.1%,20 分以下的只有2.1%。进一步从均值、中位值和众值来看,与现实问题和上网欲望因子相比,青少年在心灵慰藉因子上的均值、中位值和众值也明显偏高,分别为 55.487、56.197 和 37.660 分。

(三)自变量

　　为了具体分析社会结构因素和行为因素对青少年网络成瘾的影响,我们选择个人特征、社会差异和网络介入程度三个方面的因素为自变

---

　　① 　边燕杰、李煜:《中国城市家庭的社会网络资本》,《清华社会学评论》第 2 辑,鹭江出版社 2000 年版。

量。在所有自变量中,年龄、网龄、网络使用频率和上网持续时间属于定距变量,父母受教育程度属于定序变量,我们近似地视为定距变量引入回归方程,而其余变量均为离散变量,因此先对这些离散变量进行虚拟变量处理后再引入回归分析。其中性别以女性为参照类,父母亲职业以无固定职业为参照类,家庭电脑拥有情况以家中无电脑为参照类,省份以甘肃省为参照类,城市规模以小城市为参照类,上网地点以在其他地点上网为参照类。

表 3　自变量统计描述

		频数	频率(%)
性别(N=1546)	男	920	59.5
	女	626	40.5
年龄(N=1546)	13~17 岁	868	56.1
	18~24 岁	678	43.9
受教育程度(N=1546)	初中	444	28.7
	高中	550	35.6
	大专以上	552	35.7
省份(N=1546)	甘肃	500	32.3
	湖南	559	36.2
	浙江	487	31.5
城市规模(N=1546)	大城市	810	52.4
	小城市	736	47.6
父亲受教育程度 (N=1527)	初中以下	534	35.0
	高中或中专	658	43.1
	大专以上	335	21.9
母亲受教育程度 (N=1516)	初中以下	690	45.5
	高中或中专	610	40.2
	大专以上	216	14.3

		频数	频率(%)
父亲职业(N=1505)	无固定职业	279	18.5
	工人与普通职员	625	41.5
	技术与管理人员	601	39.9
母亲职业(N=1497)	无固定职业	486	32.5
	工人与普通职员	643	43.0
	技术与管理人员	368	24.6
家庭电脑状况 (N=1546)	没有电脑	799	51.7
	有电脑但不能上网	161	10.4
	有电脑且能上网	586	37.9
网龄(N=1530)	2 年以内	494	32.3
	3~4 年	589	38.5
	5 年及以上	447	29.2
上网频率(N=1522)	每周 1 次以内	179	11.8
	每周 2 次	147	9.7
	每周 3 次	543	35.7
	每周 4 次	460	30.2
	每周 5 次以上	193	12.7
上网持续时间 (N=1531)	1 小时以内	188	12.3
	1~2 小时以内	642	41.9
	2~3 小时以内	518	33.8
	3~4 小时以内	111	7.3
	4 小时以上	72	4.7
上网地点(N=1546)	家里	495	32.0
	学校	540	34.9
	网吧	840	54.3
	朋友或亲戚家	256	16.6
	其他	46	3.0

三、研究结果

(一)青少年网络成瘾影响因素分析

我们首先以青少年是否网络成瘾为因变量,运用 Logistic Regression 方法,来判别上述三个方面的因素中,有哪些因素对青少年网络成瘾影响显著。首先,为了鉴别出作用显著的自变量,我们采用向前逐步回归法,从所有自变量中筛选出显著自变量。然后,以统计模型形式检验这些自变量各自变化对因变量的作用程度,分析不同自变量对因变量的贡献率大小。

为了筛选出对因变量解释能力较强的显著自变量,并尽量减少自变量间多重共线性影响,我们采用 Logistic 回归中的向前逐步回归法,建立最优的逐步回归方程,自动筛选出检验显著的自变量(逐步回归概率临界值 0.05 进入,0.10 剔除)。经过计算,最终模型中保留的自变量有性别、省份(湖南)、城市规模(大城市)、上网地点(学校、网吧、朋友或亲戚家)、网络使用频率和上网持续时间,其余自变量均被剔除。

为了排除不显著变量的干扰,我们将筛选出来的显著自变量采用全部进入(Enter)的方法,重新构造因变量与八个显著自变量的 Logistic 回归方程。统计输出结果见表 4。

表 4 网络成瘾影响因素 Logistic 回归模型($N=1235$)

自变量	B	S. E.	Wald	df	Sig.	Exp(B)
性别	0.742	0.229	10.490	1	0.001	2.100
省份(湖南)	0.605	0.204	8.824	1	0.003	1.832
城市规模(大城市)	−0.439	0.204	4.634	1	0.031	0.644
上网地点(学校)	−0.542	0.236	5.263	1	0.022	0.582
上网地点(网吧)	1.129	0.239	22.232	1	0.000	3.092
上网地点(朋友或亲戚家)	−1.071	0.385	7.729	1	0.005	0.343
网络使用频率	0.266	0.100	7.048	1	0.008	1.304
上网持续时间	0.457	0.110	17.365	1	0.000	1.580
(常数)	−4.884	0.459	113.312	1	0.000	0.008

从对模型评价的统计结果看,模型的-2 Log likelihood 为 690.873,Model Chi-square 为 109.883,自由度(df)为 8,在 0.000(Sig.＝0.000)水平上统计显著。从预测分类表来看,模型分类预测正确率达到了90.0％。分别来看,八个自变量均在 0.05、0.01 或 0.001 水平上统计显著,从而肯定了各自变量对因变量的解释作用。

根据方程输出的发生比率(odds ratio),我们发现,在控制其他变量时,进入回归方程的八个自变量,对青少年网络成瘾有着不同程度的影响。其中在个人特征方面,性别因素对网络成瘾影响显著,男性青少年网民的网络成瘾发生概率是女性的 2.1 倍。从社会差异来看,湖南青少年网络成瘾的发生概率是甘肃的 1.832 倍,大城市青少年是小城市青少年的 64.4％。从网络介入程度来看,在网吧上网青少年的网络成瘾发生概率是在其他地点上网的 3.092 倍,而在学校及朋友或亲戚家上网的青少年,则分别是在其他地点上网青少年的 58.2％ 和 34.3％。而网络使用频率和上网持续时间每增加一个单位,网络成瘾的发生概率分别增加0.304 倍和 0.58 倍。

从最终模型来看,青少年个人特征、社会差异和网络介入程度这三组自变量中,除作为社会差异变量的家庭背景变量没有进入最终模型,因此对网络成瘾没有显著影响外,其他自变量组都对网络成瘾有不同显著程度的影响。

由于 Logistic 回归模型中自变量的回归系数均为偏回归系数,表示在控制其他变量的情况下,各自变量对因变量的单独作用,因此无法直接比较八个对因变量具有显著作用的自变量的相对作用。为此,我们通过比较各自变量的标准化回归系数,来进一步分析这个问题。根据标准化回归系数计算公式: $\beta_i = b_i \times S_i / \pi \div \sqrt{3} \approx b_i \times S_i / 1.8138$,[①]我们计算出各自变量的标准化回归系数(见表 5)。其中 β_i 为第 i 个自变量的标准化回归系数,b_i 为第 i 个自变量的非标准化回归系数,S_i 为第 i 个变量的标准差,$\pi \div \sqrt{3}$ 为标准 Logistic 分布的标准差,近似等于 1.8138。

①　郭志刚主编:《社会统计分析方法:SPSS 软件应用》,中国人民大学出版社 1999 年版,第 202 页。

表 5　网络成瘾 Logistic 回归自变量的标准化回归系数

自变量	b	S	β
性别	0.742	0.491	0.201
省份（湖南）	0.605	0.481	0.160
城市规模（大城市）	−0.439	0.500	−0.121
上网地点（学校）	−0.542	0.479	−0.143
上网地点（网吧）	1.129	0.498	0.310
上网地点（朋友或亲戚家）	−1.071	0.374	−0.221
网络使用频率	0.266	1.152	0.169
上网持续时间	0.457	0.875	0.220

从表 5 可以看出,在网吧上网对青少年网络成瘾的影响最大,然后依次是在朋友或亲戚家上网、上网持续时间、性别、网络使用频率、省份（湖南）、在学校上网,作用最小的是城市规模（大城市）。

(二)青少年网络成瘾倾向影响因素分析

为了探寻青少年网络成瘾倾向的影响因素,我们进一步以网络成瘾倾向综合得分为因变量,以青少年个体特征、社会差异和网络介入程度为自变量,进行 OLS 回归分析。回归结果见表 6。

表 6　网络成瘾倾向影响因素 OLS 回归模型($N=1409$)

自变量	B(S.E.)	Beta
性别	6.687*** (1.144)	0.155
年龄	−0.181 (0.173)	−0.030
父亲受教育程度	0.787 (0.797)	0.034
母亲受教育程度	0.033 (0.790)	0.001
父亲职业（工人与普通职员）	1.411 (1.865)	0.033
父亲职业（技术与管理人员）	−1.496 (1.925)	−0.035

续表

自变量	B(S. E.)	Beta
母亲职业（工人与普通职员）	−0.631 (1.544)	−0.015
母亲职业（技术与管理人员）	1.195 (1.824)	0.024
家里有电脑但不能上网	0.704 (1.879)	0.010
家里有电脑并且能上网	−1.633 (1.371)	−0.037
省份（湖南）	2.045 (1.358)	0.046
省份（浙江）	−0.285 (1.501)	−0.006
城市规模（大城市）	−2.654* (1.116)	−0.063
上网地点（家里）	−3.174* (1.293)	−0.070
上网地点（学校）	−2.441* (1.226)	−0.055
上网地点（网吧）	2.756* (1.186)	0.065
上网地点（朋友或亲戚家）	−1.291 (1.481)	−0.023
网龄	0.127 (.540)	0.007
网络使用频率	1.329* (.528)	0.072
上网持续时间	4.802*** (.682)	0.195
（常数）	7.231 (4.508)	
R^2	0.103	
F	8.000***	

* $P<0.05$, ** $P<0.01$, *** $P<0.001$。

表 6 的 OLS 回归分析模型检验了青少年的网络成瘾倾向与其个人

特征、社会差异及网络介入程度之间的关系。从回归结果可以发现，对青少年网络成瘾倾向影响显著的自变量包括性别、城市规模（大城市）、上网地点（家里、学校、网吧），以及网络使用频率和上网持续时间。其中城市规模（大城市）、上网地点（家里和学校）对青少年网络成瘾倾向的作用方向是负向的，也就是说，相比小城市青少年和在其他地点上网，大城市青少年、在家里和学校上网的青少年的网络成瘾倾向程度较低。而其他变量对网络成瘾倾向的作用方向皆为正向，也就是说，男性较女性网络成瘾倾向高；在网吧上网比在其他地点上网更容易成瘾；网络使用频率越高，上网持续时间越长，网络成瘾倾向也越明显。这其中，上网持续时间的影响最大（0.195），性别因素也具有较强的解释力（0.155），其他对青少年网络成瘾行为影响较大的因素依次为网络使用频率（0.072）、在家里上网（－0.070）、在网吧上网（0.065）、城市规模（－0.063）和在学校上网（－0.055）。综合来看，青少年个人特征、社会差异和网络介入程度这三组自变量都对网络成瘾倾向有影响，但其中作为社会差异变量的家庭背景作用不显著，说明家庭背景对青少年网络成瘾倾向没有显著影响。该模型的削减误差比例为 10.3%。

进一步综合分析青少年网络成瘾的逻辑回归和 OLS 回归两个模型，我们可以发现，无论是对因变量影响作用显著的自变量，还是自变量的作用方向，两个模型呈现出相当程度的一致性。在青少年的个体特征因素中，只有性别始终起作用并且作用显著，而年龄因素不起作用（不过，这可能是因为我们的调查对象仅限于青少年造成的，换言之，在 13～24 岁这个年龄段，年龄差异不显著）；在代表社会差异的两组变量中，只有地域起一定的作用，所有家庭背景因素则都不起作用；而包括上网地点、网络使用频率和上网持续时间在内的网络介入程度的影响作用最为明显。这意味着，导致青少年网络成瘾的原因，主要来自于网络使用因素。

四、结　论

本研究在对青少年网络成瘾规模和成瘾倾向进行初步分析的基础上，进一步尝试建构了两个网络成瘾解释模型。综合分析这两个解释模型，我们可以发现，现实因素和网络使用因素都对网络成瘾有不同程度的影响。不过比较而言,在个人特征、家庭背景、地域差异这些现实因素变量中,只有性别和地域因素对网络成瘾影响显著;而与现实因素不同,网络介入程度,包括上网地点、网络使用频率和上网持续时间,都对网络成瘾影响显著。这意味着,青少年网络成瘾的产生,主要是由网络使用行为造成的。具体而言,网络使用频率越高、上网持续时间越长、越是选择在网吧上网,网络成瘾的可能性也就越大。我们认为,网络使用因素被凸显出来成为影响青少年网络成瘾的关键因素,在相当程度上是因为,网络作为一个流动空间,打破了现实世界的时空界限。正如一位被访网民所说:"一旦联上了网,那就是网络的世界了,哪里有什么地域划分啊,有的只是这个聊天室和那个聊天室的区别。无论现实情况中我身在哪里,只要联上网,看到、听到、经历到的都是一样的。"(男,22 岁,大学生,网龄 5 年)这种空间感受,自然会削弱现实因素的影响力,而网络使用行为的作用则被凸显了出来。

　　与国内外同类研究相比,我们的研究结论与之有不少相同之处。例如,国内外有关调查一再证明,网络介入程度与网络成瘾之间存在着显著的正相关,相对于一般网民,网络成瘾者的网络使用频率更高,上网持续时间更长。[1] 我们的调查结果也显示,具有网络成瘾症状的青少年,其网络使用频率和上网持续时间都明显高于非网络成瘾者;又如,据中国青少年网络协会 2005 年年底发布的调查报告,经常在网吧上网的青少年更容易发生网络成瘾,[2]我们的调查也证明了网络成瘾与长时间在网吧上网之间存在着正相关。

　　基于对青少年网络成瘾及其影响因素的上述分析,我们认为,要想对青少年网络成瘾进行有效的社会控制,至少需要考虑以下三个方面的

---

　　① 　S. 特克:《虚拟化身:网路空间的身份认同》,谭天、吴佳真译,远流出版事业股份公司 1998 年版;韩佩凌:《台湾中学生网络使用者特性、网络使用行为、心理特性对网络沉迷现象之影响》,2000 年台湾师范大学学位论文;王澄华:《人格特质与网络人际互动对网络成瘾之影响》,2001 年台湾辅仁大学学位论文;K. Scherer. College Life Online:Healthy and Unhealthy Internet Use. The Journal of College Student Development,1997(38);K. S. Young. Internet Addiction:A New Clinical Phenomenon and Its Consequences. American Behavioral Scientist,2004(4).

　　② 　中国青少年网络协会:《中国青少年网瘾数据报告》,http://www. china. com. cn/chinese/diaocha/1039372. htm。

问题:首先,从网络成瘾控制的目标群体来说,应该把重点放到男性青少年身上,因为男性青少年网络成瘾的比例高出女性一倍以上。其次,控制上网地点是一个预防青少年网络成瘾发生的有效措施。分析结果显示,上网地点对网络成瘾和成瘾倾向有着显著的影响,在网吧上网与网络成瘾之间存在着正相关,而在学校、家里、朋友或亲戚家上网则对网络成瘾有反向作用。为此,需要严格控制青少年使用网吧的频率,同时,在学校等有人监控的场所多设置上网设施,以方便青少年使用网络。再次,由于较高的网络使用频率和长时间持续上网是引发青少年网络成瘾的一个重要原因,因此,适当控制青少年的网络使用频率和网络使用时间,也是预防青少年网络成瘾的一个有效措施。

参考文献

英文参考文献

[1] Adam A. & Ofori-Amanfo J. Does Gender Matter in Computer Ethics. Ethics and Information Technology，2000(2).

[2] Aiken M. & Waller B. Flaming among First-time Group Support System Users. Information & Management，2000(37).

[3] Akbulut Y.，et al. Exploring the Types and Reasons of Internet-triggered Academic Dishonesty among Turkish Undergraduate Students：Development of Internet-triggered Academic Dishonesty Scale (ITADS). Computers & Education，2008，51(1).

[4] Akbulut Y.，Uysal Ö.，Odabasi H. F.，Kuzu A. Influence of Gender，Program of Study and PC Experience on Unethical Computer Using Behaviors of Turkish Undergraduate Students. Computers & Education，2008,51(2).

[5] Austin M.，Brown L. D. Internet Plagiarism：Developing Strategies to Curb Student Academic Dishonesty. The Internet and Higher Education,1999,2(1).

[6] Bandrillard J. Simulacra and Simulation. Ann Arbor：The University of Michigan Press，1994.

[7] Bastani S. Muslim Women Online. http://www. chass. utoronto. ca/～wellman/publications/uslimwomen/mwn1. pdf,2009-05-08.

［8］Benedikt M. Cyberspace：Some Proposals. Cyberspace：First Steps. Cambridge MA：The MIT Press，1994.

［9］Beycioglu K. A Cyberphilosophical Issue in Education：Unethical Computer Using Behavior：The Case of Prospective Teachers. Computers & Education，2009，53(2).

［10］Blanchard A. L，Henle C. A. Correlates of Different Forms of Cyberloafing：The Role of Norms and External Locus of Control. Computers in Human Behavior，2008，24(3).

［11］Blau P. M. Inequality and Heterogeneity：A Primitive Theory of Social Structure. New York：Free Press，1977.

［12］Buckley M. , et al. An Investigation into the Dimensions of Unethical Behavior，Journal of Education for Business，1998，73(5).

［13］Bukatman S. Terminal Penetration. In：Bell D，Kennedy B. M. (eds.). The Cybercultures Reader. London：Routledge，2000.

［14］Burbules N. C. Rhetorics of the Web：Hyperreading and Critical Literacy. http：//www. ed. uiuc. edu/facstaff/burbules/ncb/papers/rhetorics. html，2002-02-01.

［15］Burkhalter B. Reading Race Online：Discovering Racial Identity in Usenet Discussions. In：Smith A，Kollock P. (eds.). Communities in Cyberspace. London：Routledge， 1999.

［16］Bynum T. W. Computer Ethics：An Introduction. Cambridge：Blackwell，1999.

［17］Carbo T，Smith M. M. Global Information Ethics：Intercultural Perspectives on Past and Future Research. Journal of the American Society for Information Science and Technology， 2008，59(7).

［18］Caspi A，Gorsky P. Online Deception：Prevalence， Motivation， and Emotion. CyberPsychology & Behavior， 2006，9(1).

［19］Castells M. Toward a Sociology of the Network Society. Contemporary Sociology，2000，29(5).

［20］Catledge L. D. ，Pitkow J. E. Characterizing Browsing Strategies in the World-wide Web. http：//www. igd. fhg. de/archive/1995_ www95/papers/80/userpatterns/UserPatterns. Paper4. formatted. html,2000-08-12.

[21] Chen W. , Boase J. ,Wellman B. The Global Villagers:Comparing Internet Users and Uses around The World. In:Wellman B. ,Haythornthwaite C. (eds.). The Internet in Everyday Life. Oxford: Blackwell Publishers Ltd. ,2002.

[22] Choo W. C. , et al. Information Seeking on the Web :An Integrated Model of Browsing and Searching. http://www. firstmonday. dk/ issues/issue5_2/choo,2005-05-02.

[23] Cornwell B. ,Lundgren D. C. Love on the Internet:Involvement and Misrepresentation in Romantic Relationships in Cyberspace vs. Realspace. Computers in Human Behaviour,2001, 17(2).

[24] Cronbach L. J. Coefficient Alpha and the Internal Structure of Tests. Psychometrica,1951,16(3).

[25] Danet B. Text as Mask:Gender, Play, and Performance on the Internet. In:Jones S G. (eds.). Cybersociety 2. 0:Revisiting Computer-mediated Communication and Community. London: Sage,1998.

[26] Dettling D. Fach Ohne Boden:Brauchen wir überhaupt noch Soziologie? Wozuheutenoch Soziologie? Opladen:Leske+Budrich Verlag,1996.

[27] DiMaggio P. , et al. Social Implications of the Internet. Annual Review of Sociology,2001(27).

[28] Donath J. S. Identity and Deception in the Virtual Community. In:Smith M. A. , Kollock P. (eds.). Communities in Cyberspace. London:Routledge,1999.

[29] Dwan B. Internet Ethics. Computer Fraud & Security Bulletin, 1995(2).

[30] Fidel R. ,Soergel D. Factors Affecting Online Bibliographic Retrieval:A Conceptual Framework for Research. Journal of the American Society for Information Science,1983, 34(4).

[31] Frohmann B. Subjectivity and Information Ethics. Journal of the American Society for Information Science and Technology，2008，59(2).

[32] Fromme J. Computer Games as a Part of Children's Culture. International Journal of Computer Game Research,2003,3(1).

[33] Galanxhi H. ，et al. Deception in Cyberspace：A Comparison of Text-only vs. Avatar-supported Medium. International Journal of Human-computer Studies,2007,65(9).

[34] Galletta D. F. ,Polak P. An Empirical Investigation of Antecedents of Internet Abuse in the Workplace. SIGHCI 2003 Proceedings. http://aisel. aisnet. org/sighci2003/14,2005-05-02.

[35] Gay L. R. ， Airasian P W. Educational Research：Competencies for Analysis and Applications. New Jersey：Prentice Hall,2008.

[36] Gladney D. C. Muslim Chinese：Ethnic Nationalism in the People's Republic. Harvard University Asia Center，1996.

[37] Goldberg I. Internet Addiction Disorder. http://www. physics. wisc. edu/~shaizi/~internet_addiction_criteria. html,2008-07-06.

[38] Griffiths M. Does Internet and Computer "Addiction" Exist? Some Case Study Evidence. CyberPsychology & Behavior, 2000 (2).

[39] Griffiths M. D. ， Davies M. N. O. ， Chappell D. Breaking the Stereotype：The Case of Online Gaming. CyberPsychology & Behavior,2003, 6(1).

[40] Griffiths M. D. ， Davies M. N. O. ,Chappell D. Online Computer Gaming：A Comparison of Adolescent and Adult Gamers. Journal of Adolescence, 2004, 27(1).

[41] Haddon L. Social Exclusion and Information and Communication Technologies. New Media & Society, 2000(4).

[42] Hall J. A. ， Hamilton D. M. Integration of Ethical Issues into the MIS Curriculum. Journal of Computer Information Systems, 1992—1993 (Winter).

［43］ Hallam S. Misconduct on the Information Highway：Abuse and Misuse of the Internet. In：Stichler R. N. , Hauptman R. (eds.). Ethics, Information and Technology Readings. NC：McFarland and Company, Inc. , Publishers. 1998.

［44］ Haraway D. A Cyborg Manifesto：Science, Technology , and Socialist-Feminism in the Late Twentieth Century. In：Haraway D. (ed.). Simians, Cyborgs and Women：The Reinvention of Nature. New York：Routledge,1991.

［45］ Harvey D. The Condition of Postmodernity：An Enquiry into the Origins of Cultural Change. Oxford：Blackwell Publishers Ltd. ,1990.

［46］ Henson R. K. Understanding Internal Consistency Reliability Estimates：A Conceptual Primer on Coefficient Alpha. Measure and Evaluation in Counseling and Development,2001,34(3).

［47］ Herring S. C. The Rhetorical Dynamics of Gender Harassment Online. The Information Society, 1999(3).

［48］ Higgins G. E. ,et al. Digital Piracy：A Latent Class Analysis. Social Science Computer Review, 2009,27(1).

［49］ Higgins G. E. ,et al. Low Self-control and Social Learning in Understanding Students' Intentions to Pirate Movies in the United States. Social Science Computer Review,2007,25(3).

［50］ Hinduja S. Correlates of Internet Software Piracy. Journal of Contemporary Criminal Justice, 2001,17 (4).

［51］ Hinduja S. Neutralization Theory and Online Software Piracy：An Empirical Analysis. Ethics and Information Technology, 2007, 9 (3).

［52］ Hinman L. M. The Impact of the Internet on Our Moral Lives in Academia. Ethics and Information Technology, 2002(4).

［53］ Howard P. E. , Rainie L. , Jones S. Days and Nights on the Internet：The Impact of a Diffusing Technology: American Behavioral Scientist, 2001(3).

[54] Huff C. , Martin C. D. Computing Consequences:A Framework for Teaching Ethical. Computing, Communications of the ACM, 1995,38(12).

[55] Jenkins H. Complete Freedom of Movement:Video Games as Gendered Play Spaces. In:Cassell J,Jenkins H. (eds.). From Barbie to Mortal Kombat. Cambridge:The MIT Press, 1998.

[56] Johson D. G. Computer Ethics. New Jersey:Prentice Hall,1985.

[57] Joinson A. Causes and Implications of Disinhibited Behavior on the Internet. In:Gackenbach J. (eds.). Psychology and the Internet Intrapersonal, Interpersonal, and Transpersonal Implications. San Diego:Academic Press,1998.

[58] Joinson A. N. , Dietz-Uhler B. Explanations for the Perpetration of and Reactions to Deception in a Virtual Community. Social Science Computer Review,2002,20(3).

[59] Jones Q. Virtual-community, Virtual Settlements and Cyber-archaeology:A Theoretical Outline. Journal of Computer Mediated Communication, 1997, 3(3).

[60] Jung I. Ethical Judgments and Behaviors:Applying a Multidimensional Ethics Scale to Measuring ICT Ethics of College Students. Computers & Education,2009,53 (3).

[61] Karim N. ,et al. Exploring the Relationship between Internet Ethics in University Students and the Big Five Model of Personality. Computers & Education, 2009, 53(1).

[62] Katz J. E. ,Rice R. Syntopia:Access,Civic Involvement and Social Interaction on the Net. In:Wellman B, Haythornthwaite C. (eds.). The Internet in Everyday Life. Oxford:Blackwell Publishers Ltd. ,2002.

[63] Kiesler S. , Sproull L. Group Decision Making and Communication Technology, Organizational Behavior and Human Decision Processes, 1992(52).

[64] Kiesler S. , et al. Internet Evolution and Social Impact. IT & Soci-

ety，2002(1).

[65] Kolko B.，Reid E. Dissolution and Fragmentation：Problems in Online Communities. In：Jones S G. （eds.）. Cybersociety 2.0：Revisiting Computer-mediated Communication and Community. London： Sage,1998.

[66] Kraut R.，et al. Internet Paradox：A Social Technology that Reduces Social Involvement and Psychological Well being? American Psychologist，1998(9).

[67] Leiner B. M.，Cerf V. G.，Clark D. D.，et al. A Brief History of Internet. http：//www. isoc. org/internet/history/brief. shtm, 2000-09-16.

[68] Leonard L. N. K.，Timothy P. C.，Kreiec J. What Influences IT Ethical Behavior Intentions—Planned Behavior，Reasoned Action， Perceived Importance，or Individual Characteristics? Information and Management,2004，42(1).

[69] Levy P. Cyberculture. Paris：Editions Odile Jacob,1997.

[70] Light A. The Influence of Context on Users' Response to Websites. The New Review of Information Behaviour Research，2001 (2).

[71] Lim V. K. G.，Teo T. S. H. Prevalence，Perceived Seriousness， Justification and Regulation of Cyberloafing in Singapore：An Exploratory Study. Information & Management,2005,42(8).

[72] Lindstrom P. B. The Internet：Nielsen's Longitudinal Research on Behavioral Changes in Use of This Counterintuitive Medium. Journal of Media Economics,1997，10(2).

[73] Lozada E. P. A Hakka Community in Cyberspace：Diasporic Ethnicity and the Internet. In：Cheng Sydney C. H. （eds.）. On the South China Track：Perspectives on Anthropological Research and Teaching. Hong Kong：The Chinese University of Hong Kong Press,1998.

[74] Malin J.，Fowers J. Adolescent Self-control and Music and Movie

Piracy. Computers in Human Behavior，2009，25(3).

［75］Maner W. Unique Ethical Problems in Information Technology. Science and Engineering Ethics，1996,2(2).

［76］Manninen T. Interaction Forms and Communicative Actions in Multiplayer Games. International Journal of Computer Game Research,2003,3(1).

［77］McCabe D. L. CAI Research. http://www. academicintegrity. org/cai_research. asp,2009-04-10.

［78］McCabe D. L. , Trevino L. K. Academic Dishonesty：Honor Codes and Other Contextual Influences. Journal of Higher Education，1993,64(5).

［79］McCabe D. L. , Trevino L. K. Individual and Contextual Influences on Academic Dishonesty：A Multicampus Investigation. Research in Higher Education，1997,38(3).

［80］McCarthy R. V. , Halawi L. , Aronson J. E. Information Technology Ethics：A Research Framework. Issues in Information Systems，2005，VI(2).

［81］Miller C. R. , Shepherd D. Blogging as Social Action：A Genre Analysis of the Weblog. http://blog. lib. umn. edu/blogosphere/blogging_as_social_action_a_ genre_analysis_of_the_weblog. html,2006-07-01.

［82］Molnar K. K. , et al. Ethics vs. IT Ethics：Do Undergraduate Students Perceive a Difference? Journal of Business Ethics,2008,83(4).

［83］Moor J. H. What is Computer Ethics. Metaphilosophy，1985,16(4).

［84］Morahan-Martin J. M. , Schumacher P. Incidence and Correlates of Pathological Internet Use among College Students. Computers in Human Behavior,2000, 16(1).

［85］Morris R. G. , Higgins G. E. Neutralizing Potential and Self-reported Digital Piracy. Criminal Justice Review，2009,34(2).

［86］Navarro-Prieto R. , Scaife M. , Rogers Y. Cognitive Strategies in Web Searching. Presented at the 5th Conference of Human Factors & the Web. http://zing. ncsl. nist. gov/hfweb/proceedings/navarro-prieto/index. html,2006-07-20.

［87］Nunnally J. C. Psychometric Theory. New York:McGraw-Hill, 1978.

［88］Parks M. R. , Floyd K. Making Friends in Cyberspace. Journal of Communication,1996, 46(1).

［89］Pascoe E. Can a Sense of Community Flourish in Cyberspace? Guardian,2000(11).

［90］Pee L. G. , et al. Explaining Non-work-related Computing in the Workplace:A Comparison of Alternative Models. Information & Management, 2008,45(2).

［91］Pitkow J. E. , Kehoe C M. Federal Trade Commission Public Workshop on Consumer Information Privacy. http://www-static. cc. gatech. edu/gvu/user_surveys/papers/1997-05-ftc-privacy-supplement. pdf,2006-07-15.

［92］Poster M. Postmodern Virtualities. In:Featherstone M. , Burrows R. (eds.). Cyberspace/Cyberbodies/Cyberpunk:Cultures of Technological Embodiment. London:Sage Publications,1995.

［93］Reid E. Electropolis:Communication and Community on Internet Relay Chat Honours Dissertation. University of Melbourne,1991.

［94］Reidenbach R. E. , Robin D. P. Some Initial Steps toward Improving the Measurement of Ethical Evaluations of Marketing Activities. Journal of Business Ethics,1988,7 (11).

［95］Rheingold H. The Virtual Community: Homesteading on the Electronic Frontier. New York:Addison-Wesley,1994.

［96］Rice R. , Katz J. E. The Internet and Health Communication. Thousand Oaks:Sage, 2000.

［97］Rice R. E. , Love G. Electronic Emotion:Socioemotional Content in a Computer-mediated Communication Network. Communication Research,1987,14(1).

[98] Roberts L. D. The Social Geography of Gender-switching in Virtual Environments on the Internet. Information, Communication & Society, 1999, 2(4).

[99] Rogerson S. Advances in Information Ethic. A European Review, 1996,6(2).

[100] Rotunda R. J., et al. Internet Use and Misuse: Preliminary Findings from a New Assessment Instrument. Behavior Modification, 2003,27(4).

[101] Scanlon M. M., Neumann R. Internet Plagiarism among College Students. Journal of College Student Development, 2002, 43(3).

[102] Scanlon P. Student Online Plagiarism. College Teaching, 2003, 51 (4).

[103] Scherer K. College life Online: Healthy and Unhealthy Internet use. The Journal of College Student Development, 1997(38).

[104] Selwyn N. A Safe Haven for Misbehaving? An Investigation of Online Misbehavior among University Students. Social Science Computer Review, 2008, 26(4).

[105] Siegfried R. M. Student Attitudes on Software Piracy and Related Issues of Computer Ethics. Ethics and Information Technology, 2004, 6(4).

[106] Smith A., Kollock P. (eds.). Communities in Cyberspace. London: Routledge, 1999.

[107] Spinello R. A., Tavani H. T. Readings in Cyberethics. Boston: Jones & Bartlett Publishers, 2001.

[108] Spinello R. A. Cyberethics: Morality and Law in Cyberspace. Boston: Jones & Bartlett Publishers, 2003.

[109] Sproull L., Faraj S. Atheism, Sex, and Databases: The Net as a Social Technology. In: Kiesler S. (eds.). Culture of the Internet. New Jersey: Lawrence Erlbaum Associates, 1997.

[110] Suler J. Computer and Cyberspace Addiction. http://www.rider.edu/users/suler/psycyber /cybaddict.html, 2001-10-16.

[111] Szabo A. , Underwood J. Cybercheats:Is Information and Communication Technology Fuelling Academic Dishonesty? Active Learning in Higher Education, 2004,5(2).

[112] Tavani H. T. Cyberethics as an Interdisciplinary Field of Applied Ethics:Key Concepts, Perspectives, and Methodological Frameworks. Journal of Information Ethics,2006,15(2).

[113] Tichenor P. J. , Donohue G. A. ,Olien C. N. Mass Media Flow and Differential Growth in Knowledge. Public Opinion Quarterly. 1970,34(2).

[114] Tyler T. R. Why People Obey the Law. New Haven:Yale University Press,1990.

[115] UCLA Center for Communication Policy. The UCLA Internet Report 2001:Surveying the Digital Future. http://ccp. ucla. edu/pages/internet-report,2005-05-07.

[116] Utz S. Types of Deception and Underlying Motivation What People Think. Social Science Computer Review,2005,23(1).

[117] Walther J. B. Interpersonal Effects in Computer-mediated Interaction:A Relational Perspective. Communication Research, 1992 (19).

[118] Walther J. B. Computer-mediated Communication: Impersonal, Interpersonal and Hyperpersonal Interaction. Communication Research,1996(1).

[119] Wellman B. , Gulia M. Virtual Communities as Communities:Net Surfers Don't Ride Alone. In:Smith M. A. , Kollock P. (eds.). Communities in Cyberspace. London:Routledge,1999.

[120] Wellman B. , Haythornthwaite C. (eds.). The Internet in Everyday Life. Oxford:Blackwell Publishers Ltd. ,2002.

[121] Wellman B. An Electronic Group is Virtually a Social Network. In:Kiesler S. (eds.). Culture of the Internet. Lawrence Erlbaum Associates,1997.

[122] Wellman B. The Persistence and Transformation of Community:From

Neighbourhood Groups to Social Networks. http://www. chass. utoron-to. ca/～wellman/publications/lawcomm/lawcomm7. PDF,2006-06-06.

[123] Whitty M. T. Liar, liar! An Examination of How Open, Supportive and Honest People Are in Chat Rooms. Computers in Human Behavior,2002,18(4).

[124] Woon I. M. Y. , Pee L. G. Behavioral Factors Affecting Internet Abuse in the Workplace：An Empirical Investigation, SIGHCI 2004 Proceedings. http://sigs. aisnet. org/SIGHCI/Research/ICIS2004/ SIGHCI _ 2004 _ Proceedings _ paper _ 13. pdf, 2009-05-10.

[125] Wortzel R. New Life Style Determinants of Women's Food Shopping Behavior. Journal of Marketing,1979(43).

[126] Wright K. B. Computer-mediated Social Support, Older Adults, and Coping. Journal of Communication, 2000,50(3).

[127] Young K. S. Internet Addiction：A New Clinical Phenomenon and Its Consequences. American Behavioral Scientist,2004,48(4).

[128] Young K. S. Internet Addiction：Evaluation and Treatment. Student BMJ,1999(7).

[129] Young K. S. Internet Addiction：The Emergence of a New Clinical Disorder. Toronto：104th Annual Meeting of the American Psychological Association,1996.

中文参考文献

[1] 安德森. 想象的共同体：民族主义的起源与散布. 吴叡人译. 上海：上海人民出版社,2003.

[2] 巴雷特. 赛博族状态：因特网的文化、政治和经济. 李新玲译. 保定：河北大学出版社,1998.

[3] 巴雷特. 数字化犯罪. 郝海洋译. 沈阳：辽宁教育出版社,1998.

[4] 白海燕,赵丽辉. 网络环境下的用户信息行为分析. 燕山大学学报,2002(2).

[5] 白淑英. 基于 BBS 的网络交往特征. // 数字化与人文精神. 上海：上

海三联书店,2003.

[6] 白友涛.盘根草:城市现代化背景下的回族社区.银川:宁夏人民出版社,2005.

[7] 鲍曼.全球化:人类的后果.郭国良,徐建华译.北京:商务印书馆,2001.

[8] 鲍曼.流动的现代性.欧阳景根译.上海:上海三联书店,2002.

[9] 贝克,威尔姆斯.自由与资本主义.路国林译.杭州:浙江人民出版社,2001.

[10] 贝克.世界风险社会.吴英姿,等译.南京:南京大学出版社,2004.

[11] 贝克,等.自反性现代化.赵文书译.北京:商务印书馆,2001.

[12] 本书编写组.思想道德修养与法律基础.2009年修订版.北京:高等教育出版社,2009.

[13] 边燕杰,李煜.中国城市家庭的社会网络资本.∥清华社会学评论:第2辑.厦门:鹭江出版社,2000.

[14] 波普诺.社会学.李强,萧凤译.北京:中国人民大学出版社,1999.

[15] 波斯特.信息方式:后结构主义与社会语境.范静哗译.北京:商务印书馆,2000.

[16] 波斯特,金惠敏.无物之词:关于后结构主义与电子媒介通讯的访谈—对话.∥思想文综:第5辑.北京:中国社会科学出版社,2000.

[17] 伯纳斯-李.编织万维网.张宇宏,萧凤译.上海:上海译文出版社,1999.

[18] 卜卫,刘晓红.2003年北京、上海、广州、成都、长沙、西宁、呼和浩特青少年互联网采用、使用及其影响的调查报告.北京:中国社会科学院新闻与传播研究所,2003.

[19] 蔡芬媛.网路虚拟和区域形成:MUD之初探性研究.台北:台湾交通大学学位论文,1996.

[20] 蔡珮.复合媒介的成瘾现象探讨.资讯社会研究,2005(8).

[21] 曹树金,胡岷.国外网络信息查寻行为研究进展.国家图书馆学刊,2002(2).

[22] 曹双喜,邓小昭.网络用户信息行为研究述略.情报杂志,2006(2).

[23] 曾国屏,李正风,等.赛博空间的哲学探索.北京:清华大学出版

社,2002.

[24] 曾坚朋.虚拟环境:对"网恋"现象的伦理分析.社会学,2003(2).

[25] 曾武清.网路媒介与集体记忆:从台湾棒球史中的"龙魂不灭"谈起.
台北:台湾交通大学学位论文,2004.

[26] 曾武清.虚拟社群的集体记忆与仪式互动:一个关于"龙魂不灭"的
初探性研究.资讯社会研究,2004(6).

[27] 巢乃鹏.网络受众心理行为研究:一种信息查寻的研究范式.北京:
新华出版社,2002.

[28] 陈佳靖.网路情色的符号地景.资讯社会研究,2002(3).

[29] 陈金英.网路使用习性、网路交友期望与社交焦虑之分析.资讯社会
研究,2004(7).

[30] 陈竞存,陈之虎.从"青少年网上行为研究"看本地网上群组的形成.
青年研究学报,1998(2).

[31] 陈立辉.互联网与社会组织模式重塑:一场正在进行的深刻社会变
迁.社会学研究,1998(6).

[32] 陈蓉萱.在线社会支持类型初探:以即时通讯软体 MSN 为例.ht-
tp://ccs. nccu. edu. tw/history _ paper _ content. php? P _ ID ＝
122&P_YEAR＝2005,2005-11-08.

[33] 陈文江,黄少华.互联网与社会学.兰州:兰州大学出版社,2001.

[34] 陈祥,蔡裕仁.资讯寻求行为与阅读情境差异性之探索.资讯社会研
究,2005(8).

[35] 陈怡安.线上游戏的魅力:以重度玩家为例.高雄:台湾复文出版
社,2003.

[36] 陈俞霖.网路同侪对 N 世代青少年的意义:认同感的追寻.高雄:台
湾复文出版社,2003.

[37] 程亮.青少年网络沉溺的心理机制及其矫治.当代教育科学,2003
(25).

[38] 崔崴.在虚拟与现实之间:一塌糊涂 BBS 虚拟社区研究.北京大学
学位论文,2001.

[39] 德克霍夫.文化肌肤:真实社会的电子克隆.汪冰译.保定:河北大学
出版社,1998.

[40] 德米克.网吧,21世纪的"大烟馆".参考消息,2005-09-01。

[41] 德威利斯.量表编制:理论与应用.魏勇刚,等译.重庆:重庆大学出版社,2004.

[42] 戴维德.过度互联:互联网的奇迹与威胁.李利军译.北京:中信出版社,2012.

[43] 戴维森.太阳、基因组与互联网.覃方明译.北京:生活・读书・新知三联书店,2000.

[44] 邓小昭.因特网用户信息检索与浏览行为研究.情报杂志,2003(6).

[45] 董家豪.网路使用者参与网路游戏行为之研究.嘉义:台湾南华大学学位论文,2001.

[46] 段永朝.互联网:碎片化生存.北京:中信出版社,2009.

[47] 方武祥.不同背景的大学生对电脑不道德行为观念之研究.彰化:台湾大叶大学学位论文,1994.

[48] 菲斯克.解读大众文化.杨全强译.南京:南京大学出版社,2001.

[49] 冯鹏志.网络行动的规定与特征:网络社会学的分析起点.学术界,2001(2).

[50] 冯仕政.法社会学:法律服从与法律正义.江海学刊,2003(4).

[51] 福柯.规训与惩罚.刘北成,杨远缨译.北京:生活・读书・新知三联书店,1999.

[52] 傅仰止.电脑网路中的人际关系:以电子邮件传递为例.http://www.ios.sinica.edu.tw/ pages/seminar/infotec2/info2-9.htm,2005-11-10.

[53] 冈特利特.网络研究:数字化时代媒介研究的重新定向.彭兰,等译.北京:新华出版社,2004.

[54] 戈夫曼.日常生活中的自我呈现.黄爱华,冯钢译.杭州:浙江人民出版社,1987.

[55] 葛温尼.爱上电子情人.何修宜译.台北:商周出版社,1999.

[56] 格雷厄姆.网路的哲学省思.江淑琳译,台北:韦伯文化国际出版有限公司,2003.

[57] 龚宝善.现代伦理学.台北:台湾"中华书局",1978.

[58] 龚洪训."虚拟世界"的真实表述:以北京大学一塌糊涂 BBS 为例.

北京:北京大学学位论文,2001.

[59] 郭良,卜卫.中国 12 城市互联网使用状况及影响调查报告.北京:中国社会科学院社会发展研究中心,2003.

[60] 郭良.网络创世纪:从阿帕网到互联网.北京:中国人民大学出版社,1998.

[61] 郭茂灿.国内互联网研究述评.//中国社会学年鉴:1999—2002.北京:社会科学文献出版社,2004.

[62] 郭茂灿.虚拟社区中的规则及其服从:以天涯社区为例.社会学研究,2004(2).

[63] 郭玉锦,王欢.网络社会学.北京:中国人民大学出版社,2005.

[64] 郭志刚主编.社会统计分析方法:SPSS 软件应用.北京:中国人民大学出版社,1999.

[65] 国务院办公厅.国务院办公厅关于进一步加强互联网上网服务营业场所管理的通知. http://news. xinhuanet. com/eworld/2010-06/05/c_12185656. htm,2010-07-09.

[66] 哈贝马斯.公共领域的结构转型.曹卫东,等译.上海:学林出版社,1999.

[67] 哈布瓦赫.论集体记忆.毕然,等译.上海:上海人民出版社,2003.

[68] 海德格尔.技术的追问.//海德格尔选集.孙周兴,等译.上海:上海三联书店,1996.

[69] 海德格尔.筑·居·思.//海德格尔选集.孙周兴,等译.上海:上海三联书店,1996.

[70] 海姆.从界面到网络空间:虚拟实在的形而上学.金吾伦,刘钢译.上海:上海科技教育出版社,2000.

[71] 韩佩凌.台湾中学生网路使用者特性、网路使用行为、心理特性对网路沉迷现象之影响.台北:台湾师范大学学位论文,2000.

[72] 何明升.叩开网络化生存之门.北京:中国社会科学出版社,2005.

[73] 侯蓉兰.角色扮演网路游戏对青少年自我认同的影响.台中:台湾东海大学学位论文,2003.

[74] 胡国亨.独共南山守中国.香港:中文大学出版社,1996.

[75] 胡敏琪.从网路援交现象省思主体消失与主体建构提论.资讯社会

研究,2003(5).

[76] 胡泳.互联网是一场什么样的革命.读书,2000(9).

[77] 胡云生.传承与认同:河南回族历史变迁研究.银川:宁夏人民出版社,2007.

[78] 互联网实验室.中国网络游戏研究报告,2002.

[79] 华莱士.互联网心理学.谢影,等译.北京:中国轻工业出版社,2001.

[80] 黄厚铭.面具与人格认同:网路的人际关系.http://itst.ios.sinica.edu.tw/itst.htm,2002-01-18.

[81] 黄厚铭.模控空间(cyberspace)的空间特性:地方的移除(displace)或取代(replace)? http://inf.cs.nthu.edu.tw/cbmradm/conference2000/conference2000/read&respond.htm,2002-01-18.

[82] 黄厚铭.网路人际关系的亲疏远近.http://itst.ios.sinica.edu.tw/seminar/seminar3/huang-hou-ming.htm,2002-01-18.

[83] 黄厚铭.虚拟社区中的身份认同与信任.台北:台湾大学学位论文,2001.

[84] 黄少华,陈文江.重塑自我的游戏:网路空间的人际交往.高雄:台湾复文出版社,2002.

[85] 黄少华,陈文江.重塑自我的游戏:网络空间的人际交往.兰州:兰州大学出版社,2002.

[86] 黄少华,袁梦遥,郁太维.对网络社会的跨学科探索.兰州大学学报,2010(1).

[87] 黄少华,翟本瑞.网络社会学:学科定位与议题.北京:中国社会科学出版社,2006.

[88] 黄少华.另一种文化比较的尺度.兰州大学学报,2000(3).

[89] 黄少华.网络空间的社会行为:青少年网络行为研究.北京:人民出版社,2008.

[90] 黄少华.网络空间的族群认同:以中穆BBS虚拟社区的族群认同实践为例.兰州:兰州大学学位论文,2008.

[91] 黄少华.网络空间中的族群认同:一个分析架构.淮阴师范学院学报,2011(2).

[92] 黄少华.知识、文化与人性:评"文化就是力量"说.现代传播,1997

（5）．

[93] 黄少华.知识、文化与人性.兰州:兰州大学出版社,2002.

[94] 黄育馥,刘霓.e 时代的女性:中外比较研究.北京:社会科学文献出版社,2002.

[95] 吉登斯.批判的社会学导论.郭忠华译.上海:上海译文出版社,2007.

[96] 吉登斯.亲密关系的变革:现代社会中的性、爱和爱欲.陈永国,等译.北京:社会科学文献出版社,2001.

[97] 吉登斯.社会的构成:结构化理论大纲.李康,李猛译.北京:生活·读书·新知三联书店,1998.

[98] 吉登斯.社会学.赵旭东,等译.北京:北京大学出版社,2003.

[99] 吉登斯.现代性的后果.田禾译.南京:译林出版社,2000.

[100] 吉登斯.现代性与自我认同:现代晚期的自我与社会.赵旭东,等译.北京:生活·读书·新知三联书店,1998.

[101] 纪慧怡.真实与虚拟空间的对话:网咖族的内在经验意义探讨.台北:台湾世新大学学位论文,2004.

[102] 菅志翔.族群归属的自我认同与社会定义.北京:民族出版社,2006.

[103] 简欣瑜.网路咖啡厅的虚拟世界探讨.桃园:台湾中原大学学位论文,2004.

[104] 金荣泰.中学生电子游戏经验与攻击行为、攻击信念之关系研究.嘉义:台湾中正大学学位论文,2001.

[105] 金,韦弗.因特网之传播学研究:主题元分析.国外社会科学,2003（6）.

[106] 卡斯特.网络社会的崛起.夏铸九,等译.北京:社会科学文献出版社,2003.

[107] 卡斯特.认同的力量.曹荣湘译.北京:社会科学文献出版社,2006.

[108] 卡斯特.网络星河:对互联网、商业和社会的反思.郑波,武炜译.北京:社会科学文献出版社,2007.

[109] 卡斯特.21 世纪的都市社会学.//许纪霖主编.帝国、都市与现代性.南京:江苏人民出版社,2006.

[110] 卡斯特.流动空间:资讯化社会的空间理论.城市与设计学报,1997
　　　(1).

[111] 卡斯特主编.网络社会:跨文化的视角.周凯译.北京:社会科学文
　　　献出版社,2009.

[112] 卡斯特,等.因特网的未来:一切都将再次发生变化.国外社会科学
　　　文摘,2001(2).

[113] 凯茨,莱斯.互联网使用的社会影响.郝芳,刘长江译.北京:商务印
　　　书馆,2007.

[114] 凯尔纳,贝斯特.后现代理论:批判性的质疑.张志斌译.北京:中央
　　　编译出版社,2001.

[115] 康纳顿.社会如何记忆.纳日碧力戈译.上海:上海人民出版
　　　社,2000.

[116] 科尔伯格.道德教育的哲学.魏贤超,等译.杭州:浙江教育出版
　　　社,2000.

[117] 科尔曼.社会理论的基础.邓方译.北京:社会科学文献出版
　　　社,1999.

[118] 克朗.文化地理学.杨淑华,等译.南京:南京大学出版社,2005.

[119] 莱文森.数字麦克卢汉:信息化新纪元指南.何道宽译.北京:社会
　　　科学文献出版社,2001.

[120] 赖晓黎.网路的礼物文化.资讯社会研究,2004(6).

[121] 赖晓黎.资讯的共享与交换:黑客文化的历史、场景与社会意涵.台
　　　北:台湾大学学位论文,2002.

[122] 李嘉维.解构虚拟、探掘空间:网际网路的三种空间阅读策略.ht-
　　　tp://inf. cs. nthu. edu. tw/cbmradm/conference2000/confer-
　　　ence2000/read&respond. html,2001-10-19.

[123] 李明芬.虚拟空间、复合式商业与都市土地使用管制冲突研究:以
　　　台北市网路咖啡屋为例.台北:台湾大学学位论文,2000.

[124] 李书宁.网络用户信息行为研究.图书馆学研究,2004(7).

[125] 李曜安.儿童与青少年的媒体使用经验:在网路出现之后.新竹:台
　　　湾"清华大学"学位论文,2004.

[126] 李一.网络行为失范.北京:社会科学文献出版社,2007.

[127] 李英明.网路社会学.台北:扬智文化事业股份有限公司,2000.

[128] 利奥塔.后现代状态:关于知识的报告.车槿山译.北京:生活・读书・新知三联书店,1997.

[129] 廖经庭.BBS 站的客家族群认同建构.资讯社会研究,2007(13).

[130] 列斐伏尔.空间:社会产物与使用价值.//现代性与空间的生产.上海:上海教育出版社,2003.

[131] 林斌.虚拟中的身体与现实.//网络传播与社会发展.北京:北京广播学院出版社,2001.

[132] 林鹤玲,郑芳芳.在线游戏合作行为与社会组织:以青少年玩家之血盟参与为例.http://tsa. sinica. edu. tw/Imform/file1/2004meeting/paper/C4-1. pdf,2006-09-09.

[133] 林鹤玲,郑陆霖.台湾社会运动网路经验初探:一个探索性的分析.//网路与社会.新竹:台湾"清华大学"出版社,2004.

[134] 林南.社会资本:关于社会结构与行动的理论.张磊译.上海:上海人民出版社,2005.

[135] 林珊如.大学教师网路阅读行为之初探.图书资讯学刊,2003(1).

[136] 林珊如.图书馆使用者浏览行为之研究:浏览结果及影响因素之分析.图书资讯学刊,2000(15).

[137] 林珊如.网路使用者特性与资讯行为研究趋势之探讨.图书资讯学刊,2002(17).

[138] 林希展,周倩.青少年网咖态度量表发展与使用之初探.http://teens. theweb. org. tw/iscenter/ conference2002/ thesis/files/20020515234542163. 30. 22. 52. doc,2006-06-16.

[139] 林希展.大众媒体的网咖休闲论述:从语艺分析的观点谈起.新竹:台湾交通大学学位论文,2003.

[140] 零点调查与分析公司.依恋网络:一种正在发生的对于社会的改变.2000.

[141] 刘华芹.天涯虚拟社区:互联网上基于文本的社会互动研究.北京:民族出版社,2005.

[142] 刘军.社会网络分析导论.北京:社会科学文献出版社,2004.

[143] 刘少杰.网络化时代的社会结构变迁.学术月刊,2012(10).

［144］刘幼琍,等.台湾个人宽窄频网路使用行为之研究.资讯社会研究, 2003(5).

［145］刘中起,风笑天.青少年基于 OICQ 网际互动的基本结构研究:对 武汉、黄石、鄂州、赤壁四市的调查.社会,2003(10).

［146］龙菲.青少年上网沉溺的原因浅探.青少年犯罪问题,2003(1).

［147］卢风,肖巍主编.应用伦理学概论.北京:中国人民大学出版 社,2008.

［148］卢曼.信任:一个社会复杂性的简化机制.瞿铁鹏,等译.上海:上海 人民出版社,2005.

［149］鲁洁.网络社会·人·教育.江苏高教,2000(1).

［150］骆少康,方文昌,魏志鸿,汪志坚.线上游戏使用者之实体人际关系 与社交焦虑研究.http://www.ckitc.edu.tw/～nettanet2003/ pdf/G3/9740.pdf,2005-08-12.

［151］马蒂尼利.市场、政府、共同体与全球管理.社会学研究,2003(3).

［152］马强.流动的精神社区:人类学视野下的广州穆斯林哲麻提研究. 北京:中国社会科学出版社,2006.

［153］马斯洛.动机与人格.许金声,等译.北京:中国人民大学出版 社,2007.

［154］麦克卢汉.理解媒介:论人的延伸.何道宽译.北京:商务印书 馆,2000.

［155］梅罗维茨.消失的地域:电子媒介对社会行为的影响.肖志军译.北 京:清华大学出版社,2002.

［156］孟威.网络互动:意义诠释与规则探讨.北京:经济管理出版 社,2004.

［157］米切尔.比特之城:空间、场所、信息高速公路.范海燕,胡泳译.北 京:生活·读书·新知三联书店,1999.

［158］米切尔.伊托邦:数字时代的城市生活.吴启迪,等译.上海:上海科 技教育出版社,2001.

［159］穆尔.从叙事的到超媒体的同一性:在游戏机时代解读狄尔泰和利 科.学术月刊,2006(5).

［160］穆尔.赛博空间的奥德赛:走向虚拟本体论与人类学.麦永雄译.桂

林：广西师范大学出版社,2007.

[161] 尼葛洛庞帝. 数字化生存. 胡泳,范海燕译. 海口：海南出版社,1996.

[162] 诺顿. 互联网：从神话到现实. 朱萍,茅庆征,张雅珍译. 南京：江苏人民出版社,2001.

[163] 欧德萨. 虚拟性爱. 张玉芬译. 台北：新新闻文化事业股份有限公司,1998.

[164] 彭兰. 数字化用户画像. http://cjr. zjol. com. cn/gb/node2/node26108/node30205/node195058/userobject15ai2180687. html,2005-06-09.

[165] 彭兰. 中国网络媒体的第一个十年. 北京：清华大学出版社,2005.

[166] 彭淑芸,饶培伦,杨锦洲. 网络沉迷要素关联性模型之建构与分析. 台湾师大学报：人文与社会类,2004(2).

[167] 彭阳. 青少年网络沉溺的形成原因及预防对策. 零陵学院学报,2003(1).

[168] 皮亚杰. 儿童的道德判断. 傅统先,等译. 济南：山东教育出版社,1984.

[169] 乔伊森. 网络行为心理学：虚拟世界与真实生活. 任衍具,魏玲译. 北京：商务印书馆,2010.

[170] 乔登. 网际权力：网路空间与网际网路的文化与政治. 江静之译. 台北：韦伯文化事业出版社,2001.

[171] 邱承君. 网志、网志活动与网志世界. 资讯社会研究,2006(10).

[172] 赛佛林,坦卡德. 传播理论：起源、方法与应用. 郭镇之,孟颖,等译. 北京：华夏出版社,2000.

[173] 桑斯坦. 网络共和国：网络社会中的民主问题. 黄维明译. 上海：上海人民出版社,2003.

[174] 史洛卡. 虚拟入侵：网际空间与科技对现实之冲击. 张义东译. 台北：远流出版事业股份有限公司,1998.

[175] 史列文. 网际网路与社会. 王乐成,等译,台北：弘智文化事业有限公司,2002.

[176] 斯马特. 后现代性与社会学. 国外社会学,1997(3).

[177] 孙立平. 城乡之间的新二元结构与农民工的流动. // 李培林主编.

农民工:中国进城农民工的经济社会分析.北京:社会科学文献出版社,2003.

[178] 泰普斯科特.数字化成长:网络世代的崛起.陈晓开,等译.大连:东北财经大学出版社,1999.

[179] 陶慧娟.网路交友互动分析:网路人际关系的虚幻与真实.台北:台湾世新大学学位论文,2004.

[180] 特克.虚拟化身:网路世代的身份认同.谭天,吴佳真译.台北:远流出版事业股份有限公司,1998.

[181] 特纳.社会学理论的结构.邱泽奇,等译.北京:华夏出版社,2000.

[182] 童星,严新明.社会问题研究.//新世纪中国社会学:十五回顾与十一五瞻望.北京:中国人民大学出版社,2006.

[183] 童星,等.网络与社会交往.贵阳:贵州人民出版社,2002.

[184] 涂尔干.职业伦理与公民道德.渠东,付德根译.上海:上海人民出版社,2000.

[185] 屠忠俊,吴廷俊.网络新闻传播导论.武汉:华中科技大学出版社,2002.

[186] 瓦伦丁,霍尔韦.网络少年:青少年的网络和非网络世界.//解读数字鸿沟:技术殖民与社会分化.曹荣湘,等译.上海:上海三联书店,2003.

[187] 万俊人.寻求普世伦理.北京:商务印书馆,2001.

[188] 王澄华.人格特质与网络人际互动对网络成瘾之影响.台北:台湾辅仁大学学位论文,2001.

[189] 王甘.摇篮论坛:网上母亲社区.//转型社会中的中国妇女.北京:中国社会科学出版社,2004.

[190] 王明珂.华夏边缘:历史记忆与族群认同.北京:社会科学文献出版社,2006.

[191] 王明珂.羌在汉藏之间:一个华夏边缘的历史人类学研究.台北:联经出版事业股份有限公司,2003.

[192] 王卫东.关于互联网方法和行为的研究.北京:中国人民大学学位论文,2003.

[193] 王雯君.从网际网路看客家社群的想象建构.资讯社会研究,2005

(9).

[194] 王志弘.技术中介的人与自我:网际空间、分身组态与记忆装置.资讯社会研究,2002(3).

[195] 韦伯.经济与社会.林荣远译.北京:商务印书馆,1997.

[196] 魏晨.论网络社区的社会角色和行动.徐州师范大学学报,2001(2).

[197] 魏特罕.空间地图:从但丁的空间到网路的空间.薛绚译.台北:台湾"商务印书馆",2000.

[198] 魏英敏主编.新伦理学教程.第2版.北京:北京大学出版社,2003.

[199] 温伯格.小块松散组合.李坤,等译.北京:中信出版社,2003.

[200] 文军,等.网络阴影:网络问题与对策.贵阳:贵州人民出版社,2002.

[201] 吴齐殷,蔡博方,李文杰.网民研究:特征与网路社会行为.http://140.109.196.10/pages/seminar/infotec4/5-2.doc,2004-04-15.

[202] 吴齐殷.真实社区与虚拟社区:交融、对立或互蚀? http://itst.ios.sinica.edu.tw/seminar.htm,2004-04-16.

[203] 吴声毅,林凤钗.Yes or No? 线上游戏经验之相关议题研究.资讯社会研究,2004(7).

[204] 吴筱玫.解析MUD之空间与时间文化.新闻学研究,2003(76).

[205] 西尔弗.回顾与前瞻:1990年至2000年间的网络文化研究.//网络研究:数字化时代媒介研究的重新定向.彭兰,等译.北京:新华出版社,2004.

[206] 西美尔.时尚的哲学.费勇,吴蕾译.北京:文化艺术出版社,2001.

[207] 希林,梅勒.社会学何为.李康译.北京:北京大学出版社,2009.

[208] 肖雪慧主编.守望良知.沈阳:辽宁人民出版社,1999.

[209] 谢弗.社会学与生活.刘鹤群,房智慧译.北京:世界图书出版公司,2006.

[210] 许晋龙.在线游戏使用者行为研究.台北:台湾科技大学学位论文,2003.

[211] 杨伯淑.因特网与社会:论网络对当代西方社会及国际传播的影响.武汉:华中科技大学出版社,2003.

[212] 杨帆.网络游戏产业研究综述.财经界,2007(2).

[213] 杨可凡. 网咖使用对青少年意义研究：传播乐趣经验与社会性使用分析. 台北：台湾政治大学学位论文, 2000.

[214] 杨文炯. 互动、调适与重构：西北城市回族社区及其文化变迁研究. 北京：民族出版社, 2007.

[215] 杨中芳, 彭泗清. 中国人人际信任的概念化：一个人际关系的观点. 社会学研究, 1999(2).

[216] 叶玫君. 年轻族群行动文字简讯使用研究初探. 资讯社会研究, 2004(6).

[217] 叶启政. 虚拟与真实的浑沌化：网路世界的实作理路. 社会学研究, 1998(3).

[218] 易徽. 网络虚拟社区的文化特色及其影响. 西安政治学院学报, 2002(1).

[219] 于海. 西方社会思想史. 上海：复旦大学出版社, 1993.

[220] 袁薏晴. 谈虚拟空间的女"性"解放. 资讯社会研究, 2001(1).

[221] 翟本瑞. 教育与社会：迎接资讯时代的教育社会学反省. 台北：扬智文化事业股份有限公司, 2000.

[222] 翟本瑞. 连线社会：真实世界中的虚拟连结. // 网路与社会. 新竹：台湾"清华大学"出版社, 2004.

[223] 翟本瑞. 连线文化. 高雄：台湾复文出版社, 2002.

[224] 翟本瑞. 网路文化. 台北：扬智文化事业股份有限公司, 2001.

[225] 翟本瑞. 资讯超载与网路时代的学习模式改变. http://mozilla. hss. nthu. edu. tw/iscenter/ conference2003/thesis/files/200302141155422 11. 21. 191. 229. doc, 2004-04-19.

[226] 张玄桥. 角色扮演在线游戏玩家型态之研究. 台北：台湾文化大学学位论文, 2004.

[227] 张彦. 计算机犯罪的多因素分析与犯罪社会学的发展. 社会学研究, 2003(5).

[228] 张郁蔚. 网路超文本阅读之探讨. 图书资讯学刊, 2004(4).

[229] 张毓智. 网咖使用行为相关因素之探讨：以高雄市网咖使用者为例. 高雄：台湾"中山大学"学位论文, 2002.

[230] 赵鼎新. 社会与政治运动讲义. 北京：社会科学文献出版社, 2006.

[231] 赵敦华. 现代西方哲学新编. 北京：北京大学出版社,2001.

[232] 赵万里,王菲. 网络事件、网络话语与公共领域的重建. 兰州大学学报,2009(5).

[233] 郑朝诚. 在线游戏玩家的游戏行动与意义. 台北：台湾世新大学学位论文,2003.

[234] 郑陆霖,林鹤玲. 社运在网际网路上的展现：台湾社会运动网站的联网分析. 台湾社会学,2001(2).

[235] 郑中玉,何明升."网络社会"的概念辨析. 社会学研究,2004(2).

[236] 中国青少年网络协会. 中国青少年网瘾数据报告. http://www.china.com.cn/chinese/diaocha/1039372.htm,2006-01-02.

[237] 周甫亮. 青少年在网咖中的次文化认同建构初探. 台北：台湾世新大学学位论文,2001.

[238] 周林. 大学生网络行为偏好研究. 上海：上海师范大学教育科学学院,2005.

[239] 周荣,周倩. 网络上瘾现象、网络使用行为与传播快感经验之相关性初探. 台湾"中华传播学会",1997.

[240] 朱美慧. 大专学生个人特性、网路使用行为与网路成瘾关系之研究. 彰化：台湾大叶大学学位论文,2000.

索　引

后　记

　　20 世纪下半叶以来,网络技术的广泛应用,迅速推动了社会空间的拓展,革命性地改变了人类的生产方式和生活方式。社会生活的网络化,已经引发了广泛而深刻的社会变迁。正是有感于网络技术对人类社会生活可能发生的深刻影响,从 2000 年开始,我从知识论和文化哲学研究,转向了对网络社会的社会学和传播学研究。10 余年间,持续不断地在这一领域开展工作,已陆续出版著作 5 部,发表论文 50 余篇,并主持完成了国家社会科学基金项目"网络社会行为及其管理"、国家社会科学基金项目"我国公民网络行为规范及引导抽样调查研究"、教育部哲学社会科学研究重大课题委托项目"大学生网络道德的培育与实践"等课题 10 余项。已出版的 5 部著作,多次获得甘肃省社会科学优秀成果奖励:

　　《虚拟世界中的道德实践》(中国社会科学出版社 2010 年版)获甘肃省第十三次社会科学优秀成果二等奖

　　《网络空间的社会行为:青少年网络行为研究》(人民出版社 2008 年版)获甘肃省第十二次社会科学优秀成果三等奖

　　《网络社会学:学科定位与议题》(与翟本瑞教授合作,中国社会科学出版社 2006 年版)获甘肃省第十一次社会科学优秀成果三等奖

　　《重塑自我的游戏:网络空间的人际交往》(与陈文江教授合作,兰州大学出版社 2002 年版)获甘肃省第九次社会科学优秀成果三等奖

　　《互联网与社会学》(与陈文江教授合作,兰州大学出版社 2001 年版)获甘肃省第八次社会科学优秀成果二等奖

　　10 余年来,我对网络社会的社会学研究,主要集中在两个领域:一是

对网络社会学的学科性质和学科定位的理论探讨,强调对网络社会的社会学研究,极有可能建构社会学的一种新研究范式,并引发社会学研究中诸多新议题的凸显;二是对我国网民网络行为的实证研究,强调网络空间的身体不在场特性,凸显了网民的行为意识与价值观念对网络行为的影响。本书收录的,就是我在上述领域发表的 19 篇论文和 3 篇研究综述(部分论文在收入本书时作了修改)。在此,我要特别感谢发表了这些论文的《新闻与传播研究》《自然辩证法研究》《兰州大学学报》《社会科学研究》《淮阴师范学院学报》《宁夏大学学报》《中国传媒报告》等杂志,感谢转载了其中多篇论文的《中国社会科学文摘》《高等学校文科学术文摘》,以及中国人民大学复印报刊资料《社会学》《青少年导刊》《新闻与传播》《新思路》等杂志,感谢给予我的研究工作经费资助的全国哲学社会科学规划办公室、教育部、兰州大学、甘肃省社会科学规划办公室、浙江省社会科学界联合会、浙江大学宁波理工学院。

在书稿即将付梓之际,我衷心感谢曾经对我的研究工作给予支持的学界同仁。尤其要感谢台湾逢甲大学通识教育中心主任翟本瑞教授、中国社会学会副会长刘敏研究员、兰州大学社会科学处处长陈文江教授、中国人民大学社会学理论与方法研究中心副主任刘少杰教授、浙江大学人文学部副主任邵培仁教授、《兰州大学学报》(社会科学版)执行主编师迎祥编审、华东政法大学社会发展学院院长何明升教授、南开大学社会学系主任赵万里教授一直以来对我的研究工作的支持和帮助。

我还要特别感谢兰州大学社会学团队,感谢文江、永梅、牛芳、刘庸、小魏、若水、勇进、丹增、亚平以及其他诸位。正是这个"学术共同体",让我分享了一起为梦想努力的快乐。感谢我指导过的兰州大学网络社会学方向的诸位研究生,非常怀念我们在一起阅读、讨论、研究的岁月。这本小书,也记录了你们为网络社会研究所付出的汗水,记录了你们为兰州大学网络社会学成长所作出的贡献。

回望 10 余年前,我有感于网络空间的不确定性,非常契合人的不确定性、可能性和未完成性,毅然决然地放弃已进行了 10 余年的知识论和文化哲学研究,而转向对网络社会的社会学和传播学研究。记得当时在与陈文江教授合作的《重塑自我的游戏:网络空间的人际交往》一书中,曾引用了福柯在《什么是启蒙》中的一段文字("现代人不是去发现他自己、他的秘密、他的隐藏的真实的人；他是试图创造他自己的人。这个现代性没有'在他自己的存在中解放人'；他迫使他去面对生产他自己的任务。"）作为题记，来阐明人的不确定性、可能性和未完成性，以及互联网作为一个全新的社会空间，对于现代人自我创造和自我生产的意义。今天，对网络社会的不确定性，以及这种不确定性与人性呈现、知识创新、信息传播、文化认同、政治参与、社会生产的关系，我有了更加深刻的体会与认识。不过，遥想当年毅然决然地放弃已经从事 10 余年的研究领域，而进入一个自己一无所知的新研究领域的那份勇气，已恍若隔世。

黄少华

2013 年 2 月 2 日于石碑

图书在版编目(CIP)数据

网络社会学的基本议题 / 黄少华著. —杭州：
浙江大学出版社，2013.8（2014.1 重印）
ISBN 978-7-308-11694-7

Ⅰ.①网… Ⅱ.①黄… Ⅲ.①计算机网络－影响－
社会生活－文集 Ⅳ.①G301-53 ②TP393-53

中国版本图书馆 CIP 数据核字（2013）第 138340 号

网络社会学的基本议题

黄少华　著

责任编辑	吴伟伟 weiweiwu@zju.edu.cn	
封面设计	十木米	
出版发行	浙江大学出版社	
	（杭州市天目山路 148 号　邮政编码 310007）	
	（网址：http://www.zjupress.com）	
排　　版	浙江时代出版服务有限公司	
印　　刷	杭州日报报业集团盛元印务有限公司	
开　　本	710mm×1000mm　1/16	
印　　张	23.5	
字　　数	373 千	
版 印 次	2013 年 8 月第 1 版　2014 年 1 月第 2 次印刷	
书　　号	ISBN 978-7-308-11694-7	
定　　价	60.00 元	